魔兽世界开发日记
一款电脑游戏的开发手记

〔美〕约翰·斯塔茨 著
Dimlight Studio 译

民主与建设出版社
·北京·

魔兽世界开发日记
一款电脑游戏的开发手记

关于作者

约翰·斯塔茨（John Staats）出生于美国俄亥俄州阿克伦市。他拥有肯特州立大学视觉传达设计专业学士学位，并在纽约市从事过十年的广告工作。加入暴雪之前，他已经是一位拥有数十年经验的业余关卡设计师，从桌面游戏到第一人称射击游戏均有涉猎。他的主页 whenitsready.com 记录了他的各种项目的进展状况，包括一款即将推出的桌面地牢探险游戏。

地球时代版《魔兽世界》中，副本地下城之外 90% 的洞穴、地穴、巢穴、矿井和地下隧道都是由约翰搭建而成。他的作品包括：

  安其拉神庙
  黑暗深渊
  黑翼之巢
  黑石山
  黑石深渊
  藏宝海湾
  卡拉赞（与亚伦·凯勒合作）
  洛克莫丹水坝
  黑石塔下层
  熔火之心
  剃刀高地
  剃刀沼泽
  通灵学院
  熔渣之池
  黑石塔上层
  哀嚎洞穴
  战歌峡谷（与马特·米利齐亚合作）

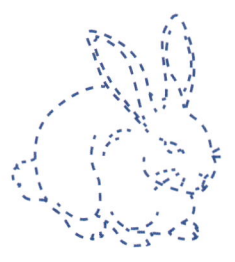

献给过去和现在的开发二组

目 录

- 11　2016年5月：前言
- **20　大型多人在线游戏开发，难在何处**
- 23　2001年3月：我的前六个月
- **39　来时路：《Nomad》与《魔兽争霸3》**
- **44　编程：第一道难关**
- 55　2001年4月：对新闻界的疑虑
- 60　2001年5月：小引擎跑起来
- **63　动画**
- 69　2001年6月：现实与虚拟的里程碑
- **80　E3 2001**
- 83　2001年7月：一落千丈的九个月
- **89　背景设定**
- 95　2001年8月：宣传片的难关
- **99　制作**
- **103　第一次接触：CGW杂志**
- **105　ECTS上的发布**
- 114　2001年9月：迟来的地下城开发
- 118　2001年10月：汲取经验教训
- **123　美术和区域**
- 132　2001年11月：客户端—服务器架构的烦恼
- 135　2001年11月：宁静假日
- **137　游戏设计**
- 141　2002年1月：构建无缝世界
- 149　2002年2月：我们建造了这座城市
- 151　2002月3月：竞争合作
- 156　2002年4月：偶然性悖论
- 161　2002年5月：伪装的对手
- **163　E3 2002**
- 166　2002年6月：秘密武器
- 171　2002年7月：一点微光，关键时刻
- 173　2002年8月：作弊和漏洞的巧妙利用
- 177　2002年9月：内部Alpha测试1.0
- 183　2002年10月：悬而未决的问题
- **188　任务**
- 194　2002年11月：内部Alpha测试2.0
- 198　2002年12月：暴雪看向亚洲

202	2003 年 1 月：MMO 评价堪忧
206	2003 年 2 月：对人工智能的合理恐惧
209	2003 年 3 月：内部 Alpha 测试 3.0
213	**哀嚎洞穴的成长之痛**
216	2003 年 4 月：稍稍高调
218	2003 年 5 月：卖得简单，背后辛酸
219	**E3 2003**
223	**程序员岛**
224	2003 年 6 月：万分紧迫
231	**Wowedit**
232	**编写怪物脚本**
238	2003 年 7 月：意料外的巨人
241	**角色设计**
245	2003 年 8 月：内部 Alpha 测试 4.0
247	2003 年 9 月：场所感
251	2003 年 10 月：免费比萨和其他困难
253	**韩美 Beta 测试版本公布**
256	**专业技能**
258	**如何制作药水**
259	2003 年 11 月：亲友 Alpha 测试
262	2003 年 12 月：惹事精
267	**地下城：最后的障碍**
271	2004 年 1 月：还剩一年
275	2004 年 2 月：新的掌舵人
278	2004 年 3 月：公开 Beta 测试 1.0
285	2004 年 4 月：来自国外的趣闻
289	2004 年 5 月：爱心熊游戏
295	**E3 2004**
297	2004 年 6 月：公开 Beta 测试 2.0
302	2004 年 7 月：公开 Beta 测试 3.0
306	2004 年 8 月：公开 Beta 测试 4.0
309	2004 年 9 月：最终版本
312	2004 年 10 月：世界的尽头
318	2004 年 11 月：公开测试
321	**发售日**
326	2017 年 12 月：转眼过去十四年
328	后记

> "我曾以为自己参与过最庞大的项目是航天飞机设计。但我错了，我们游戏编辑器的代码行数更加惊人。"
>
> ——大卫·雷，《魔兽世界》数据库 / 工具程序员

2004年11月上线的《魔兽世界》在当时堪称规模最大的游戏。它拥有超过两百万行代码，约为当时顶级计算机游戏的四倍。其开发团队和预算的规模超过了暴雪娱乐公司（以下或简称暴雪娱乐、暴雪）此前的任何项目，用户群体增长到相当于世界最大城市的人口数量，而游戏中产生的虚拟经济堪比小国的国内生产总值。公司员工从数百人增加到上千人，其中大部分负责客户服务，他们的成本成为暴雪最大的运营支出。游戏推出时，游戏界面、任务和各类游戏元素使用了超过一百万个单词，并被翻译成六种文字。游戏中拥有近9000种怪物或非玩家角色（NPC），种类最多的生物是食人魔（170种），其次是鱼人（100种）。直到一年后YouTube开启流媒体视频服务之前，《魔兽世界》的服务器占用了全球互联网超过百分之十的下载带宽，而其玩家在任何时刻都占据着全球互联网活跃流量的一半左右。《魔兽世界》，新时代的日不落帝国。

《守望先锋》团队感谢"泰坦计划"团队的贡献

贝卡·埃布尔（BECCA ABEL）、阿莱克斯·阿弗拉西亚比（ALEX AFRASIABI）、乔希·安德森（JOSH ANDERSON）、丹·阿里（DAN AREY）、劳雷尔·奥斯汀（LAUREL AUSTIN）、扎卡里·贝克（ZACHARY BAKER）、瓦季姆·巴赫利切夫（VADIM BAKHLYCHEV）、路易斯·巴里加（LUIS BARRIGA）、杰西·鲍姆加特纳（JESSE BAUMGARTNER）、英豪·比克（INHO BEAK）、斯特凡·贝林（STEPHANE BELIN）、爱德华·贝拉尼克（EDWARD BERANEK）、杰西·布隆伯格（JESSE BLOMBERG）、纳特·鲍登（NATE BOWDEN）、安德鲁·博伊德（ANDREW BOYD）、丹尼尔·布里格斯（DANIEL BRIGGS）、杰弗里·布里尔（JEFFREY BRILL）、马特·布朗（MATT BROWN）、马克·布鲁内特（MARK BRUNET）、J.布拉德·伯德（J. BRAD BYRD）、埃文·考尔德（EVAN CALDER）、奥斯卡·卡伦（OSCAR CARLEN）、肯尼·卡瓦略（KENNY CARVALHO）、尼克·卡弗（NICK CARVER）、约翰·卡什四世（JOHN CASH IV）、特拉维斯·卡斯蒂洛（TRAVIS CASTILLO）、埃琳·卡托（ERIN CATTO）、詹姆斯·查德威克（JAMES CHADWICK）、格雷森·查尔斯（GRAYSON CHALMERS）、格伦·昌（GLEN CHANG）、兰-方·昌（LAN-FANG CHANG）、杰里米·切尔诺比耶夫（JEREMY CHERNOBIEFF）、卡梅·张（CARMEN CHEUNG）、菲利普·科林（PHILIPPE COLIN）、伊恩·库姆斯（IAN COMBS）、杰里米·克雷格（JEREMY CRAIG）、谢恩·达比里（SHANE DABIRI）、赖兰·戴维斯（RYLAND DAVIES）、杰西·戴维斯（JESSE DAVIS）、帕特里克·道森（PATRICK DAWSON）、卡梅伦·戴顿（CAMERON DAYTON）、福斯托·德马蒂尼（FAUSTO DE MARTINI）、瑞安·丹尼斯顿（RYAN DENNISTON）、达里尔·德斯皮（DARRYL DESPIE）、理查德·迪亚曼特（RICHARD DIAMANT）、布雷特·狄克逊（BRETT DIXON）、帕特里克·多恩（PATRICK DOANE）、兰德尔·迪莫雷（RANDAL DUMORET）、马克斯·迪克霍夫（MAX DYCKHOFF）、迈克·埃利奥特（MIKE ELLIOT）、布拉姆·尤拉尔斯（BRAM EULAERS）、迈克尔·埃文斯（MICHAEL EVANS）、贾里德·埃弗森（JARRED EVERSON）、朱莉·法尔巴涅克（JULIE FARBANIEC）、布赖恩·法尔（BRIAN FARR）、塞思·法斯克（SETH FASKE）、蒂莫西·福特（TIMOTHY FORD）、扎卡里·福勒（ZACHARY FOWLER）、西蒙·富克斯（SIMON FUCHS）、波格丹·加贝尔科（BOGDAN GABELKO）、雷诺·加兰德（RENAUD GALAND）、马修·吉诺维斯（MATTHEW GENOVESE）、托马斯·格伯（THOMAS GERBER）、詹姆斯·戈达德（JAMES GODDARD）、杰夫·古德曼（GEOFF GOODMAN）、马修·戈斯（MATTHEW GOSS）、瑞安·格林（RYAN GREENE）、雷·格雷斯科（RAY GRESKO）、克里斯托弗·哈（CHRISTOPHER HA）、罗温·汉密尔顿（ROWAN HAMILTON）、克雷格·哈里斯（CRAIG HARRIS）、凯尔·哈里森（KYLE HARRISON）、斯科特·哈廷（SCOTT HARTIN）、马修·霍利（MATTHEW HAWLEY）、迈克尔·海伯格（MICHAEL HEIBERG）、杰弗里·希尔（JEFFREY HILL）、马丁·霍姆伯格（MARTIN HOLMBERG）、庆虎·洪（KYONGHO HONG）、乔纳森·胡夫（JONATHAN HOOF）、克里斯·豪利（KRIS HOWL）、蒂姆·伊斯梅（TIM ISMAY）、凯莉·雅各布斯（KALI JACOBS）、托马斯·耶特（TOMAS JECH）、迪伦·琼斯（DYLAN JONES）、杰弗里·卡普兰（JEFFREY KAPLAN）、锡德·卡普尔（SID KAPUR）、保罗·克特（PAUL KEET）、贾森·基思（JASON KEITH）、阿龙·凯勒（AARON KELLER）、埃迪·金（EDDIE KIM）、安德鲁·基纳布鲁（ANDREW KINABREW）、蒂亚戈·克拉夫克（THIAGO KLAFKE）、菲利普·克莱维斯塔夫（PHILIP KLEVESTAV）、内森·拉穆斯加（NATHAN LA MUSGA）、保罗·拉基（PAUL LACKEY）、约翰·拉弗勒（JOHN LAFLEUR）、斯科特·劳勒（SCOTT LAWLOR）、彼得·李（PETER LEE）、乔希·雷肖克（JOSH LEYSHOCK）、斯蒂芬·利姆（STEPHEN LIM）、朱利安·洛夫（JULIAN LOVE）、克里斯托弗·卢肯巴赫（CHRISTOPHER LUCKENBACH）、托比约恩·马尔默（TORBJORN MALMER）、埃里克·马卢夫（ERIC MALOOF）、布拉德利·马奎斯（BRADLEY MARQUES）、杰西·麦克里（JESSE MCCREE）、马特·麦克戴德（MATT MCDAID）、凯西·麦克德莫特（CASEY MCDERMOTT）、罗里·麦克马洪（RORY MCMAHON）、斯科特·默瑟（SCOTT MERCER）、约瑟夫·米切利（JOSEPH MICELLI）、马修·米利齐亚（MATHEW MILIZIA）、内森·米勒（NATHAN MILLER）、基思·迈伦（KEITH MIRON）、盖坦·蒙托杜安（GAETAN MONTAUDOUIN）、乔纳森·穆恩·肖（JONATHAN MOON SHAW）、贾森·莫里斯（JASON MORRIS）、朱利安·摩西斯（JULIAN MOSSIS）、瑞安·穆雷（RYAN MOUREY）、帕特·纳格尔（PAT NAGLE）、维塔利·奈穆申（VITALIY NAYMUSHIN）、托马斯·诺伊曼（TOMAS NEUMANN）、皮奥尔·罗伯逊（PIOR OBERSON）、菲利普·维希（PHILIP ORWIG）、罗布·帕尔多（ROB PARDO）、科里·皮格勒（CORY PEAGLER）、科里·佩尔顿（COREY PELTON）、斯蒂芬·彭恩（STEPHEN PENSION）、特洛伊·佩里（TROY PERRY）、詹姆斯·彼得森（JAMES PETERSON）、约瑟夫·彼得森（JOSEPH PETERSON）、威廉·彼得拉斯（WILLIAM PETRAS）、凯尔·菲利普斯（KYLE PHILLIPS）、埃尔德·平托（HELDER PINTO）、凯尔·劳（KYLE RAU）、丹尼尔·里德（DANIEL REED）、雅各布·雷普（JACOB REPP）、保罗·理查兹（PAUL RICHARDS）、戴恩·罗杰斯（DION ROGERS）、乔·拉姆齐（JOE RUMSEY）、马特·桑德斯（MATT SANDERS）、保罗·萨迪斯（PAUL SARDIS）、基思·塞尔夫-巴拉德（KEITH SELF-BALLARD）、金·泽伦廷（KIM SELLENTIN）、亚历克斯·塞里奥（ALEX SERIO）、乔·雪莉（JOE SHELY）、乔舒亚·辛格（JOSHUA SINGH）、本杰明·史密斯（BENJAMIN SMITH）、蒙苏布·桑（MONGSUB SONG）、李·斯帕克斯（LEE SPARKS）、塞思·斯波尔丁（SETH SPAULDING）、约翰·斯塔茨（JOHN STAATS）、迈克尔·斯塔里奇（MICHAEL STARICH）、罗伯特·斯托克斯（ROBERT STOKES）、马特·泰勒（MATT TAYLOR）、菲尔·特施纳（PHIL TESCHNER）、贾斯汀·萨维拉特（JUSTIN THAVIRAT）、克里斯托弗·托马斯（CHRISTOPHER THOMAS）、国·德兰（QUOC TRAN）、阿诺德·曾（ARNOLD TSANG）、迈克尔·维森特（MICHAEL VICENTE）、阿泰姆·沃尔奇（ARTEM VOLCHIK）、马克·瓦利戈拉（MARK WALIGORA）、安德鲁·王（ANDREW WANG）、菲利普·王（PHILIP WANG）、汤姆·王（TOM WANG）、吉诺·怀特霍尔（GINO WHITEHALL）、布鲁斯·威尔基（BRUCE WILKIE）、杰伊·威尔逊（JAY WILSON）、德·威尔逊（TE WILSON）、杰雷米·伍德（JEREMY WOOD）、韦斯·梁木（WES YANAGI）、本·张（GEN ZHANG）

"泰坦"项目中途被暴雪砍掉，素材后来被拿去给《守望先锋》使用。虽然《守望先锋》没用我创作的任何东西，但能被写到致谢名单里，终归还是高兴的。即便项目被砍，但暴雪仍感谢了所有为"泰坦计划"做出贡献的人，这挺有风度，也激励了我完成这本《魔兽世界》的开发手记，让人们得以了解制作电脑游戏所面临的挑战。（图片由暴雪娱乐公司提供。）

5月 | 2016年

前言

这篇文章写于2016年5月末，暴雪最新作品《守望先锋》上线的几天后。我的前团队领导兼室友谢恩·达比里（Shane Dabiri）在Facebook转发了一篇帖文庆祝新作上线，让我回想起开发《魔兽世界》时每天和他见面的日子。虽然在2004年11月《魔兽世界》发售后我们没有过去那么亲近，但每次见面他都会问我："你那本《魔兽世界》开发日记写得怎么样了？大家都想看呢！"每当和老团队成员联系，他们时不时就会问这个问题。团队里每个人都知道我在写一本"开发者日记"，因为那四年间我一直在了解他们的工作状况，跟踪游戏进展。看到谢恩那篇关于《守望先锋》的Facebook帖文后，我深受启发，便着手将这本书润色出版。这是一颗封存了"地球时代"《魔兽世界》四年制作历程的时间胶囊。

如今我对《魔兽世界》的印象已经变得模糊。"地球时代（Vanilla）"，是这个词吗，还是叫"经典旧世"？我不知道。我现在不玩电脑游戏，也不参与制作。关于暴雪要推出《魔兽世界：军团再临》这个版本的消息，我还是最近和朋友玩桌面角色扮演游戏《开拓者》时听说的。在电脑游戏方面，我回到了当初那种一无所知的状态。

我写这本日记的根源可以追溯到投身游戏开发之前。我出生的地方没什么做游戏的人，软件开发或者娱乐行业的人我也一个都不认识。我在俄亥俄州阿克伦市出生长大，大学毕业后在曼哈顿的广告公司工作了十年。直到20世纪90年代中期对游戏修改产生兴趣之前，我都不认识任何电子娱乐行业的人物，至于游戏开发就更是个神秘的领域了。互联网普及后，游戏迷和开发者们建立起了联系。我与玩家社区接触的契机是在线第一人称射击游戏（FPS），当时人气最高的游戏是《雷神之锤》和《虚幻》，它们都允许爱好者进行修改，自制模组来玩。得知可以用模组工具搭建3D关卡后，第二天我就跑去买了自己的第一台个人电脑（在此之前都是用室友的电脑玩游戏），并在之后的五年埋头自制FPS游戏关卡。我很快便加入了一个由艺术家与程序员组成的同好团体——一个名叫"Loki's Minions Capture the Flag"的模组团队，开始学习基础知识。这项新爱好令我废寝忘食，在广告工作的间隙，我每周都要花上一百多个小时来制作模组。

20世纪90年代中后期正是FPS游戏如日中天的时代，因为它们支撑了当时唯一的全球性3D游戏社区，许多FPS游戏开发者都是聚光灯的焦点。开发者们每天公布最新的制作进展，让我这样的游戏迷得以初窥制作游戏需要付出怎样的努力。许多职业开发者成了亚文化名人，杂志纷纷报道这些"游戏大神"。有些人走红是因为他们能力超群，有些人则因为擅长写东西，或者性格怪异。我也觉得"游戏大神"很有趣，梦想着有一天自己也能跻身其中。经历了五年的模组制作生涯，我不经意间已经有了一套可圈可点的原创3D关卡作品集。模组团队中有人告诉我暴雪正在招聘关卡设计师，我便于2000年夏天去应聘了。

当时我在纽约麦迪逊大道上的一家广告公司工作，只有通过模组团队的同好，才能与游戏开发产生交集。我们通过电子邮件、即时信息和偶尔的局域网聚会（人们在酒店里与网友见面，整个周末都联网玩电脑游戏）进行交流。我们只是一群业余爱好者，以修改游戏为乐，并不指望在游戏行业有所作为。平时在公司上班没有什么问题，但既然我是个会把所有业余时间都花在给《雷神之锤》制作关卡的人，全职转投游戏开发也就显得没有那么疯狂了。虽然广告部门主管当得很舒服，但这个工作在艺术层面并不能满足我，所以我抓住应聘暴雪的机会，把我最新制作的3D关卡投给了他们。事实证明，这些作品的质量为我赢得了电话面试的机会。

与暴雪初次对谈时我并不紧张，因为聊的是关卡设计，这正是我熟悉的领域。他们见我热情高涨，值得进一步考察，便让我飞到加利福尼亚州的奥兰治县，进行面对面的会谈。奥兰治县与纽约仿佛来自两个不同的世界，我开玩笑说这里像是蛮荒的边疆之地。还记得当时我盯着酒店窗外奇异的热带树木，不知道自己能否融入这片由无尽夏日、代客泊车和地下草坪洒水器构成的异域之乡。

　　"闲适"这个词可能还不足以形容暴雪公司。他们的大楼位于一个广阔的企业园区中央，周围是几十座一模一样的预制板办公室，这种东西在尔湾这个连树木都长得整整齐齐的规划城市里很常见。公司大厅很小，装饰古色古香，张贴着褪色的暴雪老游戏海报。等待预约的客人可以翻阅活页夹，里面装满了孩子们画的同人作品。比起贴在自家冰箱上，他们更愿意把这些画寄给暴雪。纽约再奢华的大厅都没有这些画册诱人，我已经开始感到这里有多么特别了。

　　我不禁想起在舅舅和舅妈那里打工的夏天，他们在阿克伦经营着一家工业销售公司。叔叔是我家最接近白领阶层的人，毕竟家里到我这一代之前都没人有过大学文凭，但他给我的所有商业建议都给我留下了深刻的印象。他非常鄙视那些把钱挥霍在昂贵的会议桌或名牌家具上的大公司。虽然暴雪简朴的办公室装饰颇能体现叔叔这套哲学，但还是得提一下我看到他们开发区域的第一反应。开发二组（Team 2）的地盘像个垃圾场，装修得跟谁家地下室似的。往走廊看一眼，可以发现天花板上半数荧光灯是坏的。有个角落似乎是厨房，摆着一台小小的微波炉，旁边的水槽里堆满了脏盘子。食物的污渍年深日久已经发黑，深深地渗进地毯里。走廊上到处是用完的卤素落地灯和破纸箱，里面装满了废弃的玩具和书籍。会议桌上堆满了苏打水瓶子和成堆没用过的调味料，周围是一堆破旧不堪的办公椅，还胡乱摆放着一套黑色皮沙发。墙上贴满了卷角的海报，每张办公桌和书架上都摆满了落灰的雕像和可动人偶。人们穿着短裤和拖鞋走来走去。看来这个地方没人端着架子，我觉得很舒服，随时随地一屁股坐下就能干活。这种办公室与麦迪逊大道的风格大相径庭，我不知道自己该如何适应。我连条牛仔裤和运动鞋都没有，所有衣服都是工作装（休闲长裤，正装皮鞋）。在这种闲散的氛围下怎么可能与曼哈顿那套拼事业的文化拥有相同的工作理念？

马克·科恩（Mark Kern）微笑着迎接我，他自称是开发二组的共同负责人，临时负责公司招聘。他带我经过团队区域，与设计师埃里克·多茨（Eric Dodds）和罗布·帕尔多（Rob Pardo）面谈，两位都很平易近人。我们在一间会议室里进行交谈，会议室里摆放着配套的椅子，整面墙的落地窗可以将73号加州州道一览无余。谈话进行得很顺利，我滔滔不绝地大谈关卡设计、游戏和其他极客事物对我的影响。我了解到，在我的作品集中，大家尤为喜欢"黄铜之城"这个关卡，它出自《龙与地下城》规则手册《地下城主指南》。

我甚至还见到了几个开发团队的成员，其中包括一位来自id Software的"游戏大神"——约翰·卡什（John Cash）。他曾是《雷神之锤2》的技术负责人。（后来我才知道，马克总是把约翰引荐给求职者，人们看到他就会对公司未来的项目更有信心。）

我提交的关卡中有一块墓地，墓碑上刻着第一人称射击游戏社区各位朋友与名人的名字，约翰也位列其中。由于最好的墓穴都分配给了id Software和我们团队的艺术家与设计师们，约翰只能分到一个不怎么样的位置。为这件事我还正儿八经跟他道歉，像个傻瓜一样。

这个约翰真的非常友善。他和我谈笑风生，畅聊自己的FPS游戏制作生涯。认识他的人都知道他多喜欢讲自己过去在id Software打拼的日子。尽管还不能告诉我手里项目的具体细节，但他和其他团队成员这么友好，我已经迫不及待想要加入他们了。

一周之后，我成为暴雪有史以来第一位外部招聘的关卡设计师。薪水是50000美元，比广告公司要少30000美元——但我毫不犹豫地接受了。

我第一天上班就学到了很多东西。其中之一便是：暴雪的公关理念与FPS游戏社区截然相反。没有人会公开声称游戏中这个东西或者那个东西是自己的功劳，劳动成果由所有人共享。事实上，公司禁止员工与公众接触。暴雪一反业界传统，他们并不认为什么消息都往外捅是有利于公司的做法。公司创始人只想先把作品做完上市，然后再以此获得声誉，这种心态潜移默化地扎根在企业文化之中，也立刻让我对于"游戏大神"的幻想烟消云散，从此不再把明星开发者当成团队最关键的一环。我的新队友告诉我，比尔·罗珀（Bill Roper）是暴雪的代言人，他是我们的官方新闻联络人。他们甚至开玩笑说，如果粉丝能觉得所有游戏都是比尔一手打造的，那就更好了。这样可以让员工们专注于自己的工作，也消除了大家嫉妒争功的危险，非常合理。暴雪将这种无线电静默奉为圭臬，以至于普通开发人员很少与粉丝交流，也从不对媒体发表言论。

后来我发现，这种做法有一个问题，就是很难邀请业内资深人士加入。暴雪公司的运作模式不为外人所知，在外界看来就是一个黑箱，所以大家对于它崇尚极客文化、工作充满乐趣、管理层乐于倾听员工心声的企业氛围并没有什么印象。大家只能看到负责公关的比尔·罗珀公开谈论在暴雪工作有多棒，因此外界许多开发人员对此持怀疑态度。

谢恩问我为什么这么久才将这本日记打磨出版发行，以上便是我对这个问题的冗长回答。要撰写开发日记，我就无法完全遵守公司的沉默准则。我的署名会让自己被记者盯上，而为暴雪发言是比尔·罗珀的工作，我不想越俎代庖。不过，害怕自己的贡献被夸大还不是我未能尽快完成这本书的唯一原因。

关于我们团队成员和公司其他员工的贡献在书中该如何展现，我也有同样的顾虑。写这本日记的那几年里，有些人我见得多，有些人见得少，提及前者自然会更加频繁。但有些人勤奋却不善于交际，他们总是独来独往，伏在键盘上。虽然开发二组绝不缺乏主人翁精神，但我提到决策者的次数太多，可能会导致读者低估其他人的贡献，不能准确理解团队的工作方式。之所以经常提到领导们，是因为他们负责公布重大事项，并且代表团队的集体决策，而非因为他们是最重要的开发者。本书提及的内容并不能准确地与个人贡献一一对应，但如果准确地罗列各人的职责，又会让本书变成一本人名流水账。我不希望之前打过交道的人因为自己的角色在我笔下不够准确而感到怨恨。这本日记时隔多年才出版发行，如果我对他人贡献的记忆或描述有误，希望时光可以淡化他们的不满。若我误解、遗漏或低估了任何人对这个庞大项目的贡献，我深表歉意。由于对这一点过于焦虑，我甚至有些过度补偿心理，反而忽略了我的专业领域，即室内关卡设计（地下城）。我真的很怕大家骂我对自己负责的部分自吹自擂，以至于都没怎么写地下城团队的贡献。除了提及地下城团队的部分是凭回忆写成的，这本回忆录的其余部分都是我十多年前写的。我把文体改成过去时，并出于语法和叙事的目的对文字进行了整理。

我一直不敢把这些随笔给别人看。这是一本开发日记，是非常私人的东西，如果搞错了什么事实，我怕招来队友们善意的嘲笑。我喜欢八卦，对各种风言风语了如指掌。以前同一个办公室的亚伦·凯勒（Aaron Keller）经常兴致勃勃地告诉我午餐时听到的内幕消息，而我总会告诉他这些事我早就知道了，让他大失所望。我哈哈大笑，而他会大叫："见鬼！你是怎么知道的！"

另外，《魔兽世界》上线后新来的开发人员又怎么看呢？如果我出了一本书却不提他们，他们会怎么想？《魔兽世界》上线后，开发二组的成员减少了一半（只剩35人），而且随着新面孔的加入，团队的结构、流程和氛围都发生了变化。我不想让新同事们感到迷惑："约翰写的到底是什么东西？完全不是这样嘛！"

所以我耐心等待合适的出版时机是正确的。如今我与《魔兽世界》项目、暴雪公司和游戏行业有了一定的距离，这为我提供了一个视角，可以用通俗易懂的语言来诠释开发过程，并以局外人的身份来欣赏这段经历，而不像以前那样，作为疲惫不堪的开发老兵看待一切。不光是我，读者应该也拥有了更成熟的视角。鉴于玩过《魔兽世界》的人足够多，我可以将它当成大家共有的游戏背景，一种共识。对一款经久不衰的游戏进行回顾总结，会比评论最新流行的游戏更有意义。

鉴于大家对这款游戏都有共识，我恳请读者仅仅将这本日记看作一种盲人摸象式的记录。一大群富有创造力的人共同工作时，他们的思维不会像蜂巢社会那样共通。因此，当我说团队"这么想"或"那么想"时，这只是一种概括的说法，夸大其词是为了说明问题。毫无疑问，有些老同事会不同意我的说法，我完全能接受。我也会犯错、引述错误或者加入个人理解，所以请不要把我的话当作什么金科玉律。

接下来是我对这本日记一直秘而不发的最后一点解释。仿佛吃自己尾巴的衔尾蛇一样，这最后一个原因与我最初写日记的灵感不谋而合：我希望这本日记具有教育意义。当初我是带着新奇的眼光来到暴雪的，我想把学到的东西都记录下来，给那些和我一样迷信过"游戏大神"或其他行业神话的人看。多年以后，我确实所学颇丰，想把它们传递下去。

开发《魔兽世界》时，为了能够彻底理解开发的各个环节，我向队友们提出了各种各样的问题。我会主动跑去每个人的办公室，看他们在忙什么，并向他们请教。我对他们担当的角色真的很好奇。他们遇到什么局限与瓶颈、获得哪些机遇和发现，我都想了解。我会把头探进他们的办公室问："嘿，你们好。忙什么呢？"这样就足以展开一场对话，而他们的回答总结起来便是这本书的内容了。

之所以退出游戏行业，是因为我的双手出现了神经问题，无法长时间使用电脑。这种疼痛让我无法进行3D建模，因为3D建模需要不断地使用鼠标和键盘进行工作。电脑游戏也没法玩了。甚至这篇文章也是我用语音转文字软件写成的。随着事业转型，我希望如今写出的东西能够具有学术价值。我将尝试揭开游戏开发的神秘面纱，把我所学到的东西传授给大家，尽可能让更多潜在的人才了解这个人们误解颇多的行业。这本日记是用随笔文章集合而成的教科书。它不是公司的宣传品，也不是面向粉丝的收藏品，我写这本书并不是为了吹嘘暴雪公司。如果文中有所赞扬，那是因为我确实真心欣赏他们的工作方法。

本着教育的精神，我要教给大家第一课，这一点当初也同样令我吃惊：公众对游戏公司的猜测永远是错的。永远都是。暴雪的运营处于严密的监控之下，亲自参加会议后我才发现大众分析出来的东西有多离谱。除非你是相关人员，否则根本无从知晓真实情况。如果对公司决策的原因没有第一手了解，公众的猜测就会大错特错。对于暴雪这样一家严于保密的公司来说，那些揣测其行事动机的阴谋论都很偏激、极端和情绪化。人们普遍认为公司的决定要么不经大脑，要么冷酷无情。比如说，公司砍掉某项功能就等于他们完全不顾及粉丝感受。而当暴雪出于经济原因做出某些决定时，人们会认为开发者缺乏想象力。每当我们出于技术或游戏性的原因做出一些取舍，人们就会认为公司是在吝惜钱财。我指的甚至不是游戏论坛上刻意引战的言论，而是那些对于暴雪行事原因看似有理有据的分析。但是……它们也都是错的。当然，这并不是因为粉丝们头脑简单，人们产生误判，是因为他们只考虑公众能够得知的因素，而这些因素只是所有原因中的一小部分。

游戏开发极其复杂，粉丝们只能看到这张庞大拼图的一小部分。游戏往往是一匹无头怪兽，其前进方向会受到技术、设计或资金等方面的制约，变化多端，并不能由工作室中的任何人一锤定音。游戏开发过程是一种持续的即兴创作，如果认真读了这本书，也许你就会明白，一款大型多人在线游戏（MMO）的制作是由多少拼图组合而成的。

开发过程总是充满随机性和持续不断的迭代修

改。其间会有失败，也会有发现，整个过程曲曲折折，直到有人说"发售吧！"才能告一段落。有些开发人员如果不放下自己眼前的事，去跟其他人聊一聊，直接询问进展的话，连他们自己都不清楚项目现在是什么情况。而这四年来我基本上就是这么做的，到处去问别人："你们在忙什么？"

我想尝试只用直白的日常用语来讲述，尽量减少技术方面的描述和行业内部的黑话、术语。也许很多游戏老手会对我简化通俗的描述方式和某些观点或经验翻白眼，因为这本日记的大部分内容对他们来说早已耳熟能详。不过，退一步说，这也许能让他们体会到自己身处业界之中，能够由此得到哪怕一丁点儿的乐趣、创造力或自豪感，都是很幸运的。为了让外界对游戏开发这张巨大拼图了解更多，我将介绍一些基本知识。

我也希望本书作为独立的出版物（本书并非暴雪娱乐官方出品）能够最准确地重现游戏开发的过程。在充分披露信息的前提下，我向暴雪提供了一份预览稿，以确保我没有透露任何可能损害其形象或产品的信息。他们甚至还帮我纠正了一些错误。如果你希望看到充满八卦的开发秘闻录，那就不用继续往下看了。我写这本书不是为了抨击任何人。这本书描述的是人们如何完成自己的工作，旨在将顶级电脑游戏的制作过程人性化且富有教育性地记录下来。我的目标是让你能够一窥其中的精彩。

约翰·斯塔茨

大型多人在线游戏开发，难在何处

在讲述我的游戏开发旅程前，得先解释一下大型多人在线游戏与其他游戏的区别。任何游戏制作起来都称不上容易，其开发风险相对其他类型的软件也许是最高的，因为游戏这东西需要玩过才知道好不好玩，仅仅要达到能让人试玩的完成度，就可能要花费多年的努力和大量资金。除此之外，网络游戏还要面临独特的挑战。

网络游戏将成千上万的玩家连接到同一个游戏空间，因此需要极高效的网络代码。网络游戏服务器会跟踪移动、互动目标和库存情况。如果角色产生移动或者转向，服务器就必须将这次移动更新发送给该区域的所有玩家。而数百名玩家可能会挤在一起，这就使得问题更加复杂。这可能会造成网络流量方面的问题，因为网络游戏是一个开放的世界，玩家的聚集不受限制、不可预测，而其他游戏就不需要考虑这些。用于简单定位玩家的代码必须高效，否则工作量会令服务器的处理器无法承受。

对于长期运营的游戏来说，更大的问题是作弊。网络游戏中的漏洞会降低每个人（包括作弊者和非作弊者）的积极性，从而破坏游戏的经济效益。如果有人发现了捷径，网友们很快就能学会并利用。

所有游戏功能都必须遵守客户端—服务器架构的严格限制，以防止遭到黑客攻击。但玩家太多，服务器就无法处理精确的命中检测（游戏中常见的游戏机制）等问题，程序员也无法将其委托给容易被黑的本地客户端。

网络游戏不仅受到苛刻的技术限制，其游戏机制本身也必须足够灵活，才能长期保持趣味性和乐趣。游戏性必须可以带来举一反三的效果才行。每一个功能都必须经历这样的审视："玩家愿不愿意每天都玩这个？这项功能是否能以不同的方式重复利用，从而衍生出其他类型的游戏玩法？"

网游在本质上没有终点，为这种游戏创造足够的激励机制，需要解决很多游戏性上的问题。大型多人在线游戏属于角色扮演游戏的一种，玩家会通过获得的装备来衡量游戏的进展。鉴于装备之间存在强度差异，就需要进行平衡，以防止强力装备带来过于明显的优势。如果装备总是能让某些玩家碾压其他玩家，那么玩家就会分裂成"有装备"和"无装备"两派，从而让环境变得对休闲玩家不友好。虽然装备间的差异不能大到让休闲玩家玩不下去，但高级奖励又必须足够优秀，才能让玩家有理由为其投入时间。更复杂的是，一种活动的奖励不能取代另一种活动的奖励，因此物品必须平均分配，以避免某些内容无人问津。协调奖励非常困难，因为游戏中各类活动和区域的数量太多，而玩家的物品栏空格很少。

这种持续性的游戏玩法让奖励平衡和内容创作变得困难重重。一款永无止境的游戏必须有能力吸引不同程度的玩家，网络游戏需要的内容量以月为单位计算，而不是小时，而且要能同时满足休闲玩家和每周游戏时间超过100小时的玩家的需求。这就需要一个庞大的内容创作团队——网络游戏成本如此高昂的另一个原因。要雇用足够多的高技能专业员工来满足内容和技术上的需求，是非常困难、昂贵和耗时的。

游戏工作室想找到可靠的投资者为游戏持续投入直到开发完成，这件事难于登天。而对于投资者来说，要将亿万级别的投资托付给靠谱的工作室就更难了。有的工作室没什么能力，但负责人精于推销，说得天花乱坠，你很难躲开他们找到靠谱的开发人员。制作一款网络游戏需要花费大量时间和金钱，因此狡猾的工作室负责人甚至都不需要关心游戏销售额，能骗到巨额投资就够了。

以上重重风险叠加起来就形成了一个通往失败的黑洞，很少有公司能够逃脱。一个小小失误就可能葬送整部游戏，而它必须在商业上大受欢迎，才能支撑起自身庞大的开发成本。大型多人在线游戏的开发是非常困难的，但我们做到了。

2001年3月，暴雪开发二组享受最新的彩色光照技术成果。我利用在广告行业学到的修图技巧，用Photoshop把模糊的团队合照放进了我们制作的首批区域之一——西部荒野。我加入公司这半年以来，团队的人数几乎翻了一番。

后排站立者，从左往右： 约翰·斯诺兹，谢恩·达比里，马克·唐尼，贾斯汀·萨维拉特，马特·桑德斯（敬礼者），布兰登·伊多尔，埃里克·多茨，艾伦·迪林，大卫·雷，特温，马丁，托弗·戈拉姆，丹·摩尔，马特·奥斯女

单膝跪地： 乔希·库尔茨（勒着博·贝尔的脖子），凯尔·哈里森，科林·穆雷，杰夫·周（在比兔耳朵），蒂姆·特鲁斯代尔，马克·科恩，凯文·比尔兹利，乔·拉姆齐

坐在地上： 博·贝尔，加里·普拉特纳，汤姆·庄（头上有兔耳朵），约翰·卡什（头上有兔耳朵），克里斯·梅森，所罗门·李

坐在前排： 布伦达·佩尔迪昂，斯科特·哈廷，何塞·艾约，布莱恩·许，比尔·佩特拉斯

风流躺卧者： 罗曼·肯尼

（图片由暴雪娱乐公司提供。）

3月 | 2001年

我的前六个月

> *万物之源。*

——写在男厕一角，那里的白色瓷砖和黑色砖缝形似 3D 网格。

2001年3月，一个星期六的夜晚，正值暴雪庆祝自己的十周年纪念日。当时团队正忙于制作《魔兽争霸3》和《暗黑破坏神2》的资料片，以及《魔兽世界》的开发。开发二组负责的便是最后一项，他们全员出动，志在征服公司有史以来最为庞大的项目——一款大型多人在线游戏。我的开发日记正是从当晚开始写起的，当时我加入团队已经半年。我觉得将我们的进展追踪记录下来会很有趣，因为开发过程并不总是一帆风顺，尤其是地下城，简直是一团乱麻。

我在豪华的会议室椅子上倾身写作。这把奢侈的椅子让团队羡慕不已（椅子这么好，眼红是当然的）。开发二组的座椅都是廉价又不舒服的二手货，谁把椅子坐坏了就随手换一把。由于走廊上的会议桌算是地位最低的地方，所以这里既是一个不固定的座位，也是新员工为数不多能选的办公桌。每当制作人为这张桌子或者说新员工订购了新椅子，人们很快就会把它们搬回自己的办公室。不过，虽说会议桌一直是被偷椅子的冤大头，但休假员工的椅子偶尔也会沦为被偷的对象。为了逃离这种抢椅子游戏，我购买了一把米色的皮质座椅，这是一款行政级会议室椅，与别人的简陋黑色塑料椅截然不同。这把椅子是在一家二手办公家具店发现的，我说服自己，这笔 200 美元的投资会在未来数年的深夜时光里带来回报。

我正在使用 Radiant 编辑器搭建一座名为卡拉赞的高塔，当年许多 FPS 游戏使用这款软件来构建 3D 关卡。Radiant 由 3D 游戏先驱id Software出品，我们的技术负责人约翰·卡什就曾任职于这家公司。他得到了id Software的许可，可以评估他们的编辑器是否适合我们的项目。对于Radiant和其他类似的编辑器，我已经有超过五年的使用经验，但用它进行了六个月的网游开发后，我开始觉得这款工具并不适合我们。

加入开发二组的几个月，我平均每周都要花八十多小时来制作3D关卡，但到最后只完成了一个金矿。这里说的"完成"是指可以把它加载到《雷神之锤3》的引擎中进行预览（办公室到处都装着这款游戏，方便大家随时评估我们的作品）。操纵《雷神之锤》里的角色在我们做的矿井里四处奔跑感觉怪怪的，不过能用"火箭跳"到达天花板上的隐藏高台很有意思。探索地图时还经常有别的开发者躲在里面伏击我，他们会把我炸成一摊碎肉，然后哈哈大笑。

但卡拉赞的规模可比金矿大多了，我研究这个场景的尺寸会不会无法适配我们的游戏。它实在太大，大到无法在《雷神之锤3》里运行。斯科特·哈廷（Scott Hartin）负责编写《魔兽世界》的引擎，他说要处理这种文件的话，就必须自己写一个编辑器。于是我一边指望他们能解决技术问题，一边继续制作卡拉赞。几个星期后，这份无根无据的希望就开始减弱了。现在光是保存文件都要花费五分钟，而Radiant时不时还会崩溃，更是火上浇油。

当初开发二组对我寄予厚望，就是为了解决一个老大难问题：如何搭建3D地下城和城市。暴雪在3D关卡设计方面没有任何经验，这一点我在面试时就发现了。他们询问了各种关于3D建筑制作的信息，例如如何估算时间、如何安排制作管线等。

在我入职之前，公司为招不到3D关卡设计师头疼不已。加入公司后，就轮到我为招人头疼了。关卡设计师大多没有太强的事业心，只要有个能够安心工作的项目，他们往往懒得挪窝。因此，暴雪为一个不知名的项目发布一个薪水不高的职位，就很难吸引到多少业内老手。他们甚至还试过把应聘质量保证部门的人挖来用，但事实证明这行不通。3D关卡设计需要长年累月的磨炼才能掌握，我在面试时提交的每个关卡背后都是600个小时左右的工作量，而早期的那些作品根本拿不出手。3D关卡设计难度很高，更不要说用的还是Radiant这种难搞的编辑器。我苦练了好几年才做出点样子，那帮应聘质量保证部门的能做出什么东西我都不敢想。暴雪倒是不缺2D关卡的制作经验，他们只须在编辑界面拖放元素就可以，方便又快捷。而为网络游戏做3D场景设计则需要兼具建模经验、对建筑的热爱和艺术眼光才行，并且耗费的时间数以月计。

开发二组中只有布伦达·佩尔迪昂（Brenda Perdion，另一位3D关卡设计师）和我没有参加周年派对。当时我们忧心忡忡，我们都没有完整的游戏制作经验，（在团队预算限制之下）也招不到有经验的关卡设计师。而且Radiant做出的3D成品也无法令我们满意。要在两年内完成任务的话……除非招几十个关卡设计师才行。

哪怕技术和制作方面的问题都解决了，游戏设计师也没法告诉我们关卡应该有多长——照常理说，应该先明确关卡的长度和规模，然后再投入几百个小时去制作才对。而Radiant制作的地下城大小很难调整，这就让我们陷入了一个"先有蛋还是先有鸡"的困境。游戏设计师此前从没做过3D游戏，我们得先把关卡做出来，让他在里面跑一遍，他才能告诉我们这些细节到底该做成什么样：

- 镜头会不会卡在门框顶上？如果卡了可以接受吗？
- 镜头和天花板应该放到什么高度？
- 天花板高度是否会妨碍多层室内设计？
- 在室内，镜头是否会改为第一人称视角，这样会不会让人迷失方向？
- 第一人称视角下的战斗会不会令人不适？
- 安排多少玩家/怪物参与战斗才合适？角色战斗需要多大的空间？
- 如果附近有能让玩家所在高度变化的地方（如楼梯、高台或梯子），战斗机制会出BUG吗？
- 关卡布局应该做成线性的还是非线性的？

约翰·斯塔茨

2001年春,制作人和室外关卡设计师区域。与水槽和会议桌那边相比,开发二组的区域要整洁一些。注意看,四张桌子中间有个"帝国冲锋队侦察兵"对着画板干活。(科林·穆雷拍摄。图片由暴雪娱乐公司提供。)

美术方面的问题也让关卡设计师头疼。用Radiant制作地下城有个问题——几何体的形状不够灵活。它只能制作棱角分明的正交几何体,边缘锐利平直,和网格对齐。但《魔兽争霸》的美学风格是歪歪扭扭的手绘风,物体的边缘往往是歪斜、柔和的。游戏里各种小道具和生物都由美术师们使用3D Studio Max制作,有着圆润、夸张的外观,放在Radiant制作的棱角分明的建筑物中就显得格格不入。艺术团队十分看重纹理对齐,但Radiant无法满足这一点,因此没人愿意绘制通用纹理,也没人来应聘这份工作。

我们最初之所以选择Radiant,就是因为它能创建在数学层面上非常"干净"的几何体。毕竟所有FPS工作室都在用,那肯定有他们的道理,对吧?

程序员担心3D Studio Max制作的几何体对于游戏引擎来说不够"干净",因为顶点存在浮点误差(数值不准确),我们认为坐标值杂乱的话会影响游戏在低端电脑上的表现。我们花了六个月搭建这个世界,却仍然没有弄清洞穴、地下城、建筑和城市该如何制作。为了保住饭碗,我和布伦达觉得周六晚上与其去参加公司周年庆,还不如把精力放在地下城上。

说到这里,也许我该讲讲3D关卡设计师具体是做什么的。我们会在移动各种物件、摆放各种元素、营造场景氛围的同时为移动路线和游戏操作留出空间；我们会规划布置，让区域显得美观又能让人身临其境；各种艺术素材，比如树木、骨头和其他道具的布置也是我们的职责。总之，关卡设计师负责游戏空间的搭建，包括建筑物和环境景观等。我们的工作涉及多个领域，每个领域都自有其规则。我们需要兼顾背景设定、游戏玩法、艺术风格和游戏帧率等诸多因素。当这些因素发生冲突时，我们会灵活调整，以适应特殊情况。而为《魔兽世界》设计关卡的难点就在于没有明确的规则。尽管如此，我们还是埋头苦干，搭建出了原型3D模型，并且期望这些临时素材未来能够转正（剧透：并没有）。

创始人的哲学深深植根于暴雪公司上下："有问题，就修改。"归根结底，这一理念体现的就是暴雪的迭代式游戏开发方法。没有一样东西是一成不变的，游戏的成败掌握在每个人手里。不论是设计、美术还是编程，每个方面的开发者都要反复修改自己的作品，尽量做到完美无瑕。

暴雪并没有什么神奇的魔力，只是不用向发行商金主出卖灵魂而已，而这样的公司在业内并不多见。暴雪制作游戏是自己出资，所以才能维持高标准严要求。能做到这一点的公司凤毛麟角，而这也是我们的一大优势。

我们不必受制于那些目光短浅、各怀鬼胎的合作伙伴。发行商、分销商和零售商通常会拿走80%到90%的销售收入，留给工作室的回报却微乎其微，难以为员工发放奖金或者投资到未来的项目上。一旦与发行商合作，工作室就很难掌控自己的游戏，尤其是发售日期，这就意味着无法保证游戏是打磨完善才上市的。

暴雪不必忍受投资者、市场营销人员或其他不玩游戏的人指手画脚，规定他们做什么游戏、什么时候发售，甚至是把游戏做成什么样。公司里没有西装革履的官僚，从CEO到前台接待，每个人都会玩游戏。我们甚至拒绝过某些程序员的求职，因为他们不玩游戏，尽管能力是合格的。

暴雪公司的高管们拥有更多自主权，不用向急不可耐的投资者负责，这意味着可以自由推迟或取消自己的项目，将更多的控制权交给开发游戏的员工。管理层经常四处征求意见，这表明他们对我们的意见确实是感兴趣的。如果基层员工抵制某项决定，管理层就会踩下刹车，倾听他们的意见。虽然管理层仍然拥有最终的决策权，但在具体事务上允许员工发言确实意义重大。如果我们不喜欢或者无法理解高管的某项决定，他们会解释原因，告诉我们哪些决策因素我们并不知晓。了解全局之后，我们的不满往往也就消失了。

举个例子，当时接近《魔兽争霸3》的发售日，开发二组负责《魔兽世界》的美工和设计师会抽出几天或数周的时间，实机测试《魔兽争霸3》的单人战役。某天晚餐时分，我和托弗·戈拉姆（Toph Gorham）打了一场对战。托弗是一名概念美术师，和我同一天加入暴雪，有时会在晚饭后和我打打多人游戏。他《星际争霸》打得很好，而我不怎么行。我并不是很喜欢在即时战略（RTS）游戏中生产太多单位，拥有主动技能的单位太多会让我不知所措。

我和托弗做了些测试，想看看将部队限制在小队规模能不能让我们打得有来有回。我认为RTS游戏的乐趣在于战斗中的微操作和英雄能力，而不是为经济和生产操心，于是便试着把食物上限卡在20打了一场。结果非常惊人，我体会到了RTS对战中前所未有的乐趣！这种玩法就是纯粹的战斗，有点像《英雄联盟》的前身DotA。我们非常兴奋，跑到开发一组那边把这段经历告诉了公司创始人兼设计大师艾伦·阿德汗（Allen Adham）和开发一组的首席设计师罗布·帕尔多，《星际争霸》的设计师正是这两位。

强调一下，当时我们只是两个新来的美术师，却能毫无顾忌地找到公司的两位顶级设计师，建议他们对游戏中的单位数量做出彻底的更改。听完意见，艾伦和罗布来到我们的办公桌前，看看我们用了多大的地图。他们问我们使用了多少资源、对局持续了多长时间，还讨论了降低食物上限是否会削弱游戏性或造成其他影响。日后的《魔兽争霸3》里，虽然食物上限没有降到20，但也降低了很多。这种变动就是在我们的主动反馈下促成的。

通过反复邀请员工提出意见和建议，暴雪公司的领导层营造了一种让员工乐于发表意见的氛围。这并不容易，因为公司里很多人都很内向，管理层需要积极努力才能营造出主动协作的氛围。很多发行商会急着让旗下的游戏项目仓促上马，事后他们那些目光短浅、故步自封的管理人员又会跳出来横加质疑。和他们相比，暴雪公司能够脱颖而出也就不足为奇了。员工们自由地提出指正意见（尤其是针对高层管理的疏忽），暴雪的产品就能够享受集思广益的好处。管理层会确保每个人都了解全局的情况，从而保持一种互帮互助的循环。我们每月都会在QA（质量保证）区域召开公司会议，为员工庆祝生日，发布各种通知。

如果没有相互信任，员工就不会畅所欲言，公司也就失去了改进产品的机会。要是人们对工作没有热情，产品就会失去灵魂。在暴雪，一款作品的特色很大程度上就是在七嘴八舌的争论中产生的。

我上班第一天便发现了一件怪事——员工们聊到公司高管时都是满怀敬意的口吻。起初我还以为他们在开玩笑，但他们并不是在阴阳怪气，而是真心为公司创始人艾伦·阿德汗、迈克·莫汉（Mike Morhaime）和弗兰克·皮尔斯（Frank Pearce）感到骄傲。据说他们是头脑聪明缜密、富有耐心的人。

有一次，有人对艾伦·阿德汗搞恶作剧，绑架了他办公室里的一个玩具。于是他径直走向人力资源部门，将笔迹样本和勒索信进行了比对，就这么抓出了犯人。随后，他出现在开发二组数据库程序员特温·马丁（Twain Martin）的门口，阴险一笑："那么……特温。你……有什么话想对我说吗？"没有人玩得过这帮家伙。习惯了麦迪逊大道广告公司那种办公室政治的氛围，暴雪同事们高涨的热情对我来说一时还显得有点奇怪。在大公司的世界，决策和沟通是那些远在天边的高管的特权，下达到员工这边的只有一些暧昧不清的指令，而员工对于日常工作几乎没有什么控制权。

暴雪的开放政策深深渗透到开发团队中的每一层。一个名片上写着"游戏设计师"的人会倾听美术师和程序员关于游戏玩法的点子，而程序员会根据美术师和设计师的需求调整代码。大家过去几乎都没有共事过，所以办公室政治的影响降到了最低。当有人拿出新东西时，大家会聚在一起提出建议和批评。团队的制作人鼓励这种做法，还会挨个部门征求意见。有时大家会自发在走廊里开始讨论，最终形成某些决定。

我们还召开过很多次团队会议，讨论《魔兽世界》是否应该放弃由大型多人在线游戏（MMO）界无冕之王《无尽的任务》确立的公共地下城范式，转而采用私有地下城（即"副本"），让玩家可以专心打怪，不必担心不速之客的打扰。副本模式这一变革事关重大，设计师和制作人想听听正反两方面的意见，因为团队中对此有着很大的分歧。关于副本地下城，最大的顾虑在于《魔兽世界》本应是一款社交游戏，但副本地下城的体验却存在反社交的成分。会议开了又开，直到最后我们分成了几个小组，争论网络游戏还有什么问题需要解决，有时能一直聊到午夜。

但随着团队的壮大，我们的会议也变得越来越臃肿。10月份，我成为团队的第21名成员；到了第二年3月份，又有10人加入。当时我们还以为《魔兽世界》的开发周期已经过半了（剧透：并没有）。项目联合负责人马克·科恩解释说，我们的目标是一支四十人的团队，不过为了任务的制作，可能会从QA部门抽调人手，这样团队人数可能增加到45人。

如果要形容我们团队，交响乐团这个比喻并不妥当。从工作流程和结构上看，倒是更像车库摇滚乐队——人们不停探索，反复修改迭代，直到有人写出一首好曲子，随后其他人再跟上。我们说话也挺爱用摇滚圈的词——"呼应（riffed）"别人的想法，或者"插入（jammed）"别人发现的流程。如果外人偷听我们的会议，他们很难分辨出领导和普通员工。要保持这种活力，关键在于保证每个团队成员都对自己的工作充满热情，这就需要在招聘时精挑细选。

最让我惊讶的是游戏行业想要招聘超级明星员工原来这么难，招是肯定能招到，但过程很难。

2001年伊始，两名新工程师加入了公司。第一位是图形程序员蒂姆·特鲁斯代尔（Tim Truesdale），从2月份开始负责游戏内的阴影。他的第一个任务是了解渲染阴影到底有多吃性能，随后他为此提供了各种解决方案。低端的方案就是在生物脚下画一圈黑色，这个已经实现了。他还打算尝试根据角色的动作生成更清晰、更细致的阴影。我们凑在他的电脑前，惊奇地看到角色脚下有个模糊的圆形黑影。尽管只是最简单的视觉特效，但有了那块阴影，人物就有了站在地面上的真实感。看到玩家的化身与游戏世界产生联结，我们感到一阵心安。生物移动时跟随的阴影和预烘焙在背景里的"世界阴影"并不是一回事，树木、建筑物和山脉投下的阴影不会随着日出日落改变形状，尽管阴影的颜色在不同地区或不同时间会有所变化，但本质上都是定死的。世界阴影静止不动，就意味着太阳升起和落下都是在同一个方向。这从天文学的角度来看简直荒谬，但视觉效果没什么问题。

尽管云彩、太阳和星星都还没做出来，但蒂姆已经开始为《魔兽世界》编写昼夜光照循环了。他在团队中大受欢迎，每做一件事都广受好评，因为他的代码能直观地产生视觉效果，所以美术师们最喜欢他。

 他说想给我们的游戏写服务器代码；我自然没什么意见。

——马克·科恩，开发二组联合负责人，面试乔·拉姆齐后的发言。

我们的首席程序员约翰·卡什解释说，与图形工程师截然相反，网络程序员的工作可谓吃力不讨好。尽管一直在埋头苦干，他们的工作成果却无法取得直观的进展——直到整套东西突然跑通的那一刻。他们的努力得不到赞美，每当代码出问题，被抱怨的却总是他们。服务器编程最糟糕的地方在于性能只能通过公开测试进行检验，而这个过程难免会受到各种外部因素影响，导致表现不佳。服务器工程师必须顶着同事和玩家们严苛的监督进行代码优化，因此没几个人愿意从事这份工作。在游戏行业，这一职位至关重要，也很难胜任。乔·拉姆齐（Joe Rumsey）采用科林·穆雷（Collin Murray）和约翰·卡什建立的客户端—服务器架构，并将服务器各方面机能分解到独立的机器上。处理带宽可以在主服务器、世界状态服务器、客户收集服务器和更新服务器等设备之间分配，这些机器相互通信，共同支撑起了一个服务器中的数字宇宙。

刚加入这个项目时，按照谢恩和埃里克的说法，《魔兽世界》会采用《暗黑破坏神》模式，玩家可以断开服务器进行单机游戏（我们也能省下带宽成本）。在他们的预想中，玩家可以离线单人游戏，想玩团队副本之类多人内容的时候再找人组队，这时才需要连接到我们的服务器。谢恩解释这套机制时约翰·卡什一直站在他身后摇头，于是谢恩问他为什么行不通。

他说："不能把武器和怪物的信息存在玩家的电脑上，否则会被随意修改……客户端那边被黑，我们一点办法都没有。"谢恩听着，约翰继续说道："有价值的数据绝不能保存在客户端那边，像是金钱、道具、玩家标记和玩家状态等。可能只有路径数据除外吧。重要数据必须留在服务器上，那里才安全。""安全"自然是开玩笑，约翰钩钩手指给这个词比了个引号。程序员说起自己能做到什么时，用词都很精确，尤其是涉及安全性，大家都会小心翼翼，避免夸下海口。

谢恩转过头来对我笑了笑："好吧，看来是行不通，那就这么定了！真希望每次做决定都能这么轻松。"

到2001年3月，我们的核心编程团队已经相当齐全（至少当时我们是这么认为的），拥有七名工程师。其中包括杰夫·周（Jeff Chow），他让游戏字体实现了清晰缩放；大卫·雷（David Ray）和特温·马丁，他们是各类工具和数据库的程序员。

之前说过,我第一天上班就学到了很多东西,而我最先明白的是早期开发阶段的游戏看起来有多平淡无奇。有人把我从大厅领到办公桌前,我环顾四周,想看看开发二组在做什么样的游戏。游戏设计师埃里克·多茨走过来问我:"有没有人告诉你我们在做什么游戏?"我看到墙上贴着一些《魔兽争霸》的角色和奇幻概念设定图,但也有可能是其他项目的东西,因为暴雪的大厅里到处都是旧作留下的痕迹。

于是我回答,"还没有,但我猜应该是个魔兽版《无尽的任务》吧"。我尽量控制自己的语调别显得满怀期待,毕竟猜错就尴尬了。

埃里克招招手让我跟上。"跟我来。这边走!"他把我领到办公桌前,然后坐下,打开一个程序。程序崩溃了几次,终于在屏幕上显示出一个金发男子,他站在草地上,裹着一条围腰布,拿着短剑。界面上只有生命条和背包图标。我端详着屏幕上的东西,埃里克满怀期待地看向我。

而我不知道该作何反应。

埃里克操纵角色跑过几棵树和一条小沟,小沟上有一座木桥。他又抬头看着我,露出胜利的笑容,仿佛中了彩票似的。

而我却有些失望。为什么这么说呢?你得明白,为了加入这个项目,我放弃了我的事业、我的朋友,还有纽约的公寓。之前我设计的关卡都是在完善的成品游戏基础上制作的模组,而现在这个简陋的金发内衣男和我应聘时想象的东西完全不同。我感觉得说点什么,于是就"哇哦"(Wow)了一声,为了避免尴尬,只能尽量装出兴奋的样子。

而埃里克以为我是猜出了游戏名字才感叹的,他兴奋了起来。"明白了没?!是WoW!对吧?"我根本不知道他在说什么,而他指着屏幕说,"看看,这也太酷了吧!"

内裤男走近一只食人魔,它呆呆站着,一动不动。他用剑刺向

约翰·斯塔茨

怪物,但它没有任何反应,也没有任何战斗音效,只有背景音里的鸟叫在回荡。然后,这个人类在一动不动的食人魔脚边跪了下来。"看!我在拾取尸体上的东西……虽然死亡动画还没做,但拾取功能实现后就是这个样子。"我茫然地看着屏幕上静静罚站的巨魔和脚下跪着的男人。"当然了,战利品列表还是空的,毕竟拾取系统还没有实装。"

"你能从那座桥上跑过去吗?"

"不行。呃,我的意思是,过是能过去,但角色会直接从桥里穿过去,因为物件的碰撞检测还没做。"

这是我第一次听到"物件"这个词,还以为埃里克指的是环境中那些装饰性的美术素材(小道具)。他指了指那条小沟:"这儿其实应该有条河,但几年内可能都不会把水灌进来。"

在入职的头一个小时,我知道了未完成的游戏看起来有多乏善可陈。

埃里克简单介绍了游戏引擎的历史。他告诉我,当核心导航系统,也就是在地面上跑动的功能,没有问题之后,游戏设计师就该把重点放在战斗、物品、用户界面和基本玩法这些方面了。未来几个月要忙的就是这些,因为目前游戏里还只能操纵角色在地面上跑来跑去,不能跳,不能和树木或桥梁发生碰撞,当然也没法战斗。我们可以爬到山上,看到地平线。埃里克给我看了一些地区的概念草图,引起了我的兴趣。概念图雄心勃勃,当时我还不知道团队的目标是打造一款史诗级大作。各种怪物和战争机器的图片一路看过去,我第一次体会到这款游戏蕴含着多少潜力。

∞

这些图主要是艺术总监比尔·佩特拉斯（Bill Petras）近期的手笔，他的专长是色彩研究，通过粗略绘画为一个区域或地点建立起整体的氛围感。团队接纳的第一幅色彩研究就是他画的艾尔文森林。尽管正式版的艾尔文森林变得更加明快、梦幻，但这种松弛的手绘风格还是奠定了游戏总体的视觉基调。比尔成为项目的美术负责人，负责每个区域的概念设计，并对动画和角色创作进行点评。当他的区域概念设计得到公司创意总监克里斯·梅森（Chris Metzen）批准后，就会交给美术师，由他们绘制这个区域的美术资产，像是树木、探索点和生物等。从这个意义上来说，概念草图就是"艺术蓝图"。

要将手绘风格应用到3D环境中，艺术诠释力和技术层面的技巧必不可少。据比尔说，是新来的美术师布兰登·伊多尔（Brandon Idol）用漫画式夸张笔法绘制了狗头人和豺狼人的纹理，才确立了这部游戏的美术风格。在此之前，《魔兽世界》的大部分美术设计都和当时其他3D游戏一样偏向于写实主义，多亏布兰登的诠释，这款游戏才得以保留了《魔兽争霸》系列特色的卡通风格。

他还对《魔兽世界》和《魔兽争霸3》的室外地面纹理进行了重制。他是角色美术师，并不负责环境美术，因此这些工作都是在业余时间完成的，就是为了展示一种绘制景观纹理的方法。在美术师

艾尔文森林色彩研究，由比尔·佩特拉斯于2000年创作。此处特写集中展示了比尔作品中松弛的笔触。对经验丰富的美术师来说，概念草图并非严谨的作品，而是交流用的工具。比尔这么解释概念草图的价值："很多概念艺术家会把精力花在细节上。画盔甲之类需要细节的东西倒还行，但如果画的是风景或环境，你真正要做的其实是营造一种氛围。"（图片由暴雪娱乐公司提供。）

豺狼人与狗头人，布兰登·伊多尔绘制。对于艺术总监比尔·佩特拉斯来说，这只豺狼人是第一个让他脱口而出"对了！魔兽世界就是这个味儿！"的游戏内素材。这只卡通风格的怪物色彩丰富，个性十足。其皮肤贴图尺寸为256x256像素，模型相当复杂，拥有数百个三角形。（图片由暴雪娱乐公司提供。）

中间，这种对他人作品的重制并不罕见。由于玩家视角在绝大多数时间都能看到地面，因此让地面纹理拥有鲜明的特色是非常重要的。每个室外区域都由四种景观纹理（泥土、石头、草和岩石）共同构成，布兰登为每片草叶单独上色，而没有像其他网络游戏那样直接画一大块斑驳的草皮。这种处理方式带来了巨大的效果提升，《魔兽争霸3》团队在制作地面纹理时也采用了这种方式。

在蒂姆·特鲁斯代尔完成外部照明循环系统的编写后，布兰登依照概念草图，为每个区域的阴影、阳光和天空都匹配了相应的颜色。沙漠会被温暖的阳光照亮，夜晚冷却成蓝色色调。而当玩家在不同区域之间穿行时，整体颜色会逐渐过渡。色彩混合系统这一重大特性将在下一个构建版本中加入，大家都期待看到过渡效果是否流畅。光照和世界阴影能让风景更容易被人理解，让眼睛得以分辨不同距离和地形之间的细微差别。

阴影为地形增添了立体感，效果非常漂亮。这些特性的实现也让室外关卡设计师拥有了称手的工具，他们将打造一个世界。

为了招到合适的室外关卡设计师，我们发布了一项任务，从QA团队中征求志愿者，让他们来搭建一个室外区域。他们使用的工具是贯穿《魔兽世界》始终的游戏编辑器：Wowedit。由于暴雪负责自家游戏的发行业务，因此我们拥有几十名QA和客户支持人员，其中有临时工，也有全职员工。QA部门对于公司的成功非常重要，他们不仅会对游戏进行打磨，还能成长为充满激情的开发人员。当一名员工加入暴雪的QA或客户支持团队后，很快就会想在开发团队谋个职位，因为那里的薪水更高、职责更重要，创意投入也更多。而室外关卡设计师就是这么一个肥差。

有二十多名员工申请了这个职位，在业余时间使用Wowedit工作。我们在任务中说明，申请人需要使用现有的艾尔文森林地面纹理和小道具来搭建一个有趣的区域。Wowedit是一款新软件，它漏洞百出、操作蹩脚，还缺少一些重要功能，比如没有自动保存，也不能用快捷键减少重复操作。这东西又难用又烦人，大多数申请人以前从未使用过3D编辑器，他们多半缺乏美术方面的经验，也没有教程可参考，而且他们没有养成勤加保存的意识，再加上需要大量枯燥的重复作业，这就意味着每当编辑器崩溃，几个小时的工作往往就白干了。有这么多困难需要克服，因此应聘这份工作变得非常煎熬，但有几个意志坚定的候选人依旧花费大量时间做出了比别人更好的作品。

几周之后，设计和艺术团队对他们提交上来的关卡进行了排名。他们并不知道具体的关卡作者，只知道候选编号。其中有四人脱颖而出：博·贝尔（Bo Bell）、马克·唐尼（Mark Downie）、乔希·库尔茨（Josh Kurtz）和马特·桑德斯（Matt Sanders）。乔希·库尔茨给自己的关卡配了个本子，写着区域的背景设定。这东西长达二十五页，没人有耐心读完，但从这个态度就能看出他一定会成为一位激情十足的开发者。而得分最高的两份作品来自同一人：马特·桑德斯。他曾在海军服役，出了名地勤奋，充满团队合作精神。当马克·科恩得知两份最优秀的作品都是他做的时，他摇摇头说："不知道为什么，当过兵的人做游戏总是很厉害。我也不知道是什么原因，他们好像就是有种直觉。"

没有人比QA人员加入开发团队的第一天笑得更开心了。和大家的想象相反，QA人员并不会整天坐在那里玩游戏。虽然能够最先见到新游戏，但他们的日常工作并没有多少乐趣。找BUG、写报告，这份工作需要谨小慎微、一丝不苟。开发人员按照自己的节奏修复BUG，之后再交给QA测试，验证问题是否解决。有些BUG微不足道或与其他BUG重复；有些BUG难以解决，需要花费数月甚至数年的时间才能处理掉；有些BUG甚至不算问题，可以视作"运行符合预期"。

一旦发现问题，他们会与资深QA人员进行核实。乔希·库尔茨讲过一段噩梦般的经历，当时他在确认一个《暗黑破坏神2》资料片的BUG，只要玩家攻击怪物就会出现。为了排除BUG是由武器产生的可能性，他不得不花费好几个小时，轮流使用游戏中的每一样武器攻击一个靶子。QA人员有时会分工合作，有时运气不好，所有任务会这样压在一个倒霉蛋头上。检查完每一样武器后，乔希把结果上报。程序员或设计师会改点东西，然后乔希需要把所有武器再测一遍，再次提交报告。之后开发者又改点别的东西，他就又得全部测一遍，确保BUG不再重现。这种流程会重复一遍又一遍，当你重复劳动了几小时、几天、几周，甚至几个月，你就会觉得QA这份工作不像在电脑游戏公司干活，倒像是某种折腾人的心理实验。

这些初级职位工资都是最低档，但人们苦苦忍受，就是为了获得一个机会，能够加入开发岗，或者成为QA部门的领导，抑或得到其他非开发人员职位。每个人的目标都一样：逃离QA。

不过，除去办公室政治和四处弥漫的"吃得苦中苦"氛围，QA还是有些福利的。在这种人人为己的环境中，每时每刻都被游戏玩家包围着，大家产生了一种奇怪的同志之谊。大家了解了游戏公司的制作和运行流程，因此，暴雪的QA人员经常能在其他公司找到设计工作。

其他福利还包括电影日、节日派对和拉斯维加斯发布会等公司活动。归根结底，最好的福利就是能与其他热爱游戏的人一起工作。

> 1999年6月，《Nomad》仅存的截图之一。玩家控制一支三人小队：一个剑士、一个施法者和一个挥舞鞭子的角色。暴雪砍掉项目时，美术师还只是在尝试不同的视觉风格，因此画面中的用户界面并无实际功能。（图片由暴雪娱乐公司提供。）

来时路:《Nomad》与《魔兽争霸3》

早在《星际争霸》制作期间,开发一组的《网络创世纪》(UO)爱好者就开始探讨网络游戏的开发了。开发二组的组建也受到UO的启发,他们致力于开发一款名为《Nomad》的持久运营大型多人游戏,玩法是基于小队的战术战斗。玩家能够进行冒险,装备自己的部队,与其他玩家或电脑进行作战。开发二组成员只有程序员和美术师,因此他们秉持一种人人有份的民主式设计理念,但民主得过了头:由于没人正式负责游戏设计,设计方向就一直确定不下来,开发工作只能停留在大家头脑风暴、瞎出点子的阶段。团队仿佛无头苍蝇,在《Nomad》和其他想做的游戏之间无所适从。没有一个领头人对

它的设计方向一锤定音，所以其玩法四处妥协、充满矛盾，最终它变成一款让所有人都不满意的游戏。直到一年后，这个项目仍然没有任何凝聚力，每个人都认为《Nomad》是一场灾难。接下来的六个月里，团队多方尝试力图挽救它，但都没什么结果。

《无尽的任务》火起来之后，开发一组和二组都想参与网络游戏的开发。由于开发一组忙于制作《魔兽争霸3》的早期版本（最终被废弃），只有二组有空试试水。在比尔·佩特拉斯的鼓励下，首席动画师凯文·比尔兹利（Kevin Beardslee）为公司创始人制定高层决策的经理会议准备了一份演示。凯文精通设计，经验丰富，他知道开发二组想做的游戏，一言以蔽之，就是魔兽版《无尽的任务》。在他的设想中，这款网络游戏拥有《雷神之锤》风格的WASD键盘操作、副本地下城机制和清晰的任务指引，能够吸引到休闲玩家。用第三人称尾随视角扮演《魔兽争霸》里的英雄，这个点子听起来很有前途。当时《Nomad》的负责人是杰夫·斯特兰（Jeff Strain），他把凯文的方案介绍给暴雪首席执行官迈克·莫汉和其他高管。这场会议上，他们给凯文的方案开了绿灯，同时扼杀了前途黑暗的《Nomad》项目。公司的初始创始人兼首席执行官艾伦·阿德汗已于1999年退休，现在又回来担任开发二组的游戏设计总监，因为他也是一名《无尽的任务》爱好者。

大型多人在线网络游戏的前身是基于文本的多用户地下城（MUD），当时已经有十余年历史。但艾伦借鉴了《暗黑破坏神》的设计哲学，力求让休闲玩家也能玩得进去。他喜欢用国际象棋的例子来说明简单的规则能够扩展出无比复杂的可能性，这套成功公式暴雪之前就使用过。在《暗黑破坏神》之前，角色扮演游戏（RPG）还是个小众类型。《无尽的任务》和《网络创世纪》这类游戏只能吸引铁杆RPG玩家，因此受众相对较少。而《暗黑破坏神》的成功让阿德汗相信，自己的团队可以制作一款更友好的《无尽的任务》，吸引更多玩家，并且对于核心玩家仍然具有足够的深度。而且，在即时战略游戏这块已经饱和的市场上，《星际争霸》也大获成功，这

1999年，克里斯·梅森画在开发二组办公区墙上的魔兽世界地图。（图片由暴雪娱乐公司提供。）

就已经证明暴雪游戏的实力足以挑战市面上成熟的对手。艾伦利用《暗黑破坏神》简洁的游戏模型，为一款面向大众的网络游戏奠定了基础。一切设计都以直观和易玩为目标。

埃里克·多茨从QA部门转到开发二组，帮助《Nomad》项目充实设计。但在他加入两周后，这个项目变成了一款类似《无尽的任务》的网络游戏。作为团队新人，埃里克也是第一个用"魔兽世界（World of Warcraft)"称呼这款游戏的，不过这个名字太过理所当然，其他人可能同样想到过。至于"WoW"这个缩写，只是美丽的意外而已。"魔兽世界"成为游戏的暂用名，除非有人能想出更响亮的名字。

1999年7月，十几名开发人员开始投身于这款暴雪有史以来最大的项目。仅三个月，魔兽世界就取得了《Nomad》十八个月都望尘莫及的突破。艾伦的加入让新项目拥有了坚定的设计方向，令人耳目一新，与开发《Nomad》时无头苍蝇般的状态截然不同。《无尽的任务》提供了成熟的游戏范例和参考共识，这也是至关重要的。在《Nomad》开发期间，每个人都窝在自己的办公室工作，只专注于自己的想法。到了《魔兽世界》时，团队成员将办公桌搬到走廊上，共同协作。沟通的改善使协作精神得到加强，每个人都清楚其他人在做什么。各种决策的确定也不再正式而繁琐，因为从早到晚大家一直在自发地"开会"。虽然艾伦是负责人，但他认为开发过程处于一种"代议制民主"的状态，不过并非每个人都拥有平等的否决权。游戏设计师会听取每个人的意见，但最终决策还是由他们自己负责。通常情况下，他们会先和制作人达成一致。因为预算请求得不到他们的首肯，项目就无法推进。

开发二组最初的议题之一就是到底要创造哪种风格的宇宙。暴雪旗下有奇幻也有科幻作品，但两种风格在团队中各有拥趸，大家

《魔兽世界》现存最早的截图。此版本于1999年使用《魔兽争霸3》引擎制作，可以看到《魔兽世界》在起步阶段有多么简陋。这个版本实际上算是《魔兽争霸3》的模组（mod），因为当时开发二组还没有程序员。（图片由暴雪娱乐公司提供。）

2000年,《魔兽争霸》早期版本。今天的游戏没有保留这个版本的任何代码或美术素材。玩家会穿过实体物体,与世界唯一的互动方式就是在地面上奔跑。(图片由暴雪娱乐公司提供。)

为此产生分歧,爆发了激烈的争论,甚至连高层都不例外。

最终,艾伦敲定了奇幻背景,为这款网络游戏选择了《魔兽争霸》的世界观。这并不是因为他个人喜欢奇幻,而是因为大多数科幻游戏使用的都是枪械和大同小异的高科技,没有剑与魔法那么直观易懂。拳打脚踢、刀光剑影,对于玩家来说这种短兵相接的战斗比"中子加速器远程狙击"更为亲切熟悉。当时《无尽的任务》和《网络创世纪》在奇幻类游戏中风头无两,暴雪相信网络游戏到了下个世代也许会偏向科幻题材(事后来看确实如此),但在当时,奇幻设定更加亲切易懂,在大众认知中有着庞大的基础,销量也更好。大多数休闲玩家看一眼游戏包装盒就会决定要不要买,比起其他题材,奇幻题材一看就懂。而要使用暴雪自己的品牌,《魔兽争霸》则是水到渠成的选择。

约翰·斯塔茨

编程：第一道难关

2000年末，瓦加德。《魔兽世界》的第一个测试区域，色彩单调。请注意建筑物的风格：横平竖直，比例真实。（图片由暴雪娱乐公司提供。）

《Nomad》的致命弱点在于游戏设计，而《魔兽世界》最令人头疼的是技术问题——对于网络游戏这种复杂项目来说，这并不令人感到意外。《Nomad》项目被取消后，很多团队成员离开了暴雪，尤其是所有程序员都走了。开发二组搞砸了第一个项目，现在手上的资源少得可怜，而公司的开发重点在《魔兽争霸传奇》（The Legends of Warcraft，很快改名为《魔兽争霸3》）上。几个开发一组的程序员转到《魔兽世界》团队干了一年，因为暴雪计划用《魔兽争霸3》的引擎来打造《魔兽世界》，自然要使用熟悉《魔兽争霸3》代码库的员工。

然而这种做法却让《魔兽世界》的开发变得漫长又折磨。代码随时可能修改，因为《魔兽争霸3》的引擎一直处于半成品状态，开发一组没做完优化,谁也不知道这个引擎到底有多大能力。开发二组直到引擎接近完成才发现帧率性能远远低于预期,即使给《魔兽争霸3》使用也不行。如果对现有代码进行修复改进,工作量太大了,一组和二组都认为不可行,于是索性从头开始开发。我们重组了团队,从《魔兽争霸3》那里招募了程序员科林·穆雷。虽然有他加入,但引擎上的挫折还是让大家士气低落。

《魔兽争霸3》的引擎需要为即时战略游戏量身定制,针对渲染和小范围同时控制多个单位进行优化。而《魔兽世界》不需要这些特性,它需要的是渲染地貌,处理地下城、城市之类巨大的复杂素材。对于大型多人在线游戏来说,使用《魔兽争霸3》的引擎是行不通的。《魔兽世界》团队已经很了解3D引擎,他们知道只有自研引擎才行。即使在这么早期的阶段,《魔兽世界》几乎所有代码都已经至少重写过一次了。

 一家公司最烂的游戏往往是他们的第一款3D游戏。

——科林·穆雷,高级游戏程序员

科林向我解释说,如果开发人员把2D游戏的经验在3D游戏上生搬硬套,结果只会一塌糊涂。暴雪也不例外。

我刚到公司时,员工谈论关卡设计时还会用"图块组"(tile set)之类的短语。这是个2D游戏术语,指《暗黑破坏神》《魔兽争霸》《星际争霸》之类的2D游戏在构建关卡时使用的一系列纹理组合。为什么《魔兽争霸3》花了这么长时间才推出?为什么很多游戏工作室在世代之交的作品都很烂?原因就在于大家当时刚开始转向3D技术,整个游戏行业都在犯同样的错,吸取同样的教训。

为了开发3D游戏,暴雪把大量时间花在招兵买马上。因为有经验的开发者太少,而暴雪又计划同时进行两个3D项目的开发。尽管不同团队在资源方面存在竞争,但两款游戏在开发时还是尽可能地共享了工具、代码和人员。

约翰·斯塔茨

游戏引擎

游戏引擎是一套软件框架,用于开发和运行游戏。启动一个项目之前,工作室得先决定是自己编写引擎,还是从其他公司取得授权,使用他们的成品软件。外部的成品引擎拥有各种诱人的特性,包括跨平台支持、与其他工具紧密集成、友好的用户界面、灵活性高,当然,还有各种最新最炫的图形功能。尽管有这么多好处,暴雪公司还是编写了自己的内部引擎,因为这么做利大于弊。

内部引擎的优点

完美适配手头的任务:因为一开始就针对自家游戏的重点需求做优化,所以内部引擎的处理能力更加高效。如果游戏需要同时渲染大量纹理,程序员可以量身定制,让游戏在这方面表现出众。内部引擎不存在机能浪费,如果游戏不需要强大的图形功能,程序员可以指挥处理器去执行其他任务,例如缩短加载时间或改进人工智能等。

带来更多长期利益:外部引擎授权需要付费购买,这等于付出了一部分未来的利润。自主编写的引擎则不存在这个问题,还可以将代码授权给其他公司以赢利,或者作为添头赠送给粉丝,提高他们的品牌忠诚度。

扩大游戏受众:使用内部引擎对游戏进行针对性优化,不仅能提高游戏的运行速度,还能降低配置需求,让低端电脑也能运行,从而大大提高销售潜力。

易于掌控:工程师不需要适应不熟悉的程序代码。由于熟悉程序底层的运行机制,调试、迭代和改进工作都更加容易。自研的新引擎也很容易和工作室现有的内部工具集成使用。

减少规矩/沟通方面的麻烦:使用别人的引擎免不了产生沟通问题。而编写内部引擎就减少了麻烦,工作室不需要与其他开发团队打交道,也不需要遵从其他公司的规矩来工作。

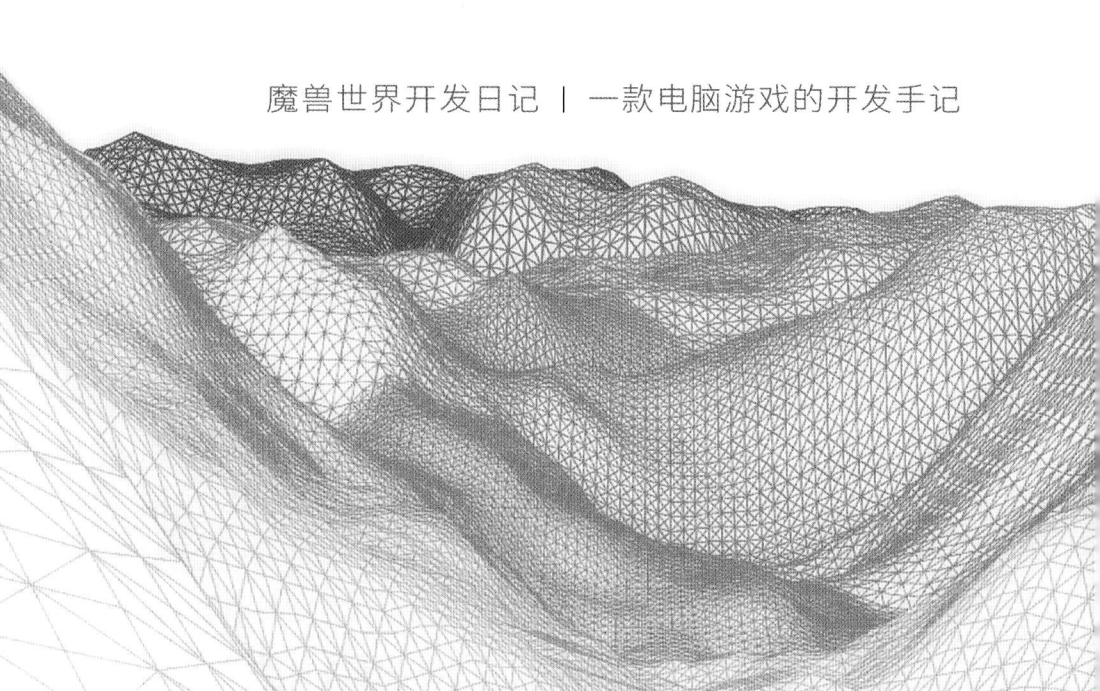

内部引擎的缺点

拉长开发周期,影响士气:如果内部引擎不支持某些美术素材和游戏玩法,美术师和设计师就要一等再等,难免身心俱疲。引擎变成开发瓶颈,制作效率就会降低。如果设计师不能尽早将原型玩法实现,就无法对开发中的各种问题做出回答,从而削弱员工对他们的信心。这很危险,因为设计师应起到团队领路人的作用。

成本更高,时间更紧:编写专用引擎需要付出更多的前期成本,主要体现在人员方面。这不光是说公司要雇用更多的程序员,而是如果某个环节受到引擎制约,就无法招募这方面的关键人员。这个问题尤其头疼,因为有些专业人士是很难找的。引擎的准备工作让人员招募变得很不确定,难以遵守预定的进度,这就增加了项目出现财务问题的风险。

更难制作原型:内部引擎会迫使原型开发被推迟到开发周期的最后阶段。工程师们不愿意使用半成品引擎,这会导致测试成本高昂,延误成品的开发。但是,等待引擎正式完成则意味着设计师可能很多年都没法找到游戏的真正感觉,工作室得先砸进去巨量资金才有机会体验实际玩法到底行不行。

工作室需要早早做出引擎方面的决定,往往在资金就位前就得确定。一旦决策有误,或编程开发出现问题,整个项目就有可能毁于一旦,让所有人的辛苦付之东流。怎么样,听了这些还觉得游戏开发充满乐趣吗?

约翰·斯塔茨

网络游戏 引擎负责三类几何数据的处理：渲染几何、碰撞几何和路径几何。**渲染几何（Rendered geometry）** 是可见的，包括纹理、用户界面元素、文本、视觉特效和动画。如果美术素材过多，超过了引擎的场景绘制能力，画面就会卡顿拖慢。

引擎还能处理**碰撞几何（collision geometry）**，即使用无形力场防止玩家跌落到地板下面或穿过物体。

1999年中期，资深3D程序员斯科特·哈廷加入开发二组。事实证明，他是从头编写《魔兽世界》引擎的最佳人选。斯科特曾在日本从事过主机游戏开发，不过他并不是很喜欢那段经历。

"我不喜欢在日本工作。每个人都在办公桌前一坐就是一天，连句话也不说，而且没人会对老板提出任何质疑。比如说，如果他给你五周时间完成一个任务，你就必须做满五周才行。哪怕只花三周就完成了，你也得把剩下的两周干完。至于超时就更不允许了。"他回忆起这段往事，恼怒地摇了摇头。

2000年，约翰·卡什从id Software跳槽到开发二组，成为他们急需的技术负责人。早在他加入之前，大家就已经明白复用《魔兽争霸3》的代码并不现实了。在几位程序员重写、修复和重组《魔兽世界》游戏代码的过程中，约翰发挥了宝贵的领导作用。

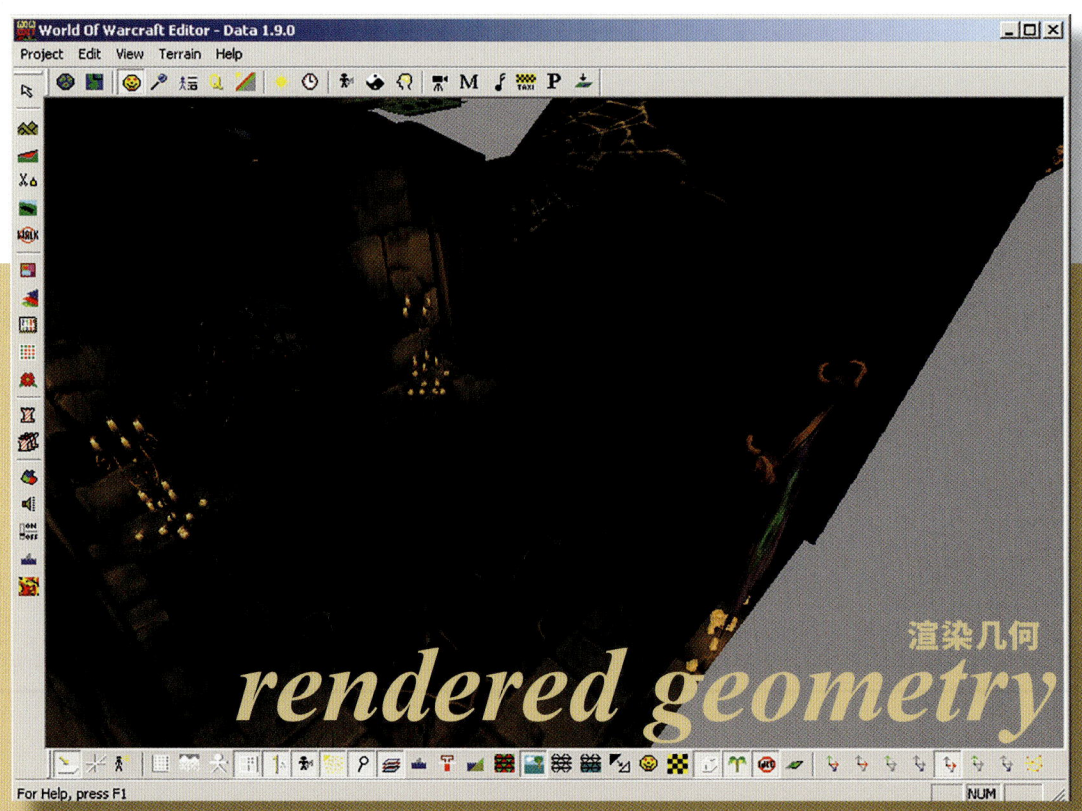

渲染几何

魔兽世界开发日记 | 一款电脑游戏的开发手记

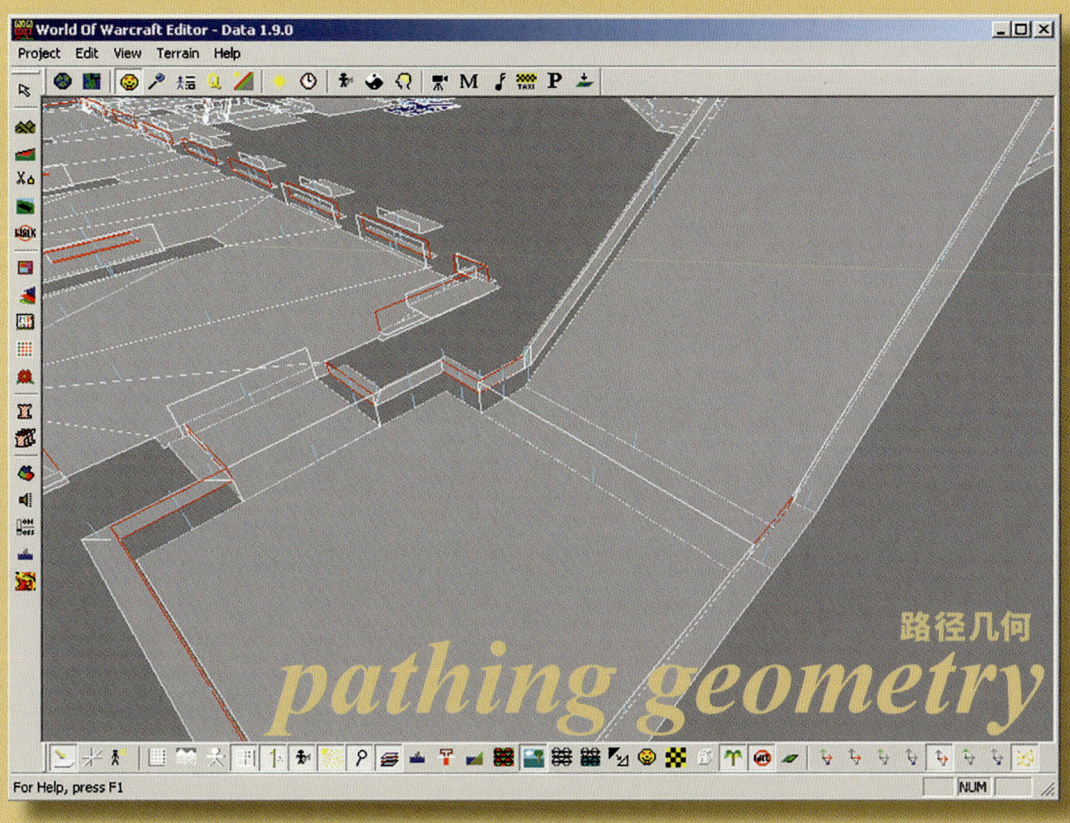

碰撞几何图形阻止玩家穿过墙壁，而**路径几何（pathing geometry）**（上图）则负责引导怪物绕过墙壁。请注意，服务器将楼梯简化为一个平面来看待，而且没有门的存在（所以怪物可以穿过关闭的门）。"路径"是由游戏启发式生成的，用于指导人工智能控制的生物行走路线。由于路径几何是唯一存储在服务器端的几何数据（没有3D角色、风景、声音或法术效果），因此服务器上的软件比玩家硬盘上的软件要小得多。（图片由暴雪娱乐公司提供。）

2001年3月，代码任务板一瞥。请注意右上角，那里是预计在欧洲计算机贸易展（ECTS）上公布游戏的截止日期。马克·科恩开玩笑说他的编程任务堆积如山，已经懒得数了。科林·穆雷负责"物件"（树木、桥梁等）的碰撞；约翰·卡什和特温·马丁负责物品和背包界面。特温一直在负责跟踪查看美术作品的内部工具，其中有一个模型预览工具，制作人可以用来预览怪物和动画。乔·拉姆齐负责网络代码中的数据包记录和怪物生成。大卫·雷负责世界编辑器，他刚刚完成了一个工具，可以生成随机大小的树木，从而加快室外关卡设计师的工作速度。战斗系统即将加入，杰夫·周和科林很快就要编写支持玩家动画的代码。蒂姆·特鲁斯代尔负责编写玩家的高级与低级阴影效果，还有几个人的任务写着"晚上玩EQ（《无尽的任务》）"。（图片由暴雪娱乐公司提供。）

花费三个月的时间，约翰和科林实现了游戏客户端（即用户使用的软件）和服务器端之间真正的分离。这重新定义了《魔兽世界》作为多人游戏的运行方式，并为今后的工作奠定了坚实的基础，让程序员能放心编写代码，不必担心成果被随意废弃。工程团队走上正轨，这极大地鼓舞了士气，工作效率也得到显著提高。

暴雪一开始试过使用效率低下的Java语言编写游戏。在放弃Java，转而选择C++之后，引擎性能得到巨大提升，因为C++要高效得多。渲染引擎是最后一块需要重写的代码，也是最大的一块。到2000年底，《魔兽世界》的引擎已经能在可接受的帧率下绘制3万至5万个三角形了。即使未经优化，新引擎的帧率也是《魔兽争霸3》引擎的三倍，同时还提高了纹理分辨率。

斯科特·哈廷几乎解决了《魔兽世界》的帧率问题，但渲染几何只是引擎需要处理的三种几何数据之一。

渲染几何包括屏幕上可见的任何物体（玩家能看到的东西），例如视觉效果、用户界面元素、角色和环境（包括物体表面的纹理）。渲染几何过多会降低帧率，也会引起程序员和制作人的不满，因为他们希望游戏能够顺畅运行。碰撞几何肉眼不可见，它可以防止角色掉落到地面之下，或者在移动时穿透墙壁和物体。路径几何则会告诉怪物可以在哪些区域奔跑，以及更重要的——哪些区域不能进入。路径几何也是不可见的，但如果渲染出来，看起来就像是连成一片的地板瓷砖。在项目余下的时间里，路径代码一直困扰着斯科特（他重写了十几次），而碰撞代码则成了科林·穆雷的麻烦，在整个开发周期中一直对他纠缠不休。

《魔兽世界》需要工程师跟踪美术资产，因此提拔了特温·马丁，他之前是为客户支持部门编写数据库的程序员。他的第一项任务是将Java文件转换为最终数据库。

鉴于这套系统的用途是弄清游戏数据存放的位置，我们把装着整套《魔兽世界》数据库的电脑给弄丢这件事就显得无比讽刺了。虽然数据库系统工作正常，在网络上也是可见的，但我们不知道它的硬

约翰·斯塔茨

再来看看早期的《魔兽世界》，这个版本运行在改版的《魔兽争霸3》的引擎上。请注意，背包界面和44页的截图不同，并且拾取功能可以正常使用。这个版本的所有美术素材和代码，包括图标设计在内，也全部被开发二组弃用。（图片由暴雪娱乐公司提供。）

件位于大楼的哪个角落。现在数据库需要升级，却没人知道机器到底放在哪儿。这件事生动地体现了数据库程序员平时是多么没有存在感。找了好几天，数据库终于被人在一张闲置的桌子下面找到了。

特温还编写了一个将美术素材引入构建版本的系统。正如制作人所料，美术师们懒得遵循统一的目录结构或文件命名规范（一些美术师连电子邮件都不看），所以他的系统允许大家随意保存自己的作品。这听起来可能有些混乱无序，却让艺术团队得以随心所欲地工作，提高了每个人的效率。美术资产种类繁多，如果采用包罗万象、规则严格的命名规范，就会导致目录过多或者文件名复杂。

程序员大卫·雷与特温一同构建了《魔兽世界》的账户数据库。大卫定义了三种类型的数据库信息：

静态数据： 一个简单的物品和任务列表（大小不到1MB，我们用一张软盘就能备份）

持久化数据： 跟踪物品和任务（需要大量存储空间，以TB计算）

账户数据： 由battle.net团队处理

　　将文件结构化，以便游戏在不占用过多空间的情况下处理数据，这项工作比听起来要复杂得多。存储玩家信息的硬盘与台式机或笔记本电脑中的硬盘不同，后者容易出现物理故障（如旋转电机损坏）或逻辑故障（如病毒破坏或删除重要注册信息）。个人电脑硬盘有时会死机或丢失数据，所以人们会做备份，但存储玩家信息的硬盘绝不能丢失数据，绝对不行。即使回滚到备份状态也是重大事故，会激怒玩家群体。没有一家游戏公司承担得起持久角色信息丢失的风险，所以网络游戏数据存储用的硬盘昂贵得难以想象。因此，工程设计的重点是尽量减小数据大小和检索数据所需的处理能力。

　　大卫·雷在加入暴雪之前是一名航空数据库工程师。有一次他和波音公司的一位程序员同事聊天，他以为自己负责的数据库已经很大了，直到大卫描述了我们游戏的规模——单是一个服务器就能让波音的数据库相形见绌。《魔兽世界》在北美推出了89个服务器，总共支持50万玩家，而每个玩家都可以创建10个角色。一个单独的任务只需要20字节的存储空间，每个任务在所有服务器占用的总空间就是100MB。由于任务包括追踪已激活的飞行节点、地图上新发现的区域和成就等内容，对于50万玩家而言，整个游戏的"任务"需要1TB的存储空间（即1万亿字节），即使玩家停用账户，暴雪也不会删除角色。

　　至于物品的存储情况就更严峻了。为了节省服务器硬件成本，我们只能限制背包和银行的空间，但用于附魔和强化的物品栏位又让文件大小进一步膨胀。

　　有的角色每天会从数百只怪物身上拾取战利品，而每个拾取的物品都必须存储起来，以便GM（游戏管理员，客户服务代表）能够找回任何丢失的物品。由于追踪物品的规模非常庞大，数据库代码必须尽可能高效，而暴雪只有两名工程师负责这些代码的编写。

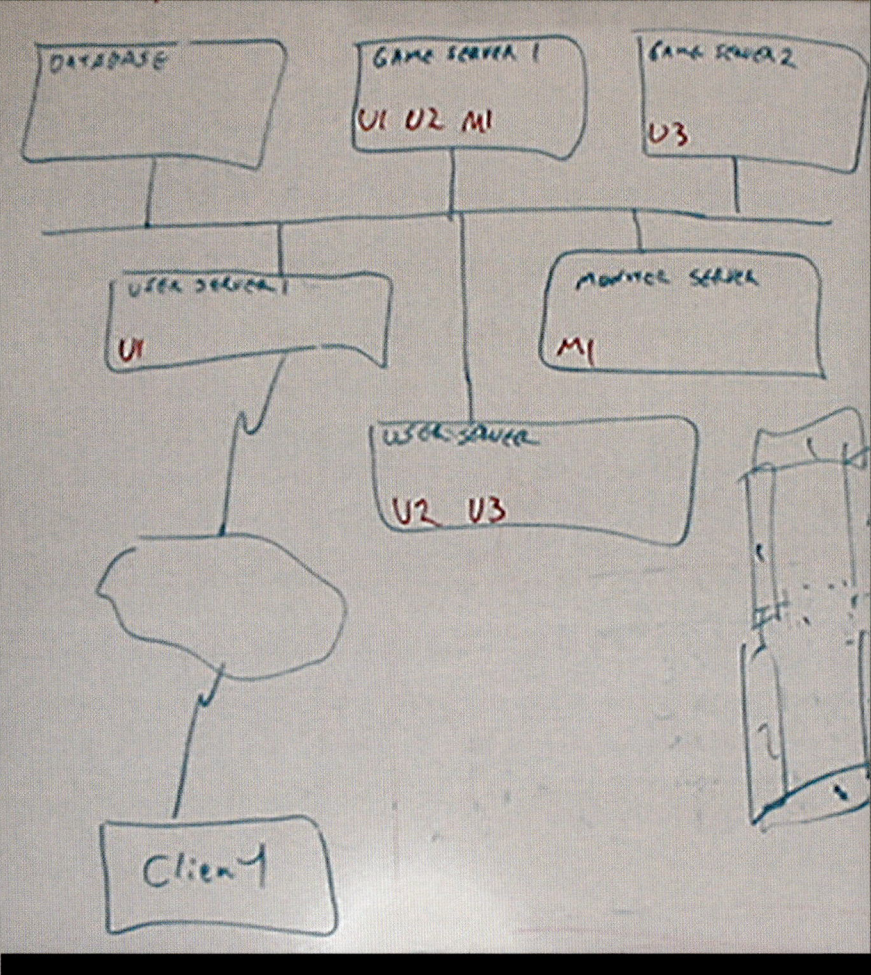

2001年5月，初始服务器蓝图。乔·拉姆齐指着白板上的蓝图，高兴地宣布："我们的游戏就是这个样子。漂亮吧？"

多台机器协同工作，处理玩家连接到《魔兽世界》服务器的问题。程序员和制作人就白板上勾画的基本模型达成了一致。编写服务器架构需要很长时间，不能在规划阶段犯错误。网络错误可能会导致MMO瘫痪，甚至危及整个公司——未来很多开发者都会学到这个教训。（图片由暴雪娱乐公司提供。）

4月 | 2001年

对新闻界的疑虑

2001年3月，几位暴雪成员参加了在北加州举行的年度游戏开发者大会（GDC）。会上传出爆炸性新闻：网游大作《网络创世纪2》被取消了。这款游戏原计划采用蒸汽朋克与奇幻融合的设定，意在标新立异，从剑与魔法题材中脱颖而出。它的夭折再次证明，暴雪选择顺应潮流的传统奇幻题材是正确的。之前团队里有些成员认为开发非奇幻题材网游才是更安全的选择，艾伦·阿德汗笑道："我说什么来着？"这次的事件让业界亲眼得见，即使是《网络创世纪》这种大作也无法保证获得受众群体的足够支持。尽管这个系列被我们视作竞品，但它的消亡对我们来说也并不是什么愉快的消息。《网络创世纪》的全体开发人员是在GDC上才得知游戏取消、自己丢掉工作的消息的，这个行业对待员工的方式让我们心有戚戚焉。如果情况不利，发行协议可能会告吹，就像这次一样。我们团队每个人都承认，能在这么一家稳定的公司工作真是幸运。

当《网络创世纪2》的新闻告一段落后，与会者开始关注大会本身。GDC的主要目的是就业交流，对于已经在行业内工作的人来说，很多专题讨论是浪费时间。知名开发者和"游戏大神"们聊的也都是老生常谈的话题。暴雪公司不再在行业圆桌会议上发言，因为所有人都把问题指向我们，使得公司之间的讨论变得尴尬。再加上泄露机密信息的风险，公司认为不值得我们花时间去参与。

我们计划参加的展会是欧洲计算机贸易展，简称ECTS。去那里，是因为没有其他美国公司参加，所以当公布新游戏时就不用费劲争夺媒体的注意力了。为了准备ECTS上展出的游戏版本，我们的两位制作人之一谢恩·达比里要求所有人每逢周一和周三都要加班到很晚。这是第一次正式上压力，也是合理的要求，因为要做的事实在太多了。游戏完成度越高，我们就能获得越多的关注。我们希望《魔兽世界》比暴雪过去发行的任何一款游戏都更完善，但这就需要花费大量时间整合美术素材、编写代码。在ECTS上，我们计划向一些杂志展示我们的游戏，但不向公众展示。每家杂志有二十分钟的提问时间。我们没有展示地下城，因为当时技术层面还没有准备完成。开发者很少在游戏特性上拖延，游戏工作室一般都会把所有能展示的东西都拿出来展示。不过至少我们可以先把室外区域打磨好，让它们做好展示给公众的准备。

捣鼓出一款能糊弄人的游戏是很容易的。从经验来说，一款游戏的完成度究竟有多高，可以从游戏公司提供的内容来判断。

如果公司不展示实机画面，只播宣传片，这往往意味着项目遭到拖延，开发商拿不出什么实际的东西。而网络游戏太早公布，吸引公众注意力，就意味着它们在寻求更多的资金，或利用媒体提高投资者的预期，得到更多支持。

截图也是造势的一部分。截图很容易掩人耳目，所以暴雪坚决反对对截图进行修饰。它们很容易伪造，而且很难证实游戏的真实面貌，除非图片里包括窗口或对话框之类的界面元素。截图充其量只能说明游戏离发售还有很长的路要走。

公布游戏录像会让人放心一些，但同样，只有实机游戏片段才有意义，因为过场动画也可以动手脚，以掩盖帧率上的不足。

要是开发人员在媒体专访中对游戏上手演示，可信度就更高一些，这意味着游戏将正式发售，帧率也很稳定，但游戏过程是开发人员控制的，这就说明他们想避免出现故障或未完成的内容。

让媒体、零售商，甚至粉丝在游戏展上亲自试玩，这就靠谱多了。这不仅显示出对游戏玩法的信心，也说明用户体验已经相当完善。试玩活动可以在工作室内部或公开展会上进行，不过开发人员可能会把游戏装在超强性能的电脑上，以规避性能问题。

要证明游戏已经完全做好了上市准备，最好的办法自然是让玩家在自己的设备上下载试玩，这样任何问题都将无所遁形。

在游戏行业工作期间，我目睹了游戏记者、开发商和发行商之间存在的某种可疑的关系。杂志和网站很少给出负面评论，怕被记仇。而记者们更多是以公关的身份出现，有开发经验的人很少，所以刁钻的问题很容易被游戏公司糊弄过去。

游戏公司和媒体维持这种关系往往是饮鸩止渴，也让玩家无辜受害。如果有人装腔作势，做出不可能实现的承诺，开发者一眼就能看穿。这种情况在网络游戏圈十分常见。很多公司夸下海口，承诺一堆不可能做到的东西，开发二组的成员们大翻白眼，对此扼腕叹息。当时正值网络游戏泡沫的巅峰期，有一次在GDC讨论会上，当有人问到现场是否有网络游戏开发者时，大多数听众都举起了手。

缺乏新闻报道的监督与批判，让电脑游戏开发这趟浑水变得更加复杂——投资者无法评估自己的投资是否值得。许多大型多人在线游戏倒闭的原因也在于此，在资金烧完之前，投资者并没有什么办法来判断开发商是不是在空手套白狼。即使投资者是发行商或其他游戏公司（这并不少见），也只有最严格的审查才能揭穿骗投资的把戏。这和电影业很像，只有在片子杀青后，拍烂的地方才会暴露出来。

无良开发商经常欺骗媒体，让他们闭着眼睛大吹特吹。这些文章会引诱投资者继续烧钱支持没有前途的项目，而一旦失败，项目总是能找到资金不足、没有预见到困难，甚至是竞品太强之类的理由。

而媒体总是喜欢把发行商描绘成坏人。他们喜欢报道工作室倒闭、员工受虐待和高管的肆意妄为，却很少提及不负责任的工作室欺骗投资者的罪责。可悲的是，网络游戏泡沫在炒作之下疯狂膨胀，人傻钱多，每个人都想复制《无尽的任务》的成功，从而大捞一笔。开发者深知开发大型多人在线游戏的风险很高，但管理者们雄心勃勃又目光短浅，只知道大笔一挥让项目上马。

尽管如此，GDC上的讨论还是激发了一些设计灵感，对我们的游戏产生了影响。一款名为《动物森友会》的社区模拟游戏让艾伦·阿德汗和设计师们兴奋不已，由此萌生了让《魔兽世界》的昼夜周期与地球恒星时同步的想法。大家讨论了让玩家耐心等待来获得奖励的系统，并认为这种期待感可能有助于增强玩家沉浸感，提升留存率。《动物森友会》中有等待树上结果子和等待邮箱收到包裹之类的系统，这些点子又让大家对玩家住宅系统产生了遐想。

除了GDC，开发二组还谈到了杰森·海耶斯（Jason Hayes）创作的全新游戏音乐。他以前是正式员工，后来转为合同工。他创作了每个地区的氛围音乐，还有启动界面的主题曲。我们团队都觉得游戏预告片音乐应该像大家最喜欢的《野蛮人柯南》原声那样壮丽。经过几轮创作与修改，杰森写出的主旋律得到了所有人的喜爱，制作人便采用了他的曲子。

于是我们有了主题曲，就这么简单。

魔兽世界开发日记 | 一款电脑游戏的开发手记

　　2001年春，团队负责人的桌子。马克·科恩和谢恩·达比里（左后和右后）紧挨着室外关卡设计师（右前方）。制作人在走廊办公，可以方便他们接触所有人，掌控全局。

　　马克办公桌旁的地板上放着一张精心装裱的法律学位证书，上面贴着一张便利贴，写着"出售：8万美元"，这是他为这个学位花费的总金额，还有自己四年的人生。谢恩面前贴着混沌工作室（Chaos Studios）的标志，这是暴雪的第二个名字，直到1994年，因为与另一个工作室发生冲突而被迫改名。第一个名字叫"硅与神经键"，至于改名的原因……呃，"硅与神经键"这种名字不改还像话吗？！（科林·穆雷拍摄。图片由暴雪娱乐公司提供。）

5月 | 2001年
小引擎跑起来

我们团队已经发展到36人，其中包括第三位地下城设计师达纳·杨（Dana Jan）。他大学毕业后第一份工作就是在暴雪公司，当时还不算经验丰富的3D关卡设计师，但他依靠自己的直觉和艺术眼光成为团队的有力后盾。他的作品集只有一个非常精良的《雷神之锤3》关卡。项目还迎来了第一位全职质量保证人员杰森·哈钦斯（Jason Hutchins），他的职责是想方设法把当前的构建版本玩坏。

所谓"构建版本"（build）就是最新版代码和美术素材审查通过后编译而成的游戏版本。它是一个可执行文件，需要数小时来编译完成。构建版本至少一天编译一版，通常是连夜编译。构建版本可能稳定，也可能不稳定。程序错误或不正确的数据经常会导致游戏崩溃，有时需要花费数周时间来排查和修复问题，这时团队就不得不使用旧版本。这种情况很让人沮丧，因为大家无法确认自己之前的工作成果，只能两眼一抹黑地干活。杰森就负责检查游戏中哪些系统能够可靠运行。

暴雪对质量保证部门引以为傲，这个部门可能是所有独立工作室中规模最大的。暴雪质量保证部门会在整个开发周期中与开发人员密切合作，使用内部错误数据库记录问题、建议、疑问和意见，从而帮助开发人员加快进度。此时质量保证部门正对测试《魔兽世界》的机会垂涎欲滴，但游戏只允许一名质量保证人员进行测试。游戏中没有任务、地下城或物品；界面、背包和战斗系统要么很简陋，要么纯粹只有临时占位的东西，而且几乎所有东西都是半成品状态。但杰森整天都在努力把游戏搞崩溃，以便提交质检报告。他没有待在质量保证部门区域，而是和开发二组一起工作，因为《魔兽世界》

理论上要对兼职质量保证人员保密（尽管他们已经知道了）。一天下午，马克·科恩发现杰森的屏幕上运行着六个《魔兽世界》窗口。"你开什么玩笑？居然能同时跑六个游戏……用的还是这台破电脑？！"他指着杰森的低配测试机问道。杰森耸耸肩，说游戏帧率不怎么样，但马克的惊讶并没有减少半分。"这是一台机器上跑六个游戏实例啊！就我所知，市面上没有一款游戏能做到这一点。太厉害了！"随后他转过身去，又向程序员们赞叹了一番。

ECTS上公布游戏的准备工作按部就班地进行着。我们每周一和周三仍然会待到很晚，享受公司提供的晚餐（通常是比萨）。谢恩·达比里去向高管们申请晚餐费用，首席运营官保罗·萨姆斯（Paul Sams）指出每周买两次食物是一笔不小的开销。于是谢恩主动提出自己与公司各出一部分，还夸张地掏了掏自己的腰包。迈克·莫汉摇头一笑，好像在说："你演得还挺像嘛！"于是他们通过了这份合理的申请。既然大家都自愿加班，暴雪提供晚餐难道不是分内的事吗？

蒂姆·特鲁斯代尔在每日构建版本中加入了程序化云彩，从此天空有了动态效果，云彩能够移动并改变颜色，而不再只是美术师绘制的静态纹理。接下来他计划制作水体特效，因为我们希望玩家能够选择水生种族"纳迦"来玩，所以需要真实可信的水体效果。当时很少有游戏能真正实现令人信服的水体特效，像是水花、水流、微粒子、波浪、冲浪和瀑布效果等。因此我们认为《魔兽世界》有机会靠这一点脱颖而出。

科林·穆雷编写物体碰撞代码（让人物不会穿过树木）花费的时间远超他的预料，而斯科特·哈廷在为地牢编写自动化能见性解决方案，效果也不怎么好。

"能见性"，或者说裁剪系统，可以最大限度提升显卡的效率，让游戏更加流畅。裁剪系统的原理就是告诉显卡无须渲染玩家视线以外的区域。如果一栋建筑物离玩家很远，游戏就不会把它"画"到屏幕上，直到玩家走近为止。这就是所谓的视体剔除（frustum culling）。如果建筑物离玩家很近，但在山的另一边，游戏也不会将其绘制出来。我们称之为地形裁剪（terrain culling）。地形裁剪系统会告诉显卡忽略一个物体，除非玩家可以直接看到它。而"传送门"可以对地下城的几何图形进行剔除，告诉显卡忽略那些不用操心的房间，直到玩家能够真正看到房间里面为止。如果没有"传送门"或其他能见性系统，让显卡渲染整个地下城及里面所有物体和怪物，就会使显卡的处理器超载，从而导致帧率变低。

由于马克·科恩是负责编程方面的制作人，他希望斯科特能尽快将室内部分（地下城）制作到游戏中，以鼓舞团队士气。因为看不到室内元素实装在游戏里的效果，我们就很难开展工作。而到目前为止，我们还只能在制作关卡用的Radiant编辑器中查看室内结构。Radiant里的地图文件包括几个金矿、北郡修道院、暴风城大门、死亡矿井、奥达曼、卡拉赞和托尔巴拉德，其中大部分尚未完成。光靠想象在这些关卡中游历是不够的，我们得在游戏中实际体验才行。如果只在Radiant里盯着未完成的建筑，我们就无从得知玩家会如何与环境互动，战斗当然也无法测试，甚至连空间够不够大我们都无法得知。

2001年夏季，男性玩家身着最显眼的装备（武器、盔甲等）的截图。牛头人、巨魔和侏儒尚未制作。（图片由暴雪娱乐公司提供。）

动画

  为一只生物注入生命力需要很多人分工合作。所有生物一开始都是一系列概念草图，通过审批后再交由3D美术师进行建模和上色。为了让它获得移动能力，需要先制作一系列连接的骨骼和控制柄。搭建骨骼的过程称为绑定，而这只是动画的第一步。添加动画骨骼的作用正如我们所想的那样，可以让身体各部分分层有序地运动，从而大大简化编辑工作。动画师旋转一个关节，其连接的次级肢体也会跟着旋转。如果抬起肩关节，整个手臂和手部都会做出相应的运动。如果是肘部摆动的话，肩部就不会跟着摆动。

  当生物的"状态"改变时，就会播放动画。如果进入"近战武器攻击"状态，生物动画就会从空闲的站立姿势变成挥动武器的动作。当角色在动画中途改变状态时，一种称为动画混合的辅助技术会对身体位置进行插值调整，从而让动作平滑流畅，避免出现不真实的突然扭曲。动画师们还付出了巨大的努力，以防止角色的脚在地面上滑动。如果人物走路像滑冰，就会缺少重量感和与地面接触的真实感。

  开发人员争论过，是将模型的手简化成连指手套的形状，还是让每根手指都能独立移动。单独的手指可以做出更精细的动作表现，比如伸手去指什么东西。但半数团队成员认为，与其花时间装配手指、制作动画，还不如制作更多的怪物。程序员和制作人抱怨说，手指让玩家动画耗费的性能翻了一倍，也增加了制作动画所需的时间。

  请允许我这么说，我们的原则向来是"性价比为王"——追求花更少的精力得到更多的成果。而为每根手指单独制作动画这种奢侈的行为显然与这一原则背道而驰。也许这个决定是错的，硬件的处理能力被手指动画占用，限制了我们在一个区域内能支持的玩家数

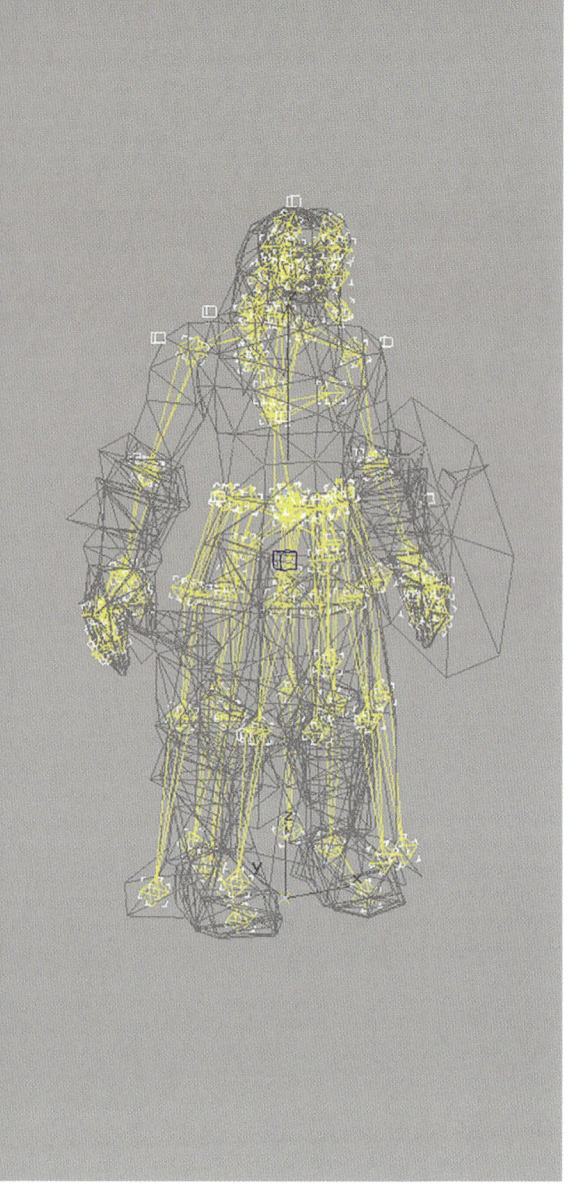

一名人类男性，所有"骨骼"（黄色）、附着点（白色）和几何物体组（灰色）都显示了出来。这张线框图展示了角色所有可用的发型、靴子、手套和下裙等。（图片由暴雪娱乐公司提供。）

量。这只是一个小插曲。但从长远来看，施法过程中摆动手指这种细节是否值得我们大费周章，仍未可知。

我们对这些图形方面的炫技很谨慎，因为做得太多会影响游戏性能，不符合我们面向普通电脑配置开发游戏的初衷。我们尽量避开需要强大显卡的技术，这样才不会让潜在的玩家退避三舍。就《魔兽世界》而言，我们没有跟风去搞高多边形模型和角色捏脸。这些功能虽然新颖有趣，但玩家角色大部分时间是包在盔甲里的，根本看不到。过于细节的捏脸系统需要浪费大量时间来编写，而且只会降低游戏帧率。

动画师所罗门·李（Solomon Lee）比我早一周加入暴雪。在他制作兽人的基础挥剑动画时，新来的概念美术师卡洛·阿雷亚诺（Carlo Arellano）发现了改进空间。卡洛从六岁起就开始练剑习武，他解释说，如果攻击者将全身重量都压在剑刃上，向下的剑击会更有力。他站在走廊里，挥舞木剑示范这个动作，用一个半蹲屈膝的姿势收招。他重复了好几次，好让所罗门记住这个动作。接下来的几天里，卡洛一直在走廊里挥剑演示其他动作，动画师们则依此重新制作动画，还原正确的剑术动作。

有些诸如骷髅之类的生物，拥有附着点和几何物体组（geosets）。附着点规定了盾牌和武器"粘"在身体上的什么位置，以及这些物品如何移动。如果一只手向左转动，手上握的东西也会自动随之转动。而几何物体组则是可自主移动的定制组件，如披肩、斗篷、裙子、马尾辫等。如果只用一个简单的附着点来把斗篷装配在角色身上，后果就是每当角色跑动或坐下时，披风就会裂开或者插进腿里。

凯文·比尔兹利和凯尔·哈里森（Kyle Harrison）两位美术师技术高超，也是一流的动画师。他们已经将大部分动画工具编写完成，这些工具可以协调几何物体组与附着点，以便在编辑器和数据库之间导出导入美术素材。这些工具可以帮助我们将动画从一个角色套用到另一个角色身上。

动画工具都是按需编写的，花费了大约六个月时间。到2001年，动画部率先完善了制作流程，为内容创作做好了准备。这是个好消息，因为要做的动画太多了。

每个玩家种族的男女角色都有60个动画，总计720个（加上巨魔和侏儒将达到960个）。完成一个男性兽人的攻击动画后（平均需要一天半的时间），所罗门就会马不停蹄地制作下一个。

这60个基本动画需要几个月的时间来制作，完成后，他又要制作女性兽人的版本。兽人动画全部完成后，又该制作下一个种族了。

动画必须能够适应各种形状和大小的附属物品（如武器、盔甲、手套、盾牌等）。这意味着动画师必须防止角色身上的物品在运动

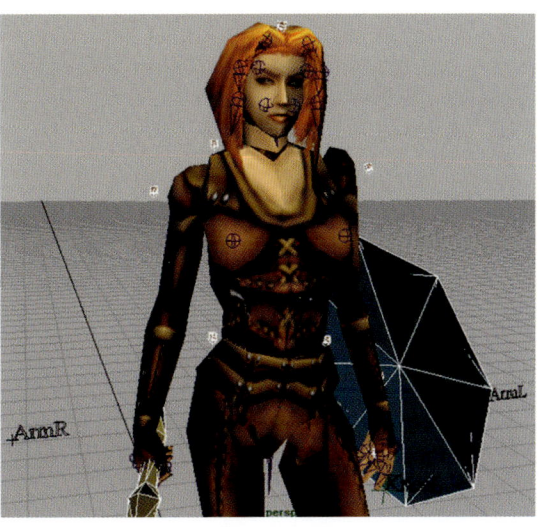

左图是一名人类女性，身上的白色方框为附着点。右图中的剑和盾牌固定在适当的位置上，并且进行了测试，以确保它们能够正确配合角色的运动。

时产生穿模现象。这项工作困难又磨人，因为各种物品通常是其他美术师制作的，《魔兽世界》中的12种玩家模型的身材尺寸和比例各不相同，必须针对每个角色做出不同的调整。举例来说，每个种族和性别的肩部都必须单独调整，才能避免巨大的肩甲在摔倒或游泳时穿模到角色的脑袋里。

动画师们忙于这些项目时，布兰登·伊多尔和贾斯汀·萨维拉特（Justin Thavirat）为《魔兽世界》的基础捏脸系统绘制了不同角色的面部、肤色和发型。

贾斯汀制作了能够适配附着点的物品和武器。直到目前，我们还一直在使用临时占位武器。美术师制作真实物品时需要调整它们的大小以适应不同种族的玩家模型。如果一把剑拿在牛头人手里，就会变得大些；如果拿在矮人手里，就会变小。每块盾牌都需要制作16个版本的大小、形状和索引（每个种族和性别各一次）。同样的，每种弓、头盔、剑和盔甲也都需要16个版本。头盔的大小调整、旋转和重新定位是最困难的，所以大家都不喜欢制作头盔。

动画制作的工作量让我们很担心。我们已经从玩家可选种族里删掉了纳迦族，因为这个种族的形态和其他种族差别太大。我们还考虑过砍掉亡灵族，但团队不是很喜欢这个主意，于是暂时搁置讨论，直到制作人对动画师工作量有了更好的安排。

埃里克·亨齐（Eric Henze）是我们的第四位动画师，他于5月底加入，来助我们一臂之

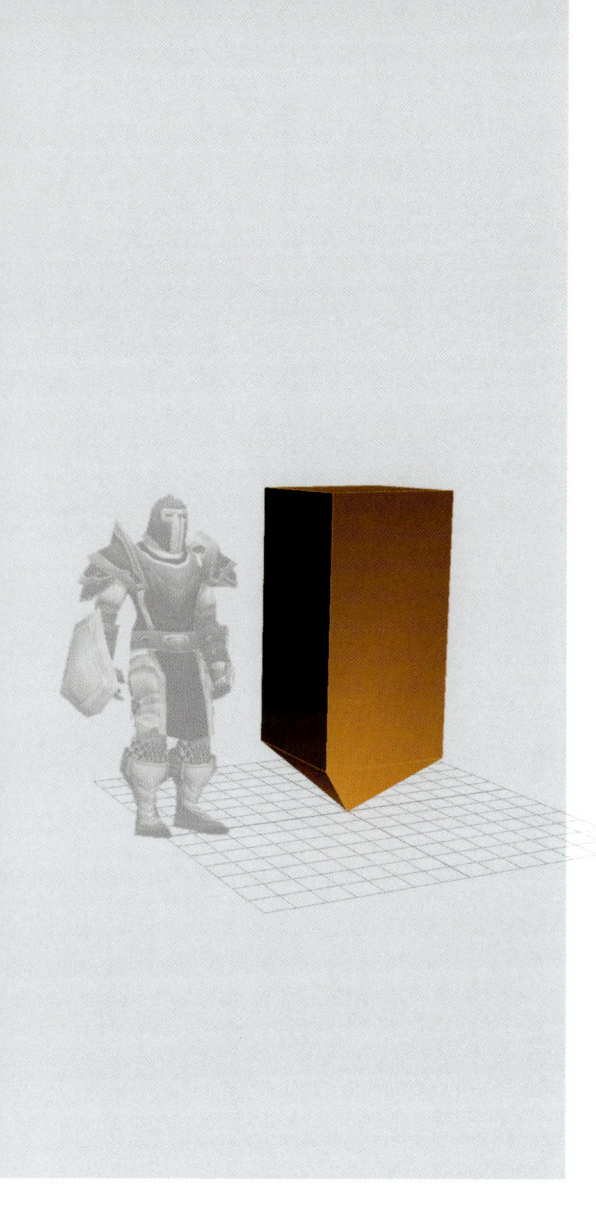

玩家碰撞箱。当角色跑上楼梯或滑下山坡时，这个方陀螺似的形状就是它实际的碰撞体积。这种凸形实体能够简化碰撞计算，在电脑游戏中很常用。这个形体的最低点就是角色接触地面的位置，也就是它的真实位置。（图片由暴雪娱乐公司提供。）

力。埃里克是从迪士尼工作室来的，听到他说自己并不喜欢在迪士尼工作时，我大吃一惊。许多动画师把迪士尼比作血汗工厂，而20世纪90年代乏善可陈的迪士尼公司显然也不会改善工作条件。埃里克才华横溢，他坦言自己更喜欢在电脑游戏行业工作。

关于动画制作团队，我最喜欢的一点就是他们非常坚持自己的意见。他们都不喜欢动作捕捉，认为动作捕捉无法表现出夸张的动作和角色个性。动作捕捉可以节省大量时间，尤其是在制作长动画的情况下，这一点他们勉强承认，但要在动作捕捉的基础上增添个性，又需要大量的微调。

他们教给我的另一个道理是"动作拥有自己的个性"。刚加入团队时，我还天真地问过这个问题：角色动画就是个动作，真的有好与不好之分吗？凯尔大吃一惊，眼睛瞪得大大的。"你认真的？不同动作表现出的个性可是千差万别……"其他动画师也纷纷附和，急着纠正我的错误。他们还以为我在开玩笑呢，但我之前没有与动画师共事过，确实没考虑过这个问题。他们断言，角色动画绝对有好坏之分，他们一眼就能判断出来。

凯尔举了《侏罗纪公园》及其续集的例子。那些天才动画师需要费时费力，为恐龙赋予真实的重量和惯性，包括"不必要的"停顿和小姿势，才能让恐龙的动作真实可信。动物移动起来和机器人是不一样的，它们会分心，哪怕在战斗中也是如此。那些怪异的小动作让动物变得真实可信——也许真人演员的表演也是如此。原版《侏罗纪公园》中恐龙的动作深受动画师好评，但续集中的恐龙却失去了个性。续集中的迅猛龙过于强调动作快速、生猛的一面，太专注于猎物了。真实的捕食者即使在捕杀过程中也会注意周围环境，好的动画应当体现出这一点。它们会犹豫不决，嗅闻空气。它们会停下来倾听，试探自己的立足点。好的动画实现起来很难，成本更高。通常来说，如果一部电影或游戏里的角色设计精良，那么动画往往也做得很好。

直到今天，我在观看动画电影或数字制作的生物时都会不由自主地欣赏角色动作。

约翰·斯塔茨

2001年5月，乔·拉姆齐机器上超文本系统的第一张照片。通过点击文本链接，玩家可以了解更多关于这个世界的信息。如果玩家只看关键词，对其他东西不感兴趣，也不会影响做任务。后来我们才在任务窗口中加入美术元素，并用淡入系统强迫玩家阅读任务说明。（图片由暴雪娱乐公司提供。）

现实与虚拟的里程碑

6月 | 2001年

公司每季度会举办一次展示会,以便大家了解彼此的项目进展,我们展示了为9月份的欧洲计算机贸易展准备的《魔兽世界》演示版本。《暗黑破坏神》团队看到我们过去三个月添加了这么多功能,大为震惊。这个版本拥有云朵、阴影、昼夜光照循环(加入了日升月落)、捏脸系统、盔甲组件、挥剑轨迹特效,以及商人和任务发布者的互动系统。最让他们印象深刻的是,这些是开发二组以他们一半左右的人力做到的。演示版还加入了新的建筑和区域,甚至还有角色创建界面。游戏里的怪物,他们之前只见过食尸鬼,我们最喜欢用它来测试,因为只有它的动画全部做完了。游戏里遍地都是食尸鬼,在上次展示会上,室外关卡设计师乔希·库尔茨让我们看他是怎么调戏食尸鬼,拉起《魔兽世界》历史上第一列怪物火车的。食尸鬼们排着队,在他屁股后面追到天涯海角……直到游戏崩溃为止。这让大家想起玩《无尽的任务》时的各种名场面,整个团队哄堂大笑。程序员嘀咕着当场景里有这么多生物时该怎么优化,美术师则在讨论如何给动画添加一些变化(称为"小动作"),避免所有怪物的动作像合唱队一样同步。

2001年6月6日,乔希达成了另一个非官方里程碑。他和两位共用办公室的美术师[汤姆·庄(Tom Jung)和卡洛·阿雷亚诺]成为了《魔兽世界》宇宙中最早的恶意玩家。每天早上,团队成员都会检查每日构建版本,以了解美术素材、功能特性或BUG修复的进展。

约翰·斯塔茨

2000年10月，玩家达到两位数！客户端—服务器架构完成前，十名玩家在引擎中拍摄了一张各个玩家种族的截图。每个人都穿着内衣，因为游戏没有"记住"他们拥有哪些盔甲部件。在长达一年的时间里，我们用的都是裸体角色。背景的建筑并不能让玩家进入。它只是一个摆设，一个占位道具，没有碰撞几何。这栋建筑也不是《魔兽世界》正式版歪歪扭扭的画风，连树木都是细细长长的。（图片由暴雪娱乐公司提供。）

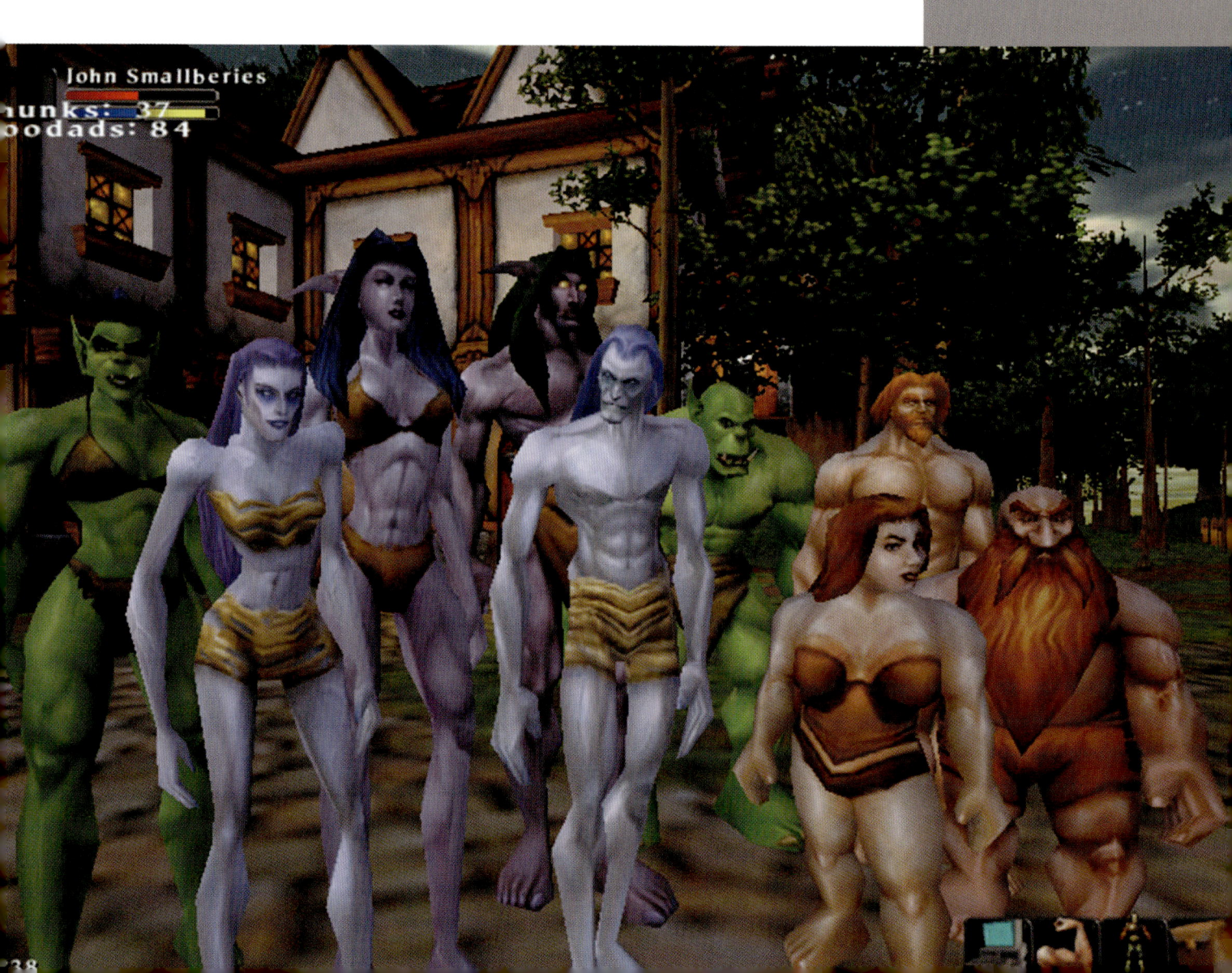

魔兽世界开发日记 | 一款电脑游戏的开发手记

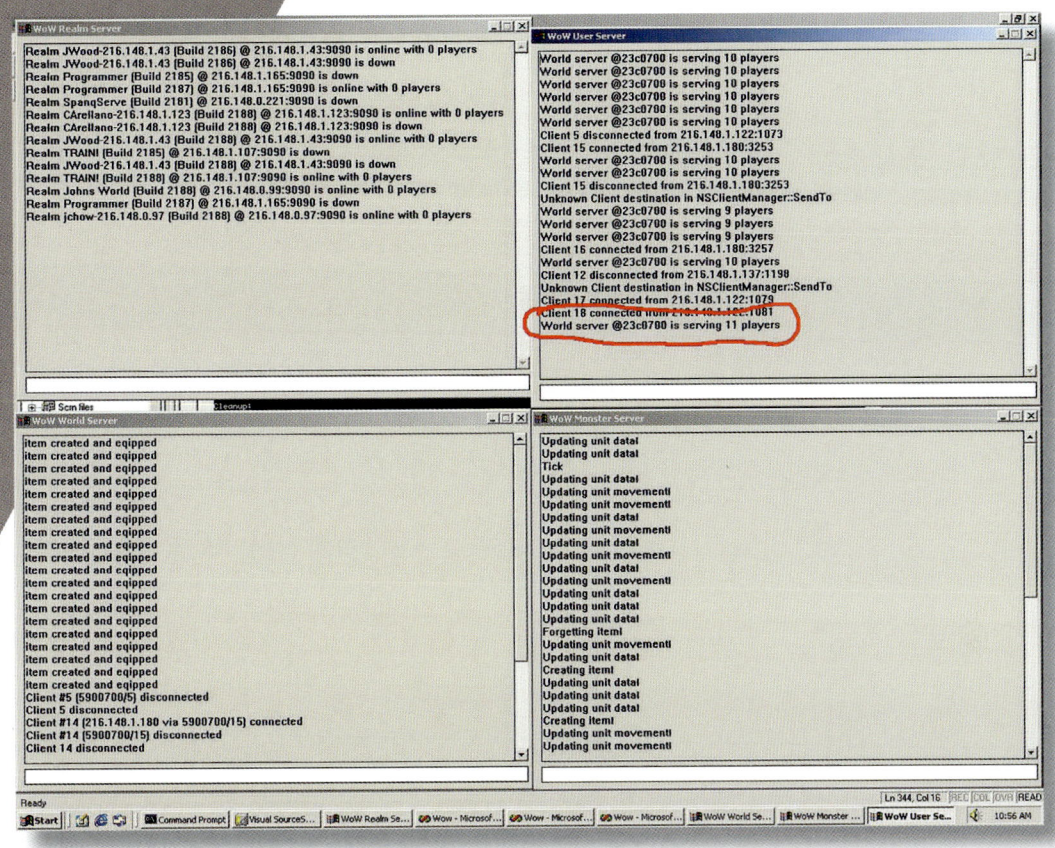

2001年6月，玩家……又达到两位数！这是自客户端—服务器架构投入使用以来，我们第一次拥有两位数的玩家。自2000年10月份那次截图后，乔·拉姆齐就将服务器功能拆分到不同的机器上——更接近《魔兽世界》最终的服务器结构形式。

乔希、汤姆和卡洛知道游戏会进来很多人，因为布兰登·伊多尔和贾斯汀·萨维拉特前一晚刚向游戏中添加了大量不同版本的角色皮肤，所以当天早上那一版是第一个支持这些特性的版本。第一个受害者是布兰登，他每天早上都要更新客户端。一进游戏，乔希、汤姆和卡洛就冲上去把他干掉了。随后他们一直在玩家默认出生点守尸体，又把布兰登杀了几次，才心满意足。但办公室此时已经回荡着哀号和大笑，大家都想杀死守尸者，扭转战局。人们纷纷冲到自己桌前，进入游戏开始PvP（玩家对玩家）大战，垃圾话对喷不绝于耳。在游戏公司上班，有时候确实挺好玩的。

那天上午的大混战标志着我们的并发用户数第二次达到两位数，第一次是八个月前玩家种族截图那次。这个数据非常重要，因为它可以衡量服务器的稳定性和同时支持的在线人数。

开发人员的管理艺术

马克·科恩曾经说过，开发二组是他见过的专业团体里社交能力最强的。我们会一起去吃午饭，大家随意往彼此汽车后座上一挤，根本不在乎和谁一起吃。我们的午餐队伍往往非常庞大，只有少数几家餐厅装得下。很少有独来独往的小团体或者部门，至少在开发后期是这样的。随着项目进行，大家混熟之后，就开始组成更有规律的午餐团队，和本部门同事一起用餐。晚餐时，大多数人还是在走廊里围桌而坐，尽量不去谈论和工作有关的话题。

几个月来，我们每周都有两天加班到晚上10点，进一步打磨游戏，为ECTS上的重大发布做准备。不过团队中有一半人会待到更晚。到了10点，有些人会打一个多小时的《反恐精英》再回家，或者接着工作。

在我眼中，暴雪比起雇主更像一个赞助人的角色，所以我每天晚上都工作到很晚，周末也要工作12个小时。参与《魔兽世界》是我第一次投身娱乐业，而建造地下城正是我热爱的工作。此外，我是从纽约搬来的，阳光明媚的奥兰治县总让我觉得有些格格不入。在地球时代版《魔兽世界》四年的开发时间里，尽管我就住在海边，却一次也没有下过海。大家和我一样，都在不要命地努力工作，因为我们不希望游戏中有什么功能或内容被删减。我很讨厌在世界上不同地点复用相同的地下城，还隐隐想要亲手搭建每一座地下城，只因为每个地下城都很酷。在我看来，每个地下城都必须不计代价做成一款杰作。几年来，关卡设计一直是我生命的激情所在，这份事业非常适合我。

我没有个人生活，所有时间都花在了开发二组的工作上，因此我可以肯定地说，最辛苦的是程序员。很多个周末，科林·穆雷和斯科特·哈廷都是在办公室度过的。我和蒂姆·特鲁斯代尔是室友，他经常在私下里尝试一些代码和功能，尽管它们并不在任务清单上。他投入自己的业余时间只是为了万一有什么很酷的发现，就可以加进游戏里。蒂姆经常和我一起上下班，但由于加夜班，我们很难形成固定的拼车节奏。

有些员工成了家，有了孩子，没人希望自己做游戏太忙而成天见不着孩子。不过，在几年的开发时光里，《魔兽世界》团队还是加了很多夜班，没有一个人天天准点回家，我觉得这非常了不起。

马克和谢恩是团队的领头人，之前《星际争霸》的开发经验告诉他们，不能把每个人都折腾得筋疲力尽。在那个项目当过副制作人后，他们发誓，决不能像那样把开发二组逼得太紧。

《星际争霸》的开发变成一场噩梦，是因为开发目标一直在得寸进尺地变动。每当开发人员完成了工作，艾伦·阿德汗就会找到改进的余地，说游戏还不够精致，然后问大家能不能再拼几周。而熬过一道死线后，又会冒出另一个问题，大家又得埋头苦干。《星际争霸》的开发之路似乎永远看不到尽头，每次"最终冲刺"都只会带来又一次"最终冲刺"。

有粉丝跑到暴雪的停车场扎营，通过数车子来估计有多少人在通宵工作，然后发到网上。《星际争霸》的截止日期被一拖再拖，拖了一年多。谢恩回忆过当时人们套着睡袋睡在地板上，不洗澡也不吃饭的样子。

时至今日，《星际争霸》开发团队中没有几个人会玩自己这款游戏了。谢恩和马克都认为，逼迫人们在精疲力竭时工作，只会让效率大打折扣，并不值得。艾伦·阿德汗不堪重负，离开了公司，直到几年后暴雪说服他帮忙开发《魔兽世界》才回来。从《星际争霸》项目中吸取了为工作牺牲生活的教训，谢恩和马克发誓决不会把团队逼成那样，而他们的解决办法是，要熬夜就早点开始熬。

谢恩发了封电子邮件，祝贺团队达成了目标，并宣布暂时停止深夜工作：

> 好了，伙计们，过去几个月里，我们周一和周三的加班取得了很大的成绩。9月发布会的准备工作进行得十分顺利。因此，正如我上周跟几个人说过的那样，周一和周三的夜间加班可以取消了，直到临近ECTS再说。你们都做得非常出色，我想说的是，能与如此敬业的团队共事，我感到自豪。我们不想现在就把大家折腾得筋疲力尽，因为还有很长的路要走。另外，我们的CGW（《电脑游戏世界》杂志）独家预览将推迟到8月16日，喘息空间多了一点，但并不会真正改变我们的制作计划。总之，这和我们在8月中旬制作ECTS预览版的计划更加吻合（ECTS在9月第一周）。
>
> 希望大家能记住几件事。大多数公司在发布会上没有太多东西可以展示，**但我们在公布当天，会拿出一个能让你置身其中，尽情探索、杀戮、探险、掠夺、练级的游戏世界！！！**太厉害了！《魔兽世界》的面貌会让所有人大吃一惊，大家会为我们的成就而惊叹。暴雪推出MMORPG标志着天启降临（……我是这么想的）！！！9月2日之后，游戏业将被永远改变！所有的餐厅都会变成塔可钟……我是说暴雪。今天，我们庆祝独立日！……我们将遗臭万年（遗臭万年？）！！！看比赛！！！来瓶百威！！！**ALL YOUR BASE BELONG TO US!!!** WOO HOO!!! ZIG!（趁还没有人扔臭鸡蛋，赶紧下台。）
>
> 谢谢!
>
> 谢恩

魔兽世界开发日记 | 一款电脑游戏的开发手记

北郡修道院，2001年6月第一个正式加入游戏的建筑模型，由何塞·艾约使用Radiant制作，请注意它尖锐笔直的线条。何塞从美术团队转到关卡设计团队，从事3D几何图形的雕刻与纹理绘制。（图片由暴雪娱乐公司提供。）

75

用户达到两位数并不是我们唯一的里程碑。《魔兽世界》里存在水——但还算不上真的水，引擎支持水体和在游戏里实现水体是两回事。程序员搞了一个水平面来进行各种测试和预览，我们的最终目的是实现从汹涌大海到潺潺溪流的各种不同水体，而现在的水面只能做到反射天空的颜色和云彩。角色在水面上奔跑时没有任何互动，水面不会溅起水花，也没有任何涟漪。角色被水淹没时也不会游泳，而是大模大样地直接在水底奔跑。对于Wowedit来说，要支持水还为时过早，因此室外关卡设计师无法制作诸如河流这样沿地形流淌的水体。

团队里负责工具制作的程序员大卫·雷已经收到了一大堆各式各样的要求。虽然编写工具的不止他一人，但其他美术师和设计师还没有充分认识到满足这些需求背后需要多少工作量。

参加完关于制作任务编辑器的第一次会议后，大卫揉了揉眼睛，说："好吧，这下我知道设计师们想做什么样的任务了，答案是'包罗万象'。我倒是没什么意见，你知道的，我是《无尽的任务》的骨灰粉，我也觉得游戏玩法越多越好，但要让编辑器做到'包罗万象'的程度，需要的时间可少不了！"

每当美术师或设计师向他提出优化工具的要求，他都会愉快地拒绝——"不，制作人没说这件事要优先"。随后他们就会嘟嘟囔囔走出他的办公室。大卫陷入了两难的境地，每个部门都有功能想让他做，他只能告诉人们他没时间满足所有需求，于是大家又不高兴。所以他不再一遍又一遍地解释自己的工作量，而是一句"不行"就把别人堵回去，然后露出一种让人恼火的微笑。这种沉默寡言的策略让人很不舒服，当他对我用这招时被我看穿了，他的真正目的其实是，长期扮演这么一个油盐不进的角色，让同事学会不要有个点子就来找他，鼓励他们通过正规渠道来申请制作新工具，也就是请马克·科恩来权衡他们需求的优先级。

尽管遇到了这些问题，团队还是在不断推出新内容。在游戏里加入水的重任交给了蒂姆·特鲁斯代尔，因为和水相关的工具对图

2001年6月，斯科特·哈廷将平坦着色的几何体加入《魔兽世界》。一开始建筑物没有碰撞几何，所以玩家会穿过墙壁、跌穿地板。一周之后，碰撞系统实现了，斯科特得以向大家展示我制作的金矿，这是我们九个月前搭建的第一批室内关卡之一。（约翰·斯塔茨拍摄。图片由暴雪娱乐公司提供。）

形的要求更高，也更接近他的专业领域。不过没过多久，他也开始后悔为Wowedit编写水体工具花了太多时间。

多个程序员同时开发工具的情况并不罕见。我们的服务器程序员乔·拉姆齐牵头开发了能力编辑器。游戏开发需要很多种工具，而有些工具并没有集成到Wowedit中，比如凯文·比尔兹利和凯尔·哈里森的Maya插件和动画工具套件，特温·马丁的游戏物品编目数据库代码。特温的工具可以追踪怪物或商人身上的所有物品，让每位设计师都能快速从数据库中的数千种物品中选择调用。

我们的第三个里程碑是基础建筑和地下城的支持。目前 Radiant 制作的几何体还没有阴影，所以不是很美观，但任何进步的迹象都是好的，能让关卡设计师在游戏中实地观察自己做的建筑物比什么都重要。只有这样，人们才能查看关卡的内部结构，做出合适的调整。在此之前，地下城团队只能闷头做东西，却不知道放在游戏里到底合不合适，这样的工作方式完全不能激发工作热情。

团队的技术负责人约翰·卡什邀请布伦达·佩尔迪昂和我去斯科特·哈廷的办公室。我们知道肯定有什么大事，因为斯科特正在就引擎对 Radiant 几何体的支持进行开发。到了办公室，我们看到他的角色正在我八个月前做好的金矿里跑来跑去。在此之前，关卡设计师只能把关卡载入《雷神之锤3》里预览。不过，金矿看起来很丑陋：没有光照，也没有任何场景装饰小物件。制作人和其他几位程序员也过来看到底发生了什么事，然后开始讨论如何删减未使用的几何体来最大限度地提高帧率。

因为不知道构成地下城的几何体处理起来需要多少性能，我们向斯科特提出了很多问题——也许他后悔早早把我们拉了过来。我们的问题包罗万象：每个室内关卡都会做成副本吗？如果玩家从窗户或墙壁往外看，会看到什么？能同时绘制室外和室内吗？如果玩家从外部世界向地下城里面望去，他们会看到什么？他们在地下城中会看到其他玩家吗？其他玩家会不会在进入地下城时消失，关卡设计者是否需要做一些角落来掩盖这种现象？如果玩家从地下城的窗户往外面跳下去，他们会出现在哪里？这一系列问题问得他晕头转向。

游戏引擎开发起来就是这样的。制作人担心，如果关卡设计师花费太多时间和精力来适应引擎，就没法提高制作地下城的速度。

我和布伦达的态度让程序员有些失望，因为我们只关心室内场景的运行效果，却没给他们多少夸赞。一朵乌云仍然笼罩在大家头上，那就是用 Radiant 来建造地下城到底是不是正确的选择。

魔兽世界开发日记 | 一款电脑游戏的开发手记

2001年6月，城市规划会议上的比尔·佩特拉斯、丹·摩尔和克里斯·梅森。丹·摩尔是一位典型的多面手，他能为室外和室内区域绘制草图，又能设计和制作物件、怪物和各种小玩意。他们讨论了丹为铁炉堡和亡灵之城（后更名为幽暗城）绘制的草图，商量需要哪些建筑、如何摆放之类的问题，还有更重要的——每座城市给人的感觉应该是什么样的，这样关卡设计师在搭建时就会有正确的方向。概念草图的意义在于它既快速又便宜，在概念阶段进行修改的成本很低，画张草图就行，简单又省事。对于一个美术师来说，唯一的损失就是半天的时间。而如果要修改一座地下城，需要的时间可能长达数周，甚至数月。（科林·穆雷拍摄。图片由暴雪娱乐公司提供。）

约翰·斯塔茨

E3 2001

电子娱乐展览会（E3）如同一个拥挤、嘈杂且华丽的旋转木马，到处是铺天盖地的游戏演示、CG动画和展台美女。这个展会的创立意图是为商务人士提供会面时机，让开发商、记者、发行商和分销商有机会谈成大生意。对于小型工作室来说，这是必不可少的，把握这一年一度与记者、企业，和网络博主面对面接触的机会，可以节省大量的差旅费用。对开发者来说，这是一个狂欢的时刻，可以了解同行在做什么，还能四处探索有趣的东西。

虽然E3一年只举办一次，但我们似乎永远都在准备E3的路上。暴雪团队乘坐大巴从奥兰治县前往洛杉矶会展中心，少数有个性的成员会自己开车前往。E3包下了三座大厅，巨型屏幕、标牌和展台发出震耳欲聋的轰鸣声。有些展台有几层楼之高，甚至提供食物。暴雪展区在播放我们过场动画部门的最新力作——《暗黑破坏神》资料片和《魔兽争霸3》的宣传短片。展会为期三天，第一天结束时，在人群中扯着嗓子喊了一天的展台工作人员已经声嘶力竭。不过并非所有团队成员都参加了展会，有少数开发人员仍在工作，或偷偷请假，回去陪伴家人。

当时《魔兽世界》尚不为人知，所以没多少我们的戏份。《魔兽争霸3》势头不错，因为当时没有什么同类型的竞争对手。没有人确定这款游戏能否在圣诞节前上市，但最终上市日期可能会推迟到2002年初。我们还看到了许多《暗黑破坏神》的模仿之作，主要出自韩国厂商之手。出乎大家意料的是，几乎所有公布了大型网游的公司都没有来展示，只有索尼的《行星边际》放出了令人震撼的画面，那些在战场上飞行的战争机器和未来主义载具深深地吸引了我们。所有游戏都采用了硬件加速技术，这意味着大家的画质都上了一个台阶，没有一款游戏能够一枝独秀。我们不禁有些怀疑《魔兽世界》要求的系统配置是否太低，发售后会不会显得不够光鲜。

暴雪刚发过新闻稿，宣布将在欧洲计算机贸易展上披露"一个秘密项目"（即《魔兽世界》）。我们团队开玩笑说，公关部门发了个"我们要发公告了"的公告。论坛上关于新项目有很多猜测，主要都是基于我们从 id Software 挖来约翰·卡什这件事展开的。多数人猜测新项目是《星际争霸》宇宙背景的第一人称射击游戏——某种程度上是正确的，我们确实在秘密投资外部厂商制作一款名为《幽灵》的主机游戏。还有人猜测是《暗黑破坏神》类的大型多人游戏。焦急的《魔兽争霸3》粉丝质问我们，遥遥无期的《魔兽争霸3》都登上《PC Gamer》杂志的"这些游戏今何在？"榜单了，为什么还要分心去搞其他项目。媒体和粉丝如此不耐烦，这让团队倍感焦虑（《魔兽争霸3》花了四年时间制作），虽然这种压力也有积极的一面，但谁喜欢背着沉重的包袱前进呢？开发二组每个人都觉得这些期望和压力让工作变得有些煎熬，没有人想天天听人在耳边唠叨"你们还没做完吗？"我们需要更多时间，还有一个原因是要保证游戏帧率。毕竟《魔兽争霸3》已经因帧率不理想而导致技术延期了，有鉴于此，暴雪更不敢过早公布另一款3D游戏。我们不知道在预算范围内能做到什么程度，也不想承诺一些无法兑现的东西。

约翰·斯塔茨

加里·普拉特纳和艾伦·阿德汗于 2000 年 10 月制作的模拟界面。我们使用《魔兽争霸 3》截图制作了各种模拟用户界面，好让开发人员把握界面的感觉。（图片由暴雪娱乐公司提供。）

7月 | 2001年
一落千丈的九个月

7月份最大的变化是两位游戏设计师的加入，这马上提高了团队对未来进展的期望。我们渴望看到更多实际的游戏内容，不想老是天天对着一堆素材和游戏引擎干活。德里克·西蒙斯（Derek Simmons）和凯文·乔丹（Kevin Jordan）是从人力资源和支持部门晋升而来的。暴雪从未从公司外部聘用过游戏设计师，只在内部提拔，但《魔兽世界》的庞大规模和技术难度让这一传统遭到了考验。游戏设计师埃里克·多茨搬出自己的办公室，与克里斯·梅森和两位新设计师一起搬进了一间会议室。克里斯有很多雕像和照片，所以他保留了原来的办公室。当他需要一个人静静思考时，就会待在那里。事实上，几乎所有时间他都待在那儿。我们的首席设计师艾伦·阿德汗定期在"设计师休息室"里开会，讨论法术结构、物品属性、玩家对玩家规则，以及我们称为"人生任务"的种族新手剧情。有艾伦在，初级设计师们就能做出各种决策。我们游戏的各个组成部分开始相互联系起来，游戏玩法的成形也因此变得越来越容易了。

用户界面通过艺术审核，大大提升了《魔兽世界》设计方面的信心。开发一组的界面美术师泰德·帕克（Ted Park）忙前忙后，第一次让我们看到精致完善的用户界面，他的努力让我们如沐春风。有了漂亮的界面，我们就能真切地感受到自己在开发一款游戏，而不是什么原型产品了。

2001年6月，一款新网游 Anarchy Online（AO）上线，我们纷纷

约翰·斯塔茨

2000年7月，加里·普拉特纳和艾伦·阿德汗的截图。艾伦向加里指示自己想要什么样的画面元素。他们的目标并不是设计出最终画面，而是想看看屏幕上的感觉如何。此时他们还不知道界面应该选择怎样的色彩，界面布置的密度怎样才好，也不知道哪些元素是必要的。草稿里的东西注定要被废弃，但在其基础上不断迭代修改，就能够指明正确的方向，或者昭示出哪些东西是不必要的。人们可以直观地指着某样东西说"这个感觉不对"。这张截图展示了早期游戏的真实面貌，请注意天空中手绘的云朵和平直的地平线。诸如聊天记录之类的用户界面元素是加里用Photoshop画上去的。（图片由暴雪娱乐公司提供。）

来玩，对其进行研究。我们注意到 AO 与我们的设计之间的异同，并从美术和技术方面进行了评估。这款游戏最大的不同在于学习和玩起来需要耐心，它的学习曲线十分陡峭，只有硬核玩家才会感兴趣，休闲玩家会避而远之。尽管如此，Anarchy Online 依旧证明了玩家之间自发展开的对战能带来无穷乐趣。此前大家公认《网络创世纪》和《无尽的任务》的 PvP 系统是残缺不全的，因此大多数游戏设计者都对 PvP 嗤之以鼻，直到 AO 交出一份合格答卷。

对于室内关卡设计师来说，2001 年 7 月不怎么愉快。由于游戏设计和技术方面出现重大变化，将建筑加入游戏构建版本的计划只能推迟。

程序员们意识到 Radiant 中制作的几何体是没法用的，因为它们无法流式载入，也就是说，显卡无法随着玩家接近而即时加载几何图形，所以城市和建筑需要加载界面才能防止游戏卡死。这个问题十分棘手，因为游戏中其他东西都没有这个问题。Radiant 的几何体与 3D Studio Max 所创建的几何体差异太大，而我们的各种小物件、物品和生物都是用 3D Studio Max 做的。3D Studio Max 更受开发人员重视，因此《魔兽世界》引擎为其专门做了优化，但这也凸显了 Radiant 的问题。

开发二组只好将所有室内关卡全部废弃。很不幸，做出这个决定时正值卡梅隆·兰普雷克特（Cameron Lamprecht）加入我们不久。他是我们的第一位资深专业 3D 关卡设计师，来自得克萨斯州的 FPS 游戏社区。刚在加利福尼亚州找到新工作，自己的专长却无法发挥，这让他倍感沮丧。

此外，AO 采用程序生成地下城，这种方式立即受到游戏设计师们的青睐，他们认为《魔兽世界》也应该这么做。比起手工打造、数量有限但独具个性的地下城，设计师们更喜欢无限生成的通用地下城，他们看量不看质。

室内关卡设计师们对此非常不满，布伦达·佩尔迪昂辞职了，我也想跟着辞职。不过我没有参与争论，而是专心学习 3D Studio Max

约翰·斯塔茨

2000年7月，加里·普拉特纳和艾伦·阿德汗的《魔兽世界》截图——另一种屏幕元素布置的尝试。（图片由暴雪娱乐公司提供。）

的使用。要反对随机生成地下城，最好的方法莫过于让大家看到手工制作地下城的速度并不慢，但团队里没人能够帮我。对美术师而言，3D Studio Max完全是另一套用法，它不适合制作建筑、地下城、洞穴之类的复杂物体。我挑选了《Tamoachan隐秘神殿》这款《龙与地下城》旧模组，只用一周就完成了建模——不用几个月，一周就搞定了！模型的多边形数很低，而且丑得要命，但我至少证明了"随机通用地下城"并不是唯一的选择。我还知道团队中很多人都是老派龙与地下城迷，走怀旧路线也能让我支持手工制作地下城的主张更具说服力。

只过了一周，随机生成地下城的拥趸们便失去了热情。他们很快就厌倦了那些千篇一律的房间，"场所感"的缺乏破坏了奇幻世界的沉浸感。他们想要探索特别的地方，完成有意义的任务，比如攻破范克里夫的藏身处，或者探索血色十字军那座声名狼藉的修道院。而我制作3D龙与地下城模组的探索也取得了初步进展，这让制作人和游戏设计师开始相信，我们可以使用3D Studio Max高效地建造地下城。

纹理艺术家马特·摩卡斯基（Matt Mocarski）来自《凯恩的遗产：勾魂使者》开发团队，他成了地下城团队的关键一员。他拥有丰富的3D Studio Max建筑设计经验，向我们展示了正确的建模方法，帮助关卡设计师从Radiant这款功能有限的工具过渡到市面上最强大的软件。为地下城指明了正确方向后，他又招募了两名关键成员——经验丰富的3D Studio Max建模师亚伦·凯勒和我们的第二位地下城纹理师布莱恩·莫里斯罗（Brian Morrisroe）。

为了公布我们的游戏，团队派出了最强大的阵容前往英国参加欧洲计算机贸易展。参展人员包括马克·科恩、克里斯·梅森、比尔·罗珀（我们的公关大师），以及团队中名气最大的成员——约翰·卡什。我们为展会和杂志前瞻精心打磨了游戏，让每个人都兴奋不已。发布会准备期间，我们收到了一家营销公司为我们设计的游戏徽标。制作人把它放在走廊公开展示，大家都很喜欢。

约翰·斯塔茨

2001 年 7 月，Hamagami Carroll 公司的徽标设计。开发二组的几个美术师为徽标提供了一些初步想法，之后交给外部设计公司画出十几张黑白草图以供审阅。这两张是团队最喜欢的草稿，上面"进入大漩涡（Into the Maelstrom）"这句话纯属占位预览之用。（图片由暴雪娱乐公司提供。）

背景设定

说到这里,我想抽空来讲讲剧情叙事在电脑游戏开发中的作用。很多人对暴雪创作背景设定的方式有所误解,因此我想澄清一下。每家公司处理背景设定的方式都不尽相同。通常情况下会交给高层人员来负责,因为这项工作很有乐趣,发挥创意的空间也很大。而受众对于叙事上的不足是很宽容的。

尼尔·史蒂芬森(Neal Stephenson)写过《雪崩》(Snow Crash)和《编码宝典》(Cryptonomicon)等广受欢迎的小说,我毫无保留地向大家推荐这些作品。他还写过另一部极客惊悚小说《Reamde》,讲述一家游戏公司的老板卷入一场国际冒险的故事。这位主人公拥有一家游戏工作室,他们开发的网络游戏很像《魔兽世界》(史蒂芬森甚至多次提到《魔兽世界》和暴雪公司),但作者对这家虚构的游戏工作室所面临的问题的描写却十分荒谬。在史蒂芬森笔下,网络游戏面临的最大难题是无法讲述一个能让狂热玩家信服的故事。这种误解的可笑之处在于,背景设定从来都不是游戏成功的关键。鉴于我写这本书正是为了消除关于游戏行业的种种迷思,现在我就告诉你:电脑游戏的故事一点也不难写。写故事实在太容易了,业内几乎有一半的人都想写一写。

有些立志于投身游戏业的小孩告诉我,他们想担当写故事的职位,这仿佛普通人张嘴就说"我要成为宇航员"或"我要当职业橄榄球四分卫"一样。从第一人称射击游戏到休闲手游,游戏业蓬勃发展,但各种游戏剧情要么大同小异,要么根本就没有剧情。除非你认识工作室老板,或者还有其他可以开发游戏的能力,不然想要获得一个专职写故事的职位的希望是非常渺茫的。这种工作机会非常少。

我知道有人看到这里会火冒三丈,觉得我在大放厥词,但请你先别急，让我解释一下。当我说"剧情叙事很容易"时，我指的仅仅是电脑游戏这个领域。如果要撰写书籍、短篇小说或者电影剧本，就需要完全不同的技能了，所以游戏工作室邀请专业作者参与自己的项目往往是自找麻烦。小说家并不习惯游戏开发过程中的种种限制，所以这种跨界合作少有成功案例。对于游戏来说，能用的剧情主题范围十分狭窄，只能限制在一些经典套路里：旅程、成长、背叛、古老的秘密、权力斗争、探索和权力真空，等等。

精微细致的叙事并不适合游戏受众，玩家在游戏中关注的是社交、用户界面、技能和角色升级等系统。鉴于玩家要操心的东西太多，游戏需要把情节和人物做得尽可能直白而典型。玩家在游戏中处处面临挑战，如果还要他们跟上复杂的故事线或理解微妙的暗示，就不合理了。在这种情况下，讲故事的人没什么玩花活的余地。

经典套路受欢迎，是因为把故事编得太复杂会失去观众。撰写背景设定时，让故事通俗易懂才是负责任的做法。

起个好名字也很重要，故事中的名字必须易于拼读、朗朗上口，像拉格纳罗斯、阿尔萨斯、洛丹伦这些就是很好的例子。《魔兽争霸》的命名也遵循这一原则。不过，除非有过被烂名字折磨的经历，玩家通常不会注意到你在命名上的一片苦心。

当玩家说自己喜欢一款游戏的剧情时，实际上说的往往是喜欢游戏带来的沉浸感。充满沉浸感的环境能让玩家产生逃避现实的感觉，要达到这种效果可以使用很多手段，而其中最不重要的就是剧情了。哪怕是《半衰期》这类以剧情而闻名的游戏，叙事手法也并没有什么特别的。《半衰期》剧情的吸引力，实际上来自游戏中生物的行为举止、非线性的问题解决方式、开放式关卡设计和反应式环境所带来的可信感。

让玩家的行为得到满意的反馈，就能让他们与游戏世界建立连接，比如可破坏的墙壁，或《魔兽争霸3》中那些重复点击会做出反应的生物，都是很好的例子。如果玩家能通过砍伐树木来改变森林地图的地形，他们就能感受到自己是游戏世界中的一分子。游戏帧

魔兽世界开发日记 | 一款电脑游戏的开发手记

率高、响应速度快，也能够让玩家忘记自己是在盯着电脑屏幕。减少网络或鼠标带来的延迟，尽可能让玩家不去注意现实中的硬件问题，也可以提升沉浸感。反应灵敏、设计合理的游戏界面可以帮助玩家脱离现实，而精心制作的美术、配音和音效则能让他们置身于另一个世界。关卡设计的可信度至关重要，尤其是环境要合理——这里像不像真实的怪物生活和呼吸的地方？此外，角色设计、音效和动画也能让世界充满活力。以上要素都是奇幻作品的关键所在，

1994至2001年间，保存在克里斯·梅森办公室里的暴雪设定圣经。实际上，大部分草图、地图和故事最终并未加入暴雪的游戏。克里斯经常忘东忘西，所以一有什么点子就会写点新东西出来，免得事后忘掉。他行事灵活，如果在概念会议上忘记了什么想法，大家就会提出自己的点子。除非存在主题性的冲突，否则只要能为世界增添色彩，他都会批准。（约翰·斯塔茨拍摄。图片由暴雪娱乐公司提供。）

我也希望通过这本书来说明，在有预算限制的条件下按时完成这些工作是多么困难。故事是游戏开发中最灵活的部分，在种种限制条件下写出适应游戏的故事才称得上出色的创作，只会想点子是不够的。故事讲得烂，就是因为没有顾及这些限制。

这就引出了一个问题：怎样才能成为一名优秀的叙事者？对电子游戏来说，一个好的叙事者必须会察言观色，并得到开发团队的信任。他需要了解如何启发别人。叙事者必须头脑灵活，放心把具体的细节交给基层员工，让他们为游戏世界添砖加瓦。优秀的剧情设计师会营造出一种氛围，让大家乐于提出想法，能够勇于质疑叙事方向是否合理。

游戏行业并不缺少创意，但要让一群有创意的人合力打造一个故事，就需要沟通协调的技巧了。

于是我们便说到了克里斯·梅森，他是每款暴雪游戏宇宙的幕后推手，可能也是我共事过最能鼓舞人心的人之一。他就是创意总监的典范：平易近人、灵活、沟通能力强……这些特点的重要性前面都提到了。

克里斯原本是艺术家和动画师。公司的资深过场动画大师乔伊雷·霍尔（Joeyray Hall）看到他的作品集后对他一见倾心，坚持要公司当场聘用他。只要看过克里斯的概念图，就能看出他对故事充满热情。他不会仅仅在战士手里画把斧头就完事，而是会仔细装饰那把武器，刻画过去战斗中留下的划痕和凹陷。他会在人物身上画满文身、装饰品、印记和伤疤。作为艺术家，他的想法太多，脑子比手快。

虽然暴雪招他是来制作美术和动画的，但他为自己那个32×32像素的小人儿编写的背景故事却远远超出了游戏的范围。这是他利用空闲时间完成的，甚至还担心过"浪费时间写故事会不会惹上麻烦"。幸运的是，暴雪的公司文化鼓励这些探索，于是暴雪高层就把他的几个故事作为游戏后日谈写进了手册里，而正是这些"边角料"拉开了整个魔兽世界的序幕。这颗种子点燃了玩家和开发人员的想象力，因此他在《魔兽争霸2》和《星际争霸》中也做了同样的工作，与公司雄心勃勃制作的过场动画相得益彰。五年后，他又继承了《暗黑破坏神》宇宙，并成为《魔兽争霸传奇》的创意总监，这款游戏是日后《魔兽争霸3》的前身。在《魔兽世界》中，他担任世界架构师。

克里斯在会议上与人交流想法，然后统统整理到纸上。几乎所有关于人物、种族、怪物、地下城和区域的想法都或多或少受到了他的影响。他坦然承认叙事上受到的限制，还开玩笑说这款游戏的故事永远没有结局，没有一个角色会真正死去；就像漫画书一样，总有办法让超级英雄复活。了解克里斯的人都知道他非常懂漫画（他最喜欢的超级英雄是雷神）。从地板到天花板，他的办公室贴满了亲笔签名的漫画海报、漫画书和插图，仿佛有人扔了一枚雷神炸弹，炸出一堆红色、蓝色和黄色的纪念品堆满了房间。

克里斯会在设计会议上提出自己追求的感觉来自哪里。例如，我搭建的第一个地下城是"哀嚎洞穴"。他告诉我，他想要的是"恐惧之岛"的氛围，那是一款1981年的《龙与地下城》高级模块，以恐龙为主题。他描述了地下城尽头的德鲁伊，这家伙会在梦中召唤怪物，而地下城最后一个房间则是"电影《第十三个勇士》中的岩洞那种感觉"。游戏设计师问他是否有特别想要的BOSS，他摇了摇头："不用，随心所欲地做吧。保持野性就好。没问题。"等大家都明白了他想要什么口味，他就离开会议室，让团队去研究战斗的细节。如果所有BOSS都要他挨个想好，那就太费时间了。

作为经验丰富的游戏美术师，克里斯很理解将现有的小怪改成有名有姓的大型精英怪以提高效率的做法。这种实用的解决方案在业内并不常见。很多创意总监并不那么通情达理，所以有个灵活的人领导团队会带来巨大的不同。比起远离一线的人，那些成年累月参与实际制作的开发人员往往能拿出更好的方案。克里斯深知这一点，他信任自己的团队，让他们掌握艺术控制权，而他的工作就是统摄全局。虽然《魔兽争霸》是克里斯的心血结晶，但整个团队的成员都以主人翁的态度对待这款游戏，将其塑造成一个有趣、可信、内在连贯的宇宙。

2001年5月，死亡矿井的白板和概念图。比尔·罗珀关于死亡矿井的初期想法与克里斯的世界设定相当吻合，于是它便被加入到游戏中。汤姆·庄向达纳·杨提出地下城风格的想法，旁边的注释描述了敌人的设定。这个地下城一度打算做成海盗洞穴，但荆棘谷已经有敌对和中立的海盗了，所以敌人改成了更像盗贼公会或土匪的样子。

当关卡准备制作时，我们开了一次概念会议讨论这座地下城。有张简单的流程图说明了死亡矿井的主要分区结构。每个人都对地下城的规模和复杂程度有所了解，随后关卡设计师才会投入数月进行创作。流程图周围贴着打印出来的照片，这些照片都是网上找来的。概念图为每个人指明方向，让他们知道达纳要建造的地下城到底是什么感觉。（图片由暴雪娱乐公司提供。）

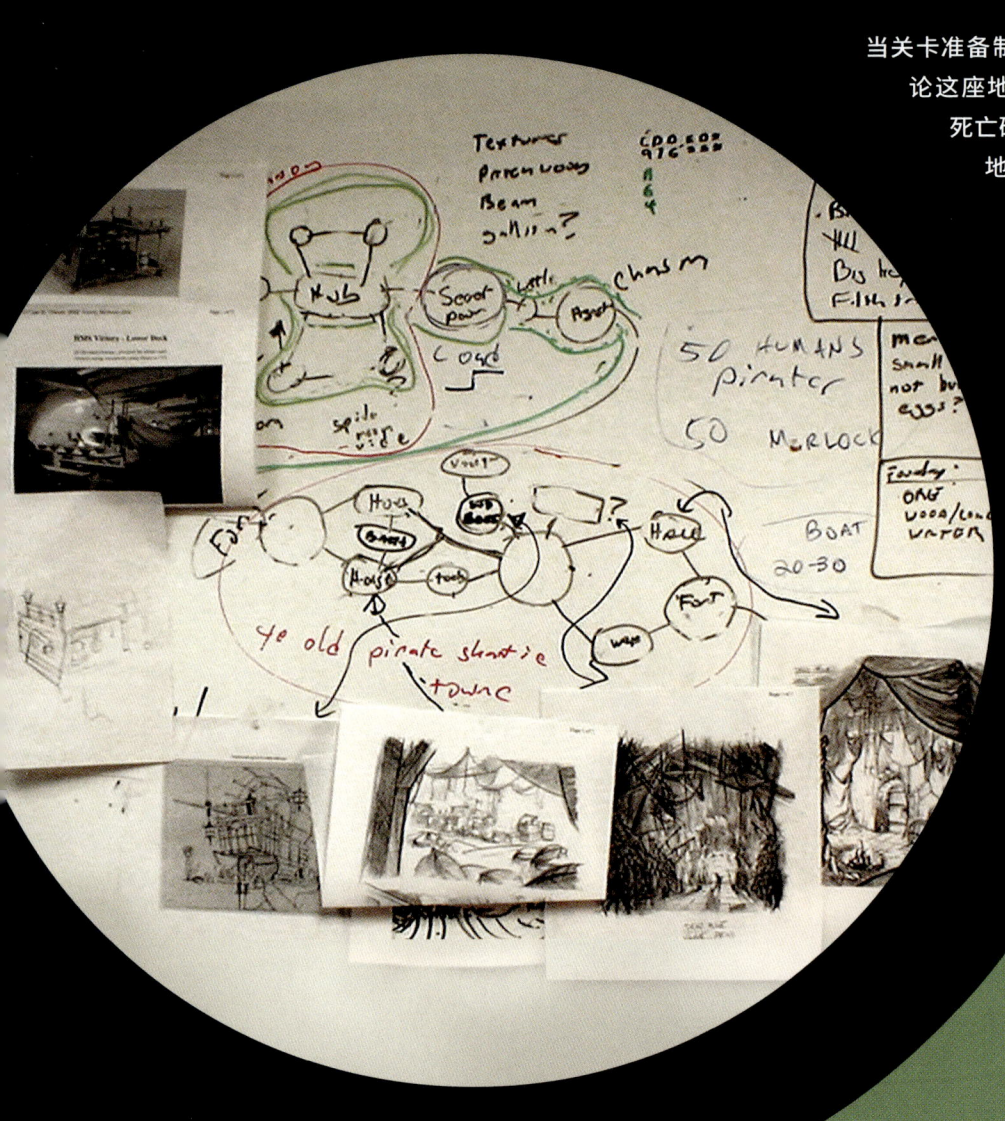

8月 | 2001年

宣传片的难关

"大家各就各位！"马克·科恩在走廊里大喊道。一个所有角色一起跑下山坡的场景拍了整整两小时，每个人都耗尽了耐心。我们拉来十几个人在游戏中录制预告片素材，为游戏公布造势，但成果并不令人满意。"准备！1, 2, 3——开始！"片刻之后，大家不满地嚷嚷起来："谁没有动？怎么有两个人没跑起来！"围观者们憋着笑，默默对着这幕惨剧摇摇头。谢恩·达比里在大楼另一侧的一间过场动画办公室里进行拍摄。有人跑到谢恩的临时录音室，解释说有的演员没有耳机，听不到指令，之后办公室走廊再次响起喊声，指挥演员们回到自己的位置。程序员们关起门接着干活，而容易分心的美术师们则选择凑在一起看热闹，但他们很快就没了兴趣。和现实中的影视界一样，比起实际拍摄，片场中等待大家做准备的时间才占大头。

在屏幕上，十几名团队成员分别扮演兽人和人类角色，身披最新制作的盔甲。开发者们认为自己应当随时对最新的功能、秘技和美术素材了如指掌，所以都很会赶时髦。如果有人知道了新头盔的存在，就一定会戴上炫耀一番。

谢恩的临时工作室得到消息，说有人的游戏崩溃了，无法重新登录服务器，也不知道还要多久才能重新进入游戏。他进入电话会议，对一半的演员喊话说："现在兽人太多了，你们得出几个人变成人类！"一阵短暂的僵持后，有人妥协了，换成人类角色。"我们得让太阳出现在地平线上！"有人说道，"谢恩，在你喊'开始'之前，别忘了把时间重新设置好。"

白忙了一整天，我们才发现需要更流畅的摄像机。游戏帧率没

2001年8月，谢恩在过场动画办公室录制了第一部《魔兽世界》演示宣传片的片段。由于关闭了角色姓名板，分不清谁是谁，指挥拍摄的难度大大增加。"好，现在我最左边的兽人往前走……不，不是你，马克。是另一边……马克，你回原来的位置去。好了……那个兽人是谁？怎么没有动？他们听不见我说话吗？我把时间调到早上——等等——好，我数到三的时候，大家就一起往前跑……站住，还没开始呢！大家都回来……"（约翰·斯塔茨拍摄。图片由暴雪娱乐公司提供。）

什么问题，但游戏中的摄像机镜头是玩家用的，对于录制影片来说并不适合，而且用鼠标控制镜头会让画面抖来抖去，显得不流畅。几天后，程序员提供了更流畅的摄像机，可以用摇杆控制。他们重新拍摄了场景，但能用的游戏画面也就只有几秒钟。

又过了几天，谢恩播放了剪辑后的录音，其中加入了战斗音效和维克多·克鲁斯（Victor Crews）的《魔兽争霸3》配乐。对于第一部预告片，我们决定减少情节性的场景，只展示人物站立或原地战斗的样子。我们将更大规模的战斗和编排好的"《勇敢的心》式冲锋场景"留到了稍后的游戏预告片中，届时游戏将拥有更多的功能和美术素材。

暴雪的老员工知道粉丝、媒体和业内同行会用显微镜检查我们的截图，所以我们彻底分析了每一处细节。对于来自《魔兽争霸3》的图标，我们使用起来也很谨慎。大家对这款游戏太熟悉了，如果他们发现《魔兽世界》重复使用了图标素材，可能会对游戏品质有所质疑——直到我们得知，粉丝们研究了《电脑游戏世界》杂志上的游戏预览后很喜欢熟悉的美术风格，才松了一口气。我们还对游戏的细节有所保留，尽量避免泄露太多信息。这也是我们在《暗黑破坏神2》中犯下的公关错误——游戏发售时细节早被大家了解得底朝天了。

艾伦·阿德汗坐在谢恩办公桌后面的走廊里，仔细检查数百张截图。这些截图将用在即将到来的ECTS发布会和杂志上。我们已经形成了条件反射，只要艾伦坐在谢恩的办公桌前，就是在检查新东西！我们凑在他们身后偷听，当然，也会主动提出意见。

艾伦和谢恩对截图的精美程度赞不绝口。艾伦起身离开时，对我们说："我简直想变成一只苍蝇趴在《无尽的任务》开发组的墙上，看看他们见到这些截图是什么反应。这份成就值得你们自豪。"

截图效果这么好，我们非常骄傲。大家兴奋地大笑起来，能够受到公司创始人的赞许，大家因长期秘密开发而绷紧的神经终于得到了放松。虽然大家的笑声仍旧带着紧张，但已经透露出扬扬自

约翰·斯塔茨

得的期许。艾伦的话让我们深受鼓舞,在此之前,许多团队成员对这款游戏的期望并没有那么高。暴雪开发人员深知糟糕的第一印象会带来什么后果:当年运行在《魔兽争霸2》引擎上的初版《星际争霸》一经展示,就被粉丝和评论家们骂了个狗血淋头。他们指责《星际争霸》不过是换皮版《魔兽争霸2》,暴雪无法反驳,不得不把游戏推翻重做。我们团队默默地经历了多年的秘密开发,很难接受这样的负面反应。来自暴雪创始人的赞誉,对我们来说是最纯粹的动力。

2001年8月,所罗门·李和贾斯汀·萨维拉特观看了电视录制的画面。贾斯汀摇了摇头,不以为然。"就这么七个人孤零零从山上冲下来,一点气势没有。我们需要像《勇敢的心》或《魔兽争霸3》预告片那样的大军冲锋。"所罗门也显得忧心忡忡。而操作摄像机的谢恩·达比里不同意:"没办法,咱们就这么几个人手……你看这效果多棒啊!"(约翰·斯塔茨拍摄。图片由暴雪娱乐公司提供。)

制作

 一切皆有可能。问题只在于我们愿意花多少时间来编程。

——科林·穆雷,首席游戏程序员

开发期间,大家什么点子都提得出来,因为MMO就是这么一种包罗万象的题材。为了遏制功能需求的无限膨胀,程序员会评估人们提出的想法,但这些请求的轻重缓急要如何安排,决策权掌握在制作人和设计师手里。

制作人这个角色可以说既像老板,又像助理。他们的专长在于沟通和组织,而非艺术创作或编写代码。他们会对任务优先级进行排序,以便艺术家、工程师和设计师能够各取所需,从而提高工作效率。制作人就像机器运转所需的润滑油。在游戏开发中,设计、美术和编程三个方面常常互相冲突,所以制作人是不可或缺的存在。

设计师想要的功能需要一定的工程时间才能实现,程序员希望游戏可以流畅运行,而美术师和关卡设计师则希望游戏画面足够精美。制作人的职责就是帮助这三方合作,调和解决他们的需求。当程序员抱怨美术师或关卡设计师使用了太多的多边形导致游戏帧率下降时,制作人会作为第三方的仲裁者进行利弊权衡。当美术人员抱怨缺少制作素材的工具时,也是由制作人来权衡是否需要让程序员停下手头的工作,去满足美术师的需求。如果设计师提出功能设想或需要美术素材,也同样需要通过制作人提出需求,以免造成工程师和艺术家的工作负担过重。

维持这种平衡需要耐心和沟通手段。作为负责编程的制作人，马克·科恩曾说过让团队准确估计工作量的秘诀："如果你直接问工程师做成某件事要多久，他们往往会给你一个保守的估计，给自己留足余地，慢慢把代码打磨到完美。但这样并不好，因为这段代码有可能根本用不上。如果你想尽快看到代码搭个架子就跑起来，我有个绝招，就是让其他程序员也加入讨论。工程师们骨子里的竞争意识是很强的。如果有同行在场，他们会把完成时间估计得早一些，这样我们就能早点让代码跑起来，让设计师确定功能性的大方向有没有问题，之后再考虑优化和解决BUG的事情。"

制作人也是团队的守护者。如果上级有什么不合理的期望，制作人就要向他们如实传达团队的工作条件。预算和日程安排也可以交给他们去讨价还价。反过来，如果团队无法理解公司政策或者预算、日程、资源等方面的限制，制作人也需要帮助上级来安抚团队。说到底，制作人就是要支持和管理自己负责的部门，确保大家都能按时完成任务。

这并不是说上级和开发部门是对立的。恰恰相反，暴雪能成为工作环境最棒的游戏公司，是因为上级管理层与众不同。在游戏行业，关于奖金的承诺往往是画饼，发行商或者工作室负责人给开发人员大开空头支票，只为刺激他们每周工作超过80个小时。在暴雪负责面试时，只要我提到公司的奖金和盈利状况挂钩，老油子求职者十个有九个会翻白眼。显然，大家并不相信暴雪与员工分享利润的承诺。

科林·穆雷跟我解释过暴雪根据盈利状况发奖金的原因。很多年前，公司的前任持有者在《星际争霸》发售后拒绝发放奖金。为了这款游戏，公司上下疯狂工作了整整两年的时间，这样的做法根本就是一种侮辱。尽管游戏本身取得了巨大的成功，但上级管理人员还是没能说服母公司在奖金的问题上做出让步。于是职位最高的十名高管发起威胁，如果不能保证所有员工共同分享利润，他们就罢工。

高层们其实没必要这么做，他们的待遇已经非常好了，但他们仍然威胁要放弃《暗黑破坏神》《魔兽争霸》《星际争霸》这些前途光明的作品，只为确保所有人都能分享利润。

与之相反，业内普遍的做法是直接把开发人员开除，这样就不用发奖金了。等下一个项目开始时，公司再把这些人给请回来。这样的做法势必形成一种唯利是图的局面，只有足够警惕的自由职业者才能在前期谈判中为自己争取更多利益。虽然这样的极端做法也是一种可行的商业模式，但当员工和管理层彼此不再信任，公司会失去一些重要的东西。

随着团队日益壮大，很多新的工作接连出现，例如代表团队参加采访、谈判及活动策划（例如ECTS和E3），这些都让谢恩·达比里感到不堪重负，他一直都把美术工作放在首位。到2001年5月，团队的创作速度飞快提升，这时必须再增加一名制作人来统揽全局了。

室内和室外关卡设计师为此面试了好几位来自质量保证和支持团队的候选人，想从中挑选出一名内容制作人。由我们自己来面试管理我们的人，这感觉有点怪怪的，但最后两个小组一致选择了科班出身的卡洛斯·格雷罗（Carlos Guerrero）。

卡洛斯是个热情友好的人，会替其他制作人承担关卡设计师们喋喋不休的抱怨。尽管如此，这些抱怨最后依然会传到制作人耳朵里。他的职责包括点菜、打扫卫生，以及组织团队聚餐——都没什么回报。如果饭菜不合胃口，或者来得太晚，长时间工作的员工们会毫不顾忌地抱怨，或者干脆出去吃饭，以示抗议。每当制作人花钱大手大脚，或者整一些中餐、泰国菜之类的花活，总会有人提出反对，所以我们的主食一直都是比萨。

几小时后，等所有人都吃过饭或者离席抗议了，才轮到制作人们打扫残羹剩饭。

约翰·斯塔茨

　　2001年，《电脑游戏世界》杂志着重介绍了我们简洁的用户界面。界面在杂志上亮相后，几款游戏赶在我们正式发售前抄袭了我们的设计。这就是过早发布游戏预览的又一个坏处。（图片由暴雪娱乐公司提供。）

第一次接触：
CGW 杂志

2001年8月15日星期三，《电脑游戏世界》的工作人员来到公司，和我们进行了首次媒体会面。不过登载报道的那期杂志要等到我们在欧洲计算机贸易展正式公布《魔兽世界》之后才会发行。幸运的是CGW非常专业，在ECTS到来之前一直替我们保守秘密，在这个漏洞百出的业界难能可贵。我们向他们展示了人类、牛头人和兽人，以及食尸鬼（没想到吧！），但对种族和区域只字未提。关于地下城的事情我们也没有提起，因为当时一个都没做出来。

制作人在向访客展示游戏，团队根本静不下心来干活。CGW观看了谢恩拍摄的十分钟短片，里面展示了角色施法、任务系统的全貌，以及玩家如何杀死怪物、拾取战利品。

CGW派来的并不是记者，而是两位编辑，他们的反应非常积极。我们只展示了几个精心打磨过的地区（前四个人类区域），所以他们的感觉并不是特别惊艳，但可以看出他们还想知道更多的内容。

两位编辑对游戏界面印象深刻，而他们提出的两个最难的问题，谢恩·达比里也轻松应对了下来。首先，他们询问我们的财力是否真的足以支持如此庞大的项目。而他们不知道的是，《魔兽世界》只是暴雪正在研发中的六款游戏之一，我们还有《魔兽争霸3》《星际争霸：幽灵》《暗黑破坏神3》及北方暴雪手中正面临取消的其他两个项目。

其次，他们也问到我们能否支持如此庞大的在线社区。不过我们已经做到了。暴雪的战网当时已经是世界最大的在线游戏社区（介于《星际争霸》和《暗黑破坏神》之间），比其他所有MMO（例如《无尽的任务》、《阿斯龙的召唤》（Asheron's Call）、《Anarchy Online》）加在一起还要大好几倍。不过他们仍然觉得意犹未尽，因此制作人破例向他们展示了铁炉堡外面未完工的区域，而这座矮人城市直到一年之后才开始制作。

然而CGW那期封面出了点问题。那次来访后，两位编辑告诉我们，直接用游戏截图当封面的反响不太好。他们想使用高分辨率、高面数模型的游戏宣传图来做封面，因为读者们（可悲的是很多都是业内人士）认为高面数模型意味着游戏已经步入"次世代"。他们对游戏截图的不满实在出人意料，无论是低面数模型角色的特写，还是风景场景，好像都无法满足他们。杂志方面建议我们把封面设计交给他们那边的一位插画师来负责，这一下就引起了我们的警觉。虽然我们的艺术总监比尔·佩特拉斯已经忙得焦头烂额，但还是让他亲自来负责更安全。于是美术师们用彩色记号笔在办公室的窗户和白板上画出各种姿势的人物，再用手指把不满意的方案擦掉，直到最后，一个简单的点子脱颖而出——画个兽人就行。没有什么比一个绿皮兽人大块头更能代表《魔兽争霸》了。

2001年，CGW封面。他们认为我们的风景画不够好看，当封面不够格，这让我们有点意外。风景画不适合竖版的杂志布局，也没有吸引注意力的画面焦点，树木、农舍和灌木丛这些东西无法成为杂志的卖点。时间非常紧，暴雪又严格禁止我们美化截图，因此我们实在别无选择了。我们最后使用了非常传统的插画，代表哪款魔兽游戏都可以。（图片由暴雪娱乐公司提供。）

ECTS 上的发布

在欧洲发布会前四天，暴雪网站刻意发布了一段含糊其词的预告，引得人们纷纷猜测我们的新项目到底是什么，直到一位粉丝发现了暴雪娱乐注册的域名worldofwarcraft.com。不久之前，公司的对公通讯就意外提前发布了我们游戏的介绍。泄露信息的人是维旺迪公司的高管（维旺迪环球集团是暴雪的母公司），他们对我们的保密协议毫不知情，但这一事故也不能归咎于哪个人头上，涉及了太多的部门和公司，实在难以让如此庞大的企业中的人全部守口如瓶。

这次泄密让我们非常失望，因为我们的公关部门从未出过差错，最终却功亏一篑。我们打磨和准备了那么多年，还千方百计提醒亲朋好友保守秘密，所有的精彩细节却这样被打上了"泄露"的标题，堂而皇之地出现在各大游戏网站上。在游戏正式公布的前一天，公关泄密和被曝光的域名证实了传言非虚。这种不专业的行为一度让我们觉得有些尴尬。但对游戏公司来说，泄密其实并不是最糟糕或者很少见的情况。幸运的是，在ECTS上发布了试玩版和截图后，粉丝们对我们的游戏有了大致的了解，而且反响非常积极。

展会进行得非常顺利，除了一个小插曲：我们有个叫"口蹄疫"的牛头人角色（牛头人角色很容易被冠上非常恶劣的外号），而当时正赶上英国口蹄疫泛滥。2001年，口蹄疫在英国肆虐，当地的畜牧业刚刚损失了数百万头的牛、猪和羊。马克·科恩在展会上意识到这个开玩笑的外号可能会冒犯到英国主办方，于是他迅速给这个角色改了名字，免得媒体借此开炮。

马克给ECTS的团队发了一封邮件，并附上项目的全球公告：

我在阳光不太明媚的英国向大家问好！此刻我正坐在一台公用电脑前，等待着第二天的展会开始。

ECTS进展得非常顺利！虽然消息泄露差点把我们吓出心脏病。约翰·卡什、克里斯·梅森、珊迪和我当时正坐在酒吧里，一边喝着英国啤酒，一边憧憬着第一天的展会多么精彩。半夜时分我们跌跌撞撞冲回酒店，坐在这台公用电脑前，浏览着论坛里关于第三张"暴雪网络预告"图片的帖子。我们惊讶的是论坛居然没下文了！又看了其他几个网站，我们知道暴雪的"秘密"项目就这样被一封出错的电子邮件给泄露了，顿时酒醒了过来！就像克里斯说的那样，"我们就像被人踢了一脚的小狗"。

读了半天关于泄露的负面帖子，克里斯实在看不下去了，凌晨1点就收拾完毕上床睡觉，而约翰和我则熬夜控制损失，打给谢恩·达比里问清楚发生了什么事，又和丽萨和梅丽莎通了电话，把事情理顺。

也就是在这个时候，我们才发现手里的构建版本一整天都是有问题的，柯克·马奥尼（Kirk Mahoney）为了从暴雪总部下载新的构建版本熬到了很晚，而且这一天还是他的生日！约翰和我走进他的房间，在他那被无视的生日蛋糕旁坐了下来，一边查看公用电脑一边祈祷糟糕的网络连接千万别断开，顺便也讨论了明天的应急计划。我们知道这次发布的构建版本没问题，可能只是配置不兼容，但为了万无一失，柯克还是下载了所有需要用到的工具以防出现任何差错。这家伙真是太厉害了。

我们只睡了三个小时，展会马上就要开场了，那一刻我们都有点后悔前一夜喝得太晚。由于睡眠不足，我们满身怨气地挤进一辆出租车，等待着到达以后被泄密事件的问题轰炸。

但根本没人问起，仿佛没人知道什么泄密事件。我怀疑要么是欧洲的网络通信不发达，要么就是参加展会的人全都不上网，不知道到底出了什么事。结果发现这件事的只有布拉德·麦奎德（Brad McQuaid）和约翰·斯梅德利（John Smedley）……他们俩找到了约翰·卡什和我，然后直接在展台旁打探，一遍又一遍地问："能给我们看看吗？""我就是个程序员，"约翰回答说，"我什么都不知道……没有任何权限。"

紧接着就到了开新闻发布会的时间，我们挤进了一间有投影屏幕和音响的小剧场。现场的气氛逐渐高涨，照相机的闪光灯亮个不停，所有人都兴奋得汗流浃背。我们紧张得要死！而屋外也聚集了一大拨人，都快把门给挤破了，到底是哪儿来的这么多人啊？门开了以后人们开始往屋里涌，我们必须对照着特别"媒体"名单一一确认来宾，但情况越来越不乐观了。因为人实在太多了！于是丽萨说别管了，我们才把所有人都放进来，自己挤在墙边的角落，就这样度过了整场发布会。

比尔·罗珀开始了预演，他先播放了预告片（光线太暗了），之后展示了幻灯片，接着又播放了实机游戏预告（光线仍然很暗），然后是大概只有三四个问题的问答环节。观众们鸦雀无声，一点儿掌声都没有，问的问题也非常不走心。根据我的经验来看……我们应该是完蛋了……

但我大错特错！发布会刚一结束，我们就被媒体围了个水泄不通，逼得我只好一路奋力拨开人群，躲避记者回到展台。大家都急着想知道更多！比尔负责留在后面声东击西，好让其他人能够顺利回到展台。而我却被一个猥琐的俄罗斯网友逼到了角落，实在没办法只好让他拍了一张照。"你是制作人对吗？拍张照吧。很好……来一张。"比尔被电视台的工作人员和记者挡住了去路，只好由其他人来做演示。我们才刚打开机器，立刻就被急着预约采访的人团团围住了。

没时间犹豫了。我们匆匆放完演示视频，但时间还是不够用，展示的内容只有我们展示给CGW的四分之一或者三分之一而已。后来我们急中生智播放了一个高度删减过的演示视频，再加上我飞快的说明语速……流程总算是顺利完成了。

不，比这还要了不起……我们不仅完成了流程……还成功震惊到了所有人！媒体一致认为我们的游戏画面令人惊叹，界面看起来也简单易用，他们觉得游戏易于上手……而且马上就想玩到！他们问了好多问题，但我们的时间有限（只有20分钟），能透露的消息也非常少。所有人都对这个游戏充满了期待！

Verant工作室的那帮家伙（也就是《无尽的任务》背后的大佬们）又堵在了外头……四处打探。"罗布在吗？"他们抱怨着，"别藏着掖着了，给我们看看吧！"比尔问我们怎么办。我在"没门儿，屁都别给他们看"和"这只是个演示视频，而且我们和他们没那么熟"两个答案之间踌躇，最后我告诉比尔，游戏是不能给他们看的，但我们同意给他们一两张媒体光盘，反正他们最后也总会想办法搞到手。给他们看构建版本可不是什么好事……毕竟他们都是游戏行业的老手了，我怕他们一眼就能看穿我们当前的完成度及之后的发展方向。比尔倒是干得十分漂亮，成功劝他们"滚开"还没伤了感情。

这一天总算是结束了……但是展览不过才刚刚开始而已！我们简直累坏了，但梅丽莎为我们在伦敦塔桥对面的意大利餐厅（就在我们的酒店旁边）安排了一顿丰盛的晚餐。我们享用美餐，欢声笑语地讨论着媒体的反响（CGW用了整整十页来报道我们！）。而且，我们总算是给柯克办了一场像样的生日派对，梅丽莎为此专门订购了巧克力蛋糕作为惊喜。

离开餐厅时，外面下起了瓢泼大雨，我们一路跑回酒店，浑身湿透，而且筋疲力尽。不过一切都是值得的……

马克

团队从论坛上汇集整理帖子互相传阅，评估了这次发布会引起的反响。大部分粉丝乐于再来一款奇幻题材的MMO。由于暴雪的下一部作品是《魔兽争霸3》，《星际争霸》的粉丝们对于发布会没有《星际争霸2》感到很失望，但粉丝们不知道的是，我们已经和Nihilistic Software签订了开发《星际争霸：幽灵》的合同，这是一款基于《星际争霸》宇宙开发的第一人称射击游戏。对于《魔兽世界》，大家对两个方面比较担心：付费模式和发售日期。战网用户们已经习惯了买断制游戏，有些用户表达了对按月付费的担忧。《无尽的任务》论坛倒是从未对付费有过意见，因为这些玩家已经习惯了通过订阅获得服务，而且玩家每周游戏时间长达25小时，算下来每小时收费其实都不到10美分。出乎意料的是，《无尽的任务》论坛对我们的游戏印象非常不错，不仅没有因为暴雪侵犯了《无尽的任务》的领域感到气愤，而且和暴雪自己的论坛比起来，其MMO社区反而更加热情且更少质疑。

我们讨论过有多少人愿意花钱买我们的游戏。一部分人希望用户数量能够达到100万，这可是《无尽的任务》的用户数量的四倍。马克则笑着指出，我们根本没法对这么多人提供支持，因为根本就买不到这么多服务器。

论坛上出现了关于销量和订阅费用的超前讨论。人们对测试版和发布日期议论纷纷。制作人坚称，《魔兽世界》必须在明年的ECTS前准备好Beta测试，并在2002年圣诞节发售。但经过面对面的交流后，大家都认为恐怕这事儿得等到2003年的圣诞节才能成（剧透警告：其实一直到2004年圣诞节才做到）。几乎每个人内心都有些隐隐的不安，因为要达成预期目标的压力又增加了。我们整个下午都在网上搜集肯定的意见，并给朋友们发邮件保证他们可以第一批参加测试。开发布会最好的就是这一点——总算可以公开讨论我们的项目了。

在看过《魔兽世界》的演示和截图后，几乎很少再有玩家会对暴雪的承诺质疑。在最令人期待的MMO投票中，我们的游戏得票和《星球大战：银河》（SWG）不相上下。有传言说SWG的开发进度比我们落后，这一点让我们挺开心的，因为我们一直把他们当作我们的主要竞争对手。他们落后得越多，我们就有越多的时间来打磨我们的游戏。而我们在对SWG的游戏内画面的影片进行深度剖析后，也证实了他们的开发进度确实落后了。影片里画面的帧率非常低，场景演示也只有空旷的沙漠和极地苔原这种单调的环境，这说明Sony Online还没做好多少美术素材。不过即使状况看起来不怎么样，星战系列的影响力永远都不能低估。

再说，能够和其他游戏产品竞争也是件好事。暴雪的老员工们回忆起当初和Westwood的竞争，《魔兽争霸》系列和《命令与征服》及《沙丘》这样的即时战略游戏同台竞技。我们可以肯定Westwood的开发人员很讨厌我们（至少有些人是这样），因为这个品类是他们发明的，而我们却靠着将它精雕细琢而取得成功。

业内同行普遍认为《魔兽世界》简单易上手的界面意味着这款游戏是一款毫无难度的低龄化游戏。讽刺的是，这种想法可能会让某些竞争对手把目标受众锁定在小部分核心玩家的身上，把游戏做得艰深复杂，从而放弃了潜在的广大休闲玩家市场。包括我们自己的团队在内，根本没人想过我们的首席设计师会搞出高难度团队副本这种东西，直到多年后奥妮克希亚和熔火之心公开测试。

艾伦·阿德汗一直认为，只有门外汉才觉得不搞原创就不行。他们总是想用新奇玩意儿吸引媒体的注意，却从未扪心自问过是否用另一种方式反而会更好。多年以来，暴雪从未正面回应过那些指责他们缺乏原创的声音。暴雪把游戏当作事业，认真对待，而不是把它当作一种标新立异的机会。你可能以为多数公司都是这种态度，但总有很多工作室为了吸引眼球而哗众取宠，最后自食其果。

当其他公司都在追求高面数模型，以此博得杂志封面时，我们却选择了相反的方向，制作不需要高硬件配置的游戏。这样的策略才是更有商业头脑的，毕竟大多数人的电脑配置都是普通水平。

这种经济适用的功能开发成了另一种成功的理念。我们不会为了在游戏包装盒上多写几个唬人的特性，就盲目在游戏中加入各种花哨的东西。我们只会使用复用性强大的功能。

说到花里胡哨的东西，我可以举个例子。我有过一些创意，或者说有很多的创意，我会写成邮件发给游戏设计师埃里克·多茨过目。其中有个类似于PvP悬赏系统的想法，类似于学生们课间会玩的一种游戏，大家各自抽取自己的目标，然后用飞镖枪互相攻击。我觉得MMO里加入这个玩法一定会很有趣。埃里克则指出想要实现这个功能，需要开发一项可以长期追踪玩家的新技术，而玩家有可能通过下线或藏在地下城里的方式骗过系统，也可能更倾向于待在非战斗区域内，或者窝在守卫和公会成员的重重保护之中。而且，这样也和PvP服务器的功能重合了，这个服务器本来就能记录角色的PvP击杀数。此外，在电子游戏里到处找人也很无聊。

我的另一个创意是神器，这种独特的道具能给游戏世界增添一抹亮色。神器这个概念听起来还是挺厉害的，但对于MMO来说并不是个好主意。在桌面角色扮演游戏（例如《龙与地下城》）中，这样的独特道具功能强大，是因为每场跑团的世界都是独立存在的。但如果一个服务器中99%的人都得不到这件道具，又何必这么麻烦呢？实在不值得为了所谓的传说、热点或者酷炫的概念牺牲掉游戏本身的可玩性。我提出的神器和PvP悬赏的概念都是很业余又没用的想法，但其他公司追求的"独特系统"大多是这种级别的玩意儿。

《魔兽世界》仅有的两项独特功能是钓鱼机制（浮漂点击）和天赋系统的用户界面。即便如此，钓鱼的成果还是和成就、烹饪和食物增益挂钩的。玩家们主要关心的还是天赋，在这个系统上投入开发还是值得的。

暴雪的开发人员并非仅凭《星球大战：银河》的截图就对其妄加评判，我们是对游戏的理念有所质疑。绝地武士这种人，正如我想象中的"神器"那样，在设定上是非常稀有的。而SWG开发商访谈的重点没有放在战斗上，而是集中在玩家社交系统的设计上，这种理念对于战火纷飞的《星球大战》宇宙来说，似乎没有抓住重点。SWG似乎更关心玩家激励和社区系统的设计，我们则相反——并没有设定抽象的奖励机制来鼓励玩家不要骚扰别人，而是直接在系统上阻止了这些恶意行为的发生可能。既然已经对恶意骚扰和争执行为重拳出击，其他的社交行为我们就不妨放任一点。战斗部分已经很难设计了，社交方面就交给玩家自己来吧。

直到技术方面完全搞定之前，我们的战斗系统设计都只是一种抽象的设想，系统跑起来的效果只能参考其他游戏来想象。我们的大部分设计都是在项目的最后阶段才敲定的，因为进行有效测试需要大量的工程设计。使用自家引擎制作游戏往往会这样，埃里克·多茨解释说，在游戏玩法确定下来之前，最好不要把文档写得太过详细。设计师们根据设想所写下的文档必然会在实践中被否定。无论计划制定得多么精心，如果遇到游戏引擎或工具出现无法预料的限制，或者受到生产成本的影响，都可能全盘告吹。他整理了各种设想和功能，排好优先顺序，但在能够亲自上手游戏之前，他不会对任何事情持笃定的态度。我们的第一个游戏影片放出那会儿，没有人看出片子里的角色只是穿着护甲拿着武器到处跑而已，当时我们对战斗系统的细节还毫无头绪。毕竟当时大家还以为《魔兽世界》的玩法会更像《暗黑破坏神》，而不是《无尽的任务》。

我们偶尔会在评估了某个东西给人的感觉后，重新对内容进行修改。在 ECTS 进行过演示后，制作人和游戏设计师重新评估了艾泽拉斯的大小。他们觉得只需要十分钟就能横穿整个大陆，这个用时太短了。

设计师、制作人和室内关卡设计师聚在一起讨论有什么办法，最后决定从正中间将整块大陆一分为二，并将宽度再增加一倍。大部分区域因此变得更大，而像荆棘谷这样有很多高度差的区域则被摊了开来，变得巨大无比。斯科特·哈廷和大卫·雷在 Wowedit 中加入了新功能，用来复制和粘贴地形、生物、纹理和小道具的世界模块，编写这些代码并调试就用了好几周的时间。

室外设计师们对于重新制作整个大陆非常不满。他们已经看烦了艾泽拉斯的大陆，只想开发新的区域。每当他们不得不做出改动时，我们的制作人卡洛斯·格雷罗就会开玩笑说他们就像"爱抱怨的小贱人"。暴雪的开发理念是迭代式的，每个人都需要一遍遍修改自己的作品，直到没有需要改进的余地为止。于是其他开发人员在之前成果的基础上改进了代码和美术素材，连制作人也修改了日程安排。而这次重做让室外关卡设计师尤其感到痛苦，是因为他们的成果还没有被其他成员看到就要废弃——而无论质量好坏，其他人精心打磨过的工作成果都得以保留。也许卡洛斯的这个玩笑确实有点不合时宜吧，但把他们称作爱抱怨的小贱人还是挺好笑的。

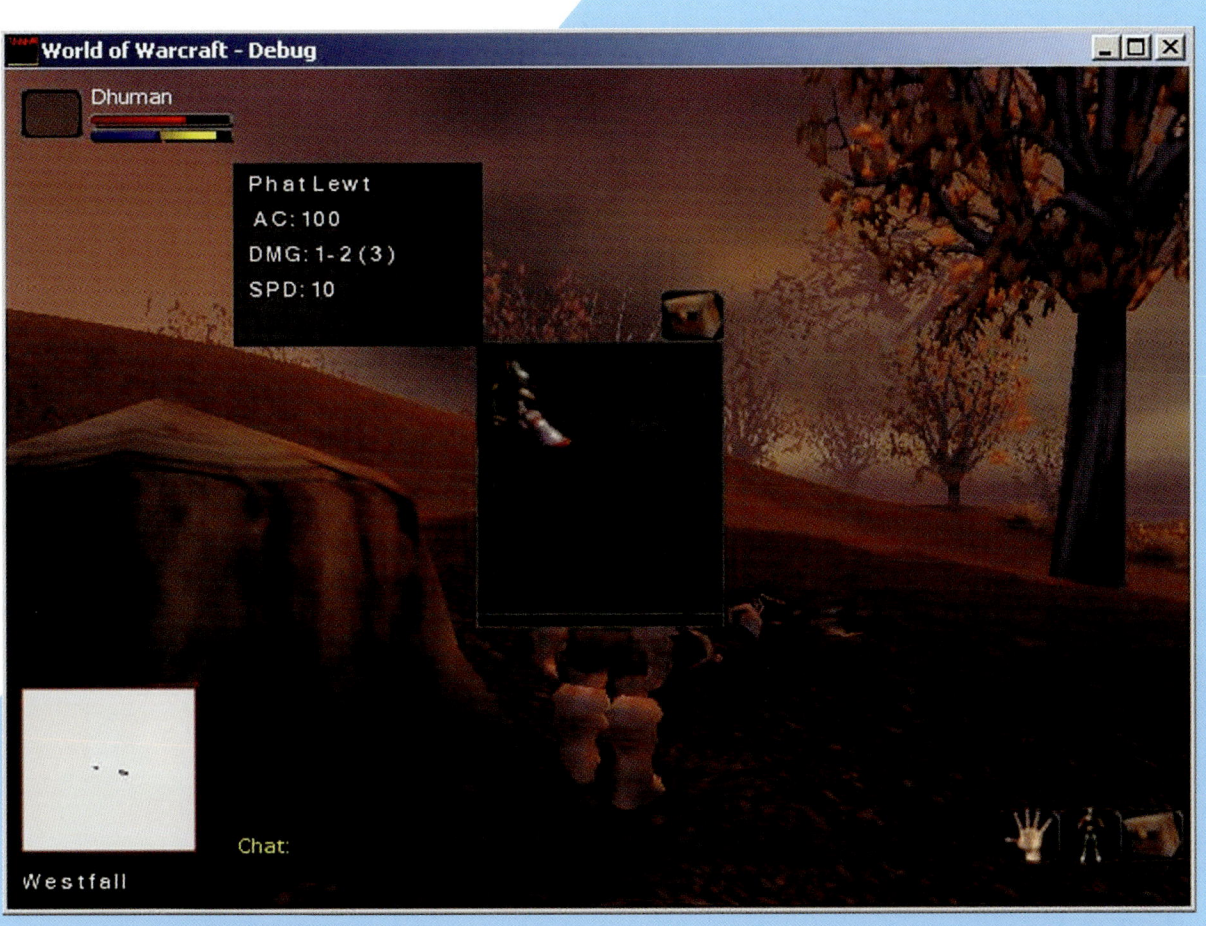

2001年5月,"Phat lewt"。作为团队的服务器程序员,乔·拉姆齐很高兴能在各种方面做出敢为人先的探索。其中一项体验就是第一个使用正式版代码从尸体上拾取战利品。(图片由暴雪娱乐公司提供。)

约翰·斯塔茨

9月 | 2001年
迟来的地下城开发

随着开发二组的任务完成，暴雪在其他项目上也取得了进展。《魔兽争霸3》开发势头大好，《魔兽世界》每周进行两次测试让开发一组对多人游戏体验有了全新的认知。目前为止，《魔兽争霸》的游戏玩法还没有将重点放在英雄单位上；因此玩家们认为多人游戏还是和《星际争霸》一样，重点在于疯狂造兵，以兵力数量的优势压制对手。主流意见倾向于对单位数量进行限制，将重点放在军队组成和战斗管理上。像这样的设计改进一般都是在开发的最后阶段进行的，所以设计师们必须足够精明，以保持开放的心态。

又有三个人加入《魔兽世界》。山姆·兰迪加（Sam Lantinga）以游戏程序员的身份加入我们的行列，帮助我们丰富各种功能。约翰·米克罗斯（John Mikros）也前来助阵，负责处理Macintosh版的代码。六个月前他加入了开发一组，负责那边游戏的Mac版的移植工作。最近我们还请来了希望是最后一位室内关卡设计师的亚伦·凯勒。团队整理出两间会议室，以便五位室内和五位室外关卡设计师能够坐在一起。队伍太过庞大，人员来往也很频繁，无法再让大家随意待在走廊上，所以所有开发人员都挤进办公室里。这是自两年前《魔兽世界》项目开始时，我们第一次清空了除三张制作人办公桌以外的走廊区域。团队共有42个人，这还没算上负责音乐和音效的成员，因为他们的录音室在大楼里的其他地方。

开发二组的一部分人优化了《魔兽世界》和《魔兽争霸3》的代码，以提高游戏帧率。使用3D模型来构建用户界面远比我们

预料的更吃性能，《魔兽世界》的界面会"吃掉"30帧（大概是预料的十倍），而《魔兽争霸3》的UI（用户界面）响应也没快到哪里去。山姆·兰迪加作为程序员的首要责任就是重建支持用户界面的代码。其他程序员进行了优化改动，包括提高引擎向显卡发送顶点的效率，这使室外地形的渲染速度提高了50%。另一项优化包括采用细节层次系统，把剪裁平面向后推动，让玩家可以看见更远的场景，而这对画面帧率造成的影响几乎可以忽略不计。还有一项优化是针对使用大量相同物件的区域的。约翰·卡什和杰夫·周为两款游戏制作了辅助音效，而且优化了编辑器，怪物终于也可以施法了。食尸鬼当然是第一个学会施法的怪物，它们好像很喜欢对经过身边的人施放"暴风雪"的咒语。

动画师的进度比团队其他成员都要快，已经制作完成了半数的可玩角色。在设计和技术团队解决游泳、骑马和攀爬这些系统的技术之前，动画师没法为这些东西制作动画，所以他们趁此"间隙"制作怪物。一名动画师可以在一周内完成一个怪物的动画制作，再加上怪物们的体形不尽相同，所以不像制作玩家角色那么重复。还剩大概五个月的时间可以制作怪物动画，动画部门期待可以做出些不一样的东西。

被遗忘者和暗夜精灵的情报要等到游戏临近发售之际公布，因为在这期间其中之一可能还会做出改动。我们讨论过被遗忘者的"骨感"外观应该做到哪种程度。我们希望亡灵可以和其他种族一样得到公平对待。这次的讨论也促使克里斯指出了我们对于《魔兽世界》的亡灵种族的一些误解。他告诉我们不要把亡灵种族的玩家称作"天灾"，天灾和被遗忘者是不能混为一谈的。没有自主意识的天灾受巫妖王控制，而被遗忘者则是后来才被迷惑的人类。但团

2001年9月，第一张带贴图的3D Studio Max地下城截图。达纳·杨的角色站在矿洞中，测试体积碰撞对游戏帧率的影响，结果还不错。优化前的用户界面会吃掉30帧，而矿洞的几何图形只会消耗5帧！（图片由暴雪娱乐公司提供。）

队还没有玩过《魔兽争霸3》的单人战役，并不能分清楚被遗忘者和天灾，所以我们还是把两种称呼随意混用。

地下城部门取得了重大的进展。改用3D Studio Max真是一个明智的决定，室内关卡设计师们用起这个工具来越来越熟练。因为美工们也用3D Studio Max制作各种物件、玩家和怪物，因此程序员们（他们已经上手了3D Studio Max）也可以更容易地将地下城的几何图形整合到游戏中。蒂姆·特鲁斯代尔完成了光照贴图的代码（添加了阴影），斯科特·哈廷则将地下城几何图形集成到游戏引擎和Wowedit里。等到他的部分完成，我们就可以在游戏中对建筑物进行测试了。Wowedit实现了让我们在地面上打洞的功能，从而可以将地下洞穴和地下城塞进去。斯科特在Wowedit中完成了对地下城的基本支持后，大卫·雷接过任务，帮助室外关卡设计师简化在世界中布置地下城的流程。能够在游戏中实际看到关卡内景，让关卡设计师们的士气为之一振，这下他们的成果就和团队其他成员的工作统一了。在此之前，大家只能闷头制作地下城，无法切身体会到自己的努力对项目发展有什么贡献。地下城的另一项改进是实现了流式传输，也就是说内容可以分段发送给引擎，而不用一次性加载所有的内容。内景采用流式载入，使得整个游戏都可以即时加载，这是一个重要的里程碑，这样就减少了我们对建筑物需要加载界面的担忧。

由于ECTS展示内容不包含地下城部分，所以我们计划在下一届E3上公布地下城的情报。但愿在此之前我可以忍住分享截图的冲动。科林·穆雷还没有完成室内空间的体积碰撞，所以我们在室内移动时需要避开墙壁，因为碰到就会导致游戏崩溃。创建几何体的工作从Radiant迁移到3D Studio Max，这让碰撞检测变得更难了。我们不知道多人模式下引擎能检测多少平面，也不知道这样会对整体性能产生何种影响。渲染还不是唯一影响帧率的地方，有时候幕后的计算（比如碰撞检测）也会拖慢刷新速度。在对室内场景进行过碰撞测试后，我们可以确定三人小队加上12只怪物的帧率大约为每秒20-50帧。这个结果很不错，对于一款大型多人游戏来说，只要超过30帧就很好了。这个测试也让我们确信，我们的几何图形并不会让处理器难以渲染。

通过测试还发现了一个令人吃惊的现象，那就是玩家模型耗费的帧率过多，每个玩家几乎需要耗费1帧。听着好像不多，但在城市中或40人规模的团队副本中，性能消耗就会剧增。为了弥补这一缺陷，程序员们对动画进行了优化，这样就不用移除角色的独立指骨了，否则就得重新制作海量的玩家动画。

10月 | 2001年

汲取经验教训

为了避免团队陷入自满、停滞不前的风险，我们每个月都会召开一次会议，以确保大家步调一致。我们互相展示进展，交换新想法。一次会议上，加里·普拉特纳（Gary Planter）表示他希望可以在年底前完成游戏世界内的地面纹理。外景关卡设计师终于做到了卡利姆多，这意味着他们的进度比团队里的其他人要快得多，有更多的时间帮助打磨项目的其他方面。动画师将在数月内完成怪物的制作，所以设计师可以在游戏中额外增加三个可玩种族，即巨魔、侏儒和地精，这三个种族已经有NPC（非玩家角色）了。

会议中，艾伦·阿德汗对于正邪种族是否能一起玩做出了决定。他认为"区分敌我"这一概念能够增强社区感和友谊，禁止兽人和人类在游戏中组队或交流能使各个种族更具个性。

艾伦玩过《卡米洛黑暗时代》，深受这个游戏的PvP系统影响，这个游戏只能在特定区域内进行"ganking"（攻击没有还手能力的玩家）。他认为《卡米洛黑暗时代》采用的方法非常优雅，希望我们也可以把游戏里的阵营冲突限定在特定的区域内，使"ganking"建立在双方自愿的前提上，并且禁止在新手区域进行。将玩家们分成两组阵营，也减轻了我们对社区过于庞大会使玩家缺乏认同感的担忧。玩家们看到熟悉的名字，会增强他们的友好度，这一点也是艾伦在玩《Anarchy Online》和《卡米洛黑暗时代》时意识到的。

看一眼玩家轮廓就能分辨敌我是挺好玩的，而敌我玩家自发的冲突也为游戏世界增添了一些变数。会议中艾伦还讨论了五大魔法流派和魔法抗性应用在道具上的方式。持续运营类游戏最大的毛病之一就是战力膨胀，也就是说物品属性的升级会使强者的能力过于强大。魔法流派可以提供"副属性",既能让玩家获得团队副本的进度奖励,也不会让装备数值膨胀得过于厉害。

《魔兽世界》开发进度缓慢有两个原因。第一,我们忙着帮助开发一组打磨《魔兽争霸3》。美术师和设计师一周要进行两次游戏测试,同时开发二组的程序员得全天候提供工程支持,优化两个项目的UI表现。我们每周会和开发一组的设计师开会讨论《魔兽争霸3》的游戏性问题,比如玩家是否会喜欢地图野怪,或者用来限制军队规模的维护费用,还会讨论哪些单位太强或太弱。

开发速度缓慢的第二个原因,则是维旺迪游戏当时刚刚发售的《卡米洛黑暗时代》。和《Anarchy Online》不同,我们玩这款游戏的时间都超过了一个月,不仅仅是出于学习研究的目的,游戏确实太好玩了。我们的设计师几乎玩遍了市面上所有的MMO,因为即使是差劲的游戏中也会存在有趣的创意。团队里

2001年10月,地下城计划。德里克·西蒙斯对描绘了整个游戏地图的内部网页进行了维护。游戏世界在持续不断地变化着:地下城出现又消失、区域的大小和形状都会产生变化。内网地图总是不够准确,但拿地图册作为参考可以让我们对游戏世界的设计有更深刻的理解,哪怕这份地图已经过时很久了。(图片由暴雪娱乐公司提供。)

的设计师和MMO迷们讨论了《卡米洛黑暗时代》中他们喜欢和讨厌的地方，我们经常分析游戏机制，讨论我们喜欢或讨厌某些功能的原因。如果游戏里有哪一点行不通，我们就会讨论对其进行改进的方法。

设计师和制作人及程序员开了一整天的会，集中讨论一项重要任务：设计任务创建工具。尽管回忆让人倍感疲惫，但要编写这么一套重要系统，开一场长达六小时的艰难会议是必不可少的。如果不能对任务创建工具的工作方式有准确的预期，就会拖慢任务进度（同时也会浪费宝贵的工具开发时间）。这项工作之所以困难，是因为游戏中每个小任务都包含数百个变量，如果这些组件在界面中的组织没有得到最佳优化，就会导致任务制作者面临大量的重复性工作。因此关于这款工具的讨论必须一丝不苟，只有经过严格的审查才可以做决定。

游戏设计师放弃了"泛用地下城"这个方案，即创建一系列3D地下城的基本单元块，用于拼凑组合，制作随机地下城。我们的游戏重视社交，地下城数量太多的话可能会分化玩家群体，因此我们达成了一致，地下城的总数应当控制在30个。克里斯·梅森和德里克·西蒙斯解释说，每个地下城都应该有自己的特色，例如，天灾（当时我们还是把这个玩家种族称为天灾，而不是被遗忘者）新手地下城影牙城堡就是典型的闹鬼城堡，而牛头人新手地下城则是狂野西部风格。不过，由于贫瘠之地上的内容已经很多，这个牛头人地下城最终还是被取消了。

程序员解决了把地下城放进世界中的问题后，我们又发现制作流程中的另一个障碍：在地下城中放置物件存在困难。这一点是达纳·杨试着把矿洞放置在艾尔文森林时最先发现的，所以很多新流程都让他先去探路，而其中最糟糕的一关就是放置小道具了。

达纳讲述了用Wowedit在室内放置物体有多么困难，而制作人回绝了他的意见，因为这意味着又得制作重要工具。Wowedit并不适合用于在地下城内放置小道具，因为它无法分辨地面、墙壁和天花板。

道具放置工具原本用于室外地形，在室内使用就会将物体错误地放置在地下城的天花板上。更严重的是，由于Wowedit没有分组选择的功能，如果要移动地下城，就得花上好几个小时，甚至几天时间逐个对小道具进行调整。这一点尤其糟糕，因为有些房间里有上百个单独放置的物体，比如石头或骨头，而整个地下城里可能存在好几千个小道具，比如骨头、椅子、灯或者蜘蛛网。

大卫·雷解释说，给地下城开发一个放置物件的工具是很艰难的，因为Wowedit根本没法像3D Studio Max那样移动物体。制作人也没法再给大卫多安排一个开发工具的任务，战斗测试那边还在等他完成法术编辑器呢，光是这个任务就得花好几个月，所以他们恳求心不甘情不愿的地下城小组，尽量适应现有的工具（剧透：我们没有妥协）。

这个解决方案惹得室内关卡部门很不开心，工具程序员没有落到好，制作人也觉得挺对不住大家。几天后，熟悉3D Studio Max的程序员科林·穆雷和蒂姆·特鲁斯代尔与达纳合力制作了一个插件，这个插件让室内设计师可以直接在3D Studio Max地下城文件中导入和放置物件，算是结束了这场制作危机。

跨部门协助

团队艺术总监比尔·佩特拉斯时不时会为暴雪的小说、广告或商品绘制带有标志性场景的封面。他为《魔兽争霸3》绘制的封面非常好看，但感觉有点老气，和前几代《魔兽争霸》的包装太像了。他觉得高分辨率的渲染图会让人耳目一新，但除了过场动画部门没有人能够胜任这项工作。最后是我们自己的美术师贾斯汀·萨维拉特出手相助。和暴雪的众多美术师一样，他更习惯手绘风的艺术风格，所以高分辨率渲染图对他来说也是全新的挑战。开发一组把贾斯汀从二组拉了过去，为《魔兽争霸3》制作了四套封面，以及第五套——资料片《冰封王座》。

尽管没料到贾斯汀会缺席一年之久，但三名新成员壮大了我们的队伍。我们的第五位也是最后一位动画师亚当·伯恩（Adam Byrne）于11月开始工作。暴雪还从质量保证部门提拔了两位"纹理焊接工"，来协助把纹理应用到地下城几何体的繁琐工作。马特·摩卡斯基是唯一一位同时辅助五位室内关卡设计师的纹理美术师，这让他的工作量大增。杰明·舒勒（Jamin Shoulet）和罗杰·艾伯哈特（Roger Eberhart）则加入地下城团队。罗杰在质量保证部门工作时就已经荣获过五年之剑（公司颁发给老员工的奖项），能加入开发部门，他非常高兴。在公司的年度颁奖仪式上，他与贾斯汀·萨维拉特及丹·摩尔（Dan Moore）等其他开发二组的获奖者一起获得了表彰。

到了11月，开发二组又多了很多成员，其中包括罗曼·肯尼（Roman Kenney），他是来自开发一组的资深成员，负责协助制作《魔兽世界》角色和世界相关的美术素材。他为已完成怪物重新绘制了变种纹理，使它们有了不同的颜色和皮肤外观。罗曼的工作经验长达十年，几乎参与了公司的所有项目，哪里需要他就去哪里。作为《无尽的任务》的超级粉丝，他非常渴望参与《魔兽世界》的工作。他会通宵坐在桌前蹲守稀有怪物刷新点，戴上耳机睡觉，直到被怪物攻击的声音给吵醒。《无尽的任务》的故事里我最喜欢的一个就是罗曼睡着以后，他的角色在地图上到处乱跑，吸引了周边怪物的仇恨，引得它们追着角色到处跑，而他本人却在打瞌睡。

彼得·安德伍德（Pete Underwood）也是一名工龄五年的老员工，曾负责过游戏说明书的制作。现在他加入我们的团队，负责帮助我们清理美术素材。这些技术工作交给专人负责，使得美术师们大大松了口气；有校对人员来检查大家的工作也让制作人得以安心。这些工作包括添加碰撞几何、焊接顶点、设置标准化和纹理优化。彼得还负责裁剪纹理，以满足玩家捏人的需求。鲜少露面的音乐家杰森·海耶斯时不时出现，解答美术师们关于区域音乐的疑问。

到11月为止，团队人数已经达到48人。在我加入这个项目的第一年，继我之后，我们又雇用了28人，团队规模超出了预计的20%。

美术和区域

两块大陆上的区域是按照等级、色调、背景设定和连接性来布局的。游戏设计师一边预估玩家需要多少内容,一边决定区域的数量。直到开发的最后阶段,设计师们才会确定玩家预计多久能满级,并开始攻略满级内容。也是到了这个阶段,我们才开始给一些区域取名字,这或多或少给团队造成了一些迷惑,因为大家已经习惯了"亡灵新手区"这样的常用名,或者用"小型要塞地下城"来称呼通灵学院。克里斯·梅森和美术人员也不是很清楚每张地图的等级范围,因为这些直到游戏开发的最后一年才最终敲定。

情况如此飘忽不定,连黑暗之门这样重大的剧情建筑也无法确定到底在哪里安家。克里斯决定把它移出生命之树区域(团队里没人管它叫泰达希尔),让"世界树"成为一个单独的区域。他打算把黑暗之门转移到艾萨拉,毕竟设计师已经决定把这里做成高级区域,而且把门沉到水底的设定很独特。而最终,克里斯把门放在了诅咒之地,因为这片区域内没有什么值得探索的地方。

许多区域的创意并非来自克里斯。研究区域色彩的间隙,艺术总监比尔·佩特拉斯大部分时间都会和美术团队的成员交流。他的办公室就在我隔壁,有时他会开玩笑说一整天屁股都没碰过椅子,到晚饭那会儿才有空看看邮件。比尔的日常工作就是在大家的办公桌之间乱转。为了美术团队能够保持步调一致,他会让大家展示当前的项目,确认进展是否顺利。他也会询问制作过程中是否碰到瓶颈,是否需要什么工具。随着团队日益壮大,哪怕每天工作时间很长,比尔也不可能照顾到每一个人,所以他每隔两三天就和美术师们聊一聊。这样可以让他第一时间了解制作和美术方面的问题。如果美术师抱怨有些事情耗时太长,他们会跟他说清楚原因。比尔不仅要知道有瓶颈出现，还得了解出现的原因，搞清楚这会对整个工作流程产生多大的影响。他很清楚动画部门和地下城部门遇到的难题有什么区别，并且能够优先解决急迫的问题。如果某个概念美术师提前完成了任务，他会把这个人重新分配到更重要的岗位上。他知晓每个人的长处和短处，因此在他手下，大家都觉得自己举足轻重。

在四处巡视的过程中，他会偶尔询问大家对原创区域——《魔兽争霸》的主线剧情之前尚未提及的区域——有什么想法："还有什么不错的区域创意吗？咱们还能做些什么？"这种场合我往往早就准备好了点子，有个潮池区域就是我提出的。看到我这么快就"想出"一个点子，比尔非常惊讶。

"嗯，这主意不错！我们还没做过这个。"比尔跑到电脑前查看潮池相关的参考图片，艾萨拉区域就是这么诞生的。几个月后，室外关卡设计师阿伦·拉皮迪斯（Alen Lapidis）就把这个区域建好了。

我在游戏中被采纳的另一个建议是"诅咒之地"。我的家人曾经去过加拿大的大萨德伯里，那是一座矿业小镇，很久以前遭受的一次流星撞击让那里的土地富含镍元素。萨德伯里本就荒凉的地貌也因为酸雨显得更加暗淡。小时候的我还以为那些变黑的石头是陨石造成的。于是我把"被陨石烧焦的荒野"这个点子告诉了比尔。

他并不是很喜欢这个一片漆黑的地方，他想让《魔兽世界》保持鲜艳多彩的基调，但黑漆漆的萨德伯里和黑暗之门的气氛非常吻合。在项目的最后阶段，美术师马特·米利齐亚（Matt Milizia）想出了一种让场景电闪雷鸣的方法，这片区域由此变得更加阴森可怖。

如果大家都喜欢某个新区域的创意，比尔就会指定美术师为这里的美术素材（例如建筑、树木和岩石）绘制概念草稿。加里·普拉特纳绘制了地面纹理，力求还原比尔笔下色彩研究的感觉。他在游戏中创建了一个演示区域，方便室外关卡设计师在建造这片区域时用作参考。他还制作了一些小道具，但布置场景时通常还是用布莱恩·许（Brian Hsu）和贾斯汀·萨维拉特制作的树木来起手。丹·摩尔也额外制作了一些小物件（作为团队的早期成员，他创作的美术素材比其他人都多）。直到加里和比尔对演示区域满意之后，室外关卡设计师才会正式开始这个区域的制作。

即使缺少可用的美术素材，也不妨碍室外设计师们展开设计。他们会在地面上标记"玩家中心"等字样，并用临时占位的建筑来丈量距离，以便确定基本的高度和整体比例。利用这种原型设计法，他们发现了大量意想不到的问题（有的地方堵塞，有的地方又太空旷）。关卡设计师和美术团队的其他成员的区别就在于他们对于游戏玩法更为了解，并且会从跑动距离、连通性和道路配置等方面进行塑造。美术和关卡设计师完成一个区域的设计后，世界设计师会用刷怪点为这个区域填充生物，游戏设计师制作战利品列表，最后再由任务设计师为这个区域编写任务脚本。

左页图片：比尔·佩特拉斯绘制的诅咒之地色彩研究；右页图片：黑暗之门的最终放置点，加里·普拉特纳绘制纹理。此区域由马克·唐尼和马特·桑德斯进行设计。（图片由暴雪娱乐公司提供。）

约翰·斯塔茨

　　室外场景通过这种漫长的合作生产流程制作而来。克里斯·梅森批准某个区域的设想后，比尔会开始色彩研究的工作，用草图展现出这个区域给人的总体感觉，从而让美术师和室外关卡设计师能够朝着一致的方向努力。

　　区域的设计灵感无处不在。我最喜欢泰达希尔的紫色暗夜精灵树木，贾斯汀·萨维拉特（低多边形树木制作专家）告诉我，它们的灵感来自校园大道两旁种植的蓝花楹，这条道路就在暴雪办公室旁边。西部荒野的灵感来自沙尘暴肆虐的俄克拉荷马州，而暮色森林则是受到《沉睡谷传奇》的启发。但团队不是很喜欢贫瘠之地，就连负责该区域的室外关卡设计师马特·桑德斯也不喜欢梅森把这里设计得空荡荡的。

2001年9月，比尔·佩特拉斯和加里·普拉特纳创作的色彩研究和3D草图。加里的主要任务就是将这些内容转化到3D世界之中。每个区域只能用四种纹理（再多会导致引擎速度变慢），在这种限制下，加里不仅要还原色彩研究的氛围感，还要让不同纹理和谐共融；它们需要在同样的色彩范围内展现鲜明的明暗对比，又不能太复杂。制作荒芜之地的演示版时，他使用了一种全新的条纹技术，但他不知道这样做是否会耗费太多时间，因为关卡设计师只有六周的时间来制作一个区域。（图片由暴雪娱乐公司提供。）

灼热峡谷素材，由约翰·斯塔茨制作，区域设计为马克·唐尼。有时候我们会擅自搞点不属于正式日程中的东西，称之为"私货"，而这张图里我便用自己最喜欢的"私货"模型替换掉了灼热峡谷中的建筑。这片区域起先被马克塞满了兽人瞭望塔（尽管里面活动的是黑铁矮人），用藏宝海湾素材搭建的脚手架，以及冷蓝色岩石的山洞。当时没空给这一整个区域设计专门的建筑和小道具，这些临时占位用的建筑一直保留到项目的最后阶段。但这些东西属于其他种族，而且都是易燃的木质结构，实际上压根就不该出现在这片火山区域。于是我花了几个周末的时间，利用布莱恩·莫里斯罗制作的漂亮的黑铁矮人纹理做出了一些更合适的东西放在这里，图中的便是。（图片由暴雪娱乐公司提供。）

约翰·斯塔茨

室外关卡设计师永远需要新的美术素材来充实场景。他们手头只有四种地形纹理和十几种不同的物件。小道具的数量限制了他们可以制作的东西，他们只能就手头的素材充分发挥创意。如果其他区域得到更多素材，他们甚至会有些嫉妒。要说有什么比滥用素材更糟糕，那就是缺乏素材了，所以他们经常用各种各样的东西来临时占位。临时素材越是显得格格不入，就越有可能吸引美术团队的注意，创作新的美术素材来将其替换掉。

他们工作的一环就是要记住哪些素材是临时的，而且往往要等上好几个月才能用新版本把旧的替换掉。每个人都想尽快完成工作，所以每当临时素材被替换为正式版，大家就都很开心。这种工作方式看着仿佛一团乱麻，实际上却非常有效。

通过铺设地面纹理和各类小道具、树木和建筑物，室外关卡设计师们将村庄和各种场景从想象变为实景。事实证明，将自身投入到环境之中，才能尽快构建出合理的路径和探索点，从而创造出富有沉浸感的区域。每个区域都"专属于"一名室外设计师，他们会竭尽全力地设计，直到比尔·佩特拉斯认为可以交给刷怪设计师（布置怪物的人）和任务设计师（放置NPC的人）为止。在此之前，关卡设计师们都会尽力避免插手别人的区域。

前面说过，每个区域只有四种纹理可用，而且纹理的铺设可不仅仅是路面用泥土贴图、山坡用草地贴图那么简单。设计师还需要混合纹理，制造出斑驳错综的效果。他们巧妙地在地形中设置高低起伏来对宽阔的区域进行分割。室外关卡设计师善于雕琢景观，捕捉侵蚀对地形的影响。他们会专门创造一些观景点，让玩家可以一览无余地欣赏某个地方的美景。

室外团队在新创建的区域内四处跑动，来观察评估整个区域的疏密程度，进而为游戏设计地形。他们会测量在探索点之间奔波所需的时间，和区域的整体概念进行对比，再决定这个区域的生态应该如何分布。

因为没有部门领导，室外团队的成员互相品评技术和润色彼此的作品。他们会观察彼此的任务进展，看看有没有人发现道具复用的新方法，比如把树深栽进地下，留下树冠当作灌木丛。如果迫切需要什么美术素材，就会向制作人，也就是艺术团队里负责把关的那个人提出需求，尽可能地推销自己的方案。

制作人会决定是安排制作这个新素材，还是拒绝这个想法，并说道："抱歉，你必须好好利用手头已有的素材。"——后者出现得更多。在极少数情况下，室外设计师会绕开这个流程，让美术师往游戏里塞点私货。他们很尊重美术师的意见，不会加重他们的工作负担，提出这类要求是很谨慎的。虽然制作人严格把控着日程表，但如果美术师可以随手做点新素材，或者承诺搞私货不会影响正事，制作人也会睁一只眼闭一只眼。

在室外设计师完成区域设计后，就推进到下个制作阶段，由刷怪设计师来为这个区域注入生机。

世界设计师则包揽各种零七碎八的活计，由于手头的任务不尽相同，因此很难给他们一个更加准确的头衔。乔希·库尔茨是我们的第一位世界设计师，他是从室外关卡设计团队转过来的——艾尔文森林就是他铲的第一锹土。乔希是个MMO发烧友，他和程序员们一起工作，研究旅行系统（例如船只和飞行点）、副本触发、刷怪、命名，以及撰写NPC文本。他还帮助美术团队绘制区域地图。关于游戏他无所不知，他还常常在大卫·雷进行功能原型设计或工具测试时扮演他的得力助手。

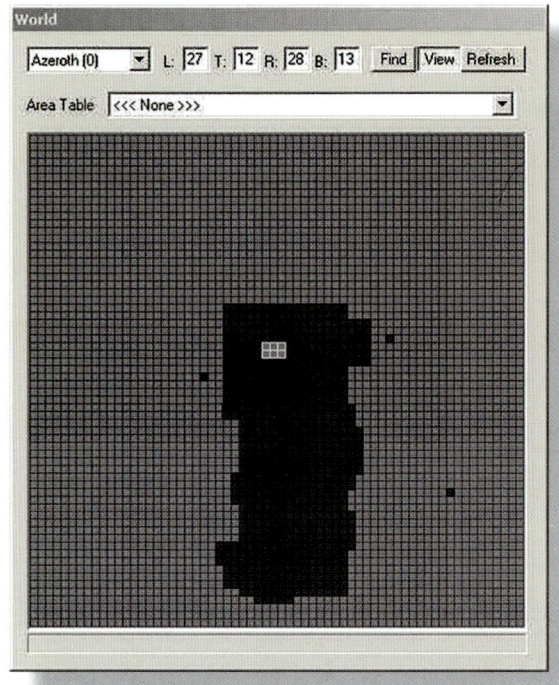

2001年9月，Wowedit 签出（check-out）窗口中的艾泽拉斯。艾泽拉斯大陆（左图）被网格划分成一系列世界区块，室外关卡设计师和刷怪设计师会签出各自的世界区块再进行工作，这样不同的开发者就不会不小心在同一块地盘上重复工作了。他们可以自由选择需要的区块并签出（如左图所示，洛丹伦区域有六个格子被选中）。

室外关卡设计师从人类新手村开始一个个区块进行制作。整块大陆的大小几经调整，每次都经历了痛苦而快速的返工。（图片由暴雪娱乐公司提供。）

2003年6月，Wowedit 签出窗口中的艾泽拉斯。大卫·雷编写了一个叫作 Mapstitcher 的程序，利用世界的阴影和地形纹理更清楚地显示地形信息，提升了签出窗口的易用性。这个功能还带来了一个意外的副产品，即渲染卫星图像，而每次渲染整块大陆都需要四五个小时。

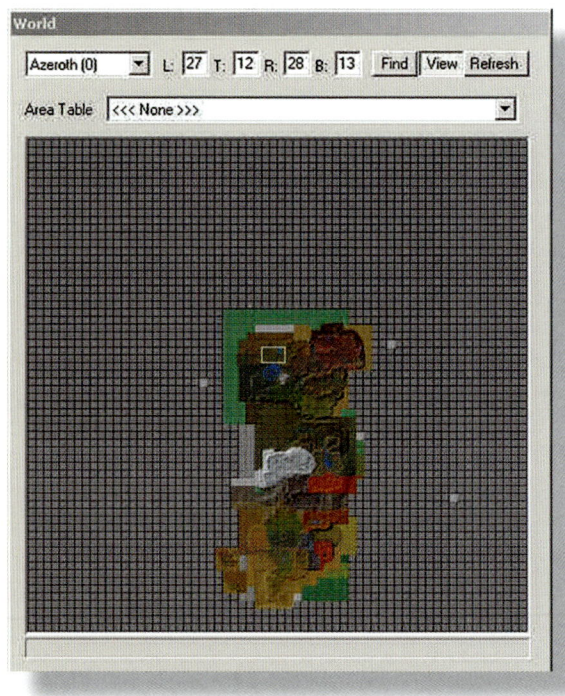

2002年9月，艾泽拉斯和洛丹伦的卫星视图。Mapstitcher提供了这片大陆唯一一张精确的可视化图像，也促使我们做出了拓宽艾泽拉斯的决定。

蒂姆·特鲁斯代尔配了一台专门用来渲染整个大陆的机器。他让Mapstitcher实现了渲染地下城几何图形的功能，以便能够显示出城市和建筑，并将此图像作为小地图的来源。

约翰·斯塔茨

11月 | 2001年

客户端—服务器架构的烦恼

动画师兼技术美术师凯尔·哈里森喜欢尝试新鲜事物。他花了几天时间研究程序化海洋纹理，尝试用插件来生成海浪波纹。他甚至找到一种用于电影制作的插件。蒂姆·特鲁斯代尔帮他把这项波浪技术集成到游戏中。团队成员聚在一起观看了实际效果，第一印象都非常不错。程序化的海水意味着设计师不用对美术师提出需求便可以自主创建或修改水体。程序化的视觉效果也给了设计师们更高级别的控制权。水体的过渡也能做到了，比如说，河流能够直接流入海洋中，或者让湖泊在对岸拥有不一样的颜色。当时我们还没有想过海洋与河水如何相融，也不知道程序化水体的性能需求是否可以接受。有些人想要程序化的3D波浪，但客户端和服务器之间的延迟会给引擎带来问题，因为动态的水面会让玩家摄像头无法判断生物应该在水面上还是水面下。波浪运行起来负荷太高，引擎不能准确地追踪玩家是在浪尖还是浪底。最终，由于太多引擎相关的问题，程序化水体没能加入到游戏里。室外关卡设计师找到了替代方法——在河流之间使用瀑布来过渡。好在瀑布的风景非常优美。

"世界服务器瘫痪了！"整个11月，室内关卡设计室常常传出这样的惨叫。我们五个人并排坐在一间改装过的会议室里工作，所以一旦地下城出了什么事，整个室内部门都一清二楚。如果服务器出现问题，我们就无法在游戏内实机预览自己的成果，而到了这个开发阶段，地下城服务器已经瘫痪了好几周，整个地下城团队可以说是在两眼一抹黑地工作。地下城服务器出问题，是因为服务器程序员乔·拉姆齐正在为服务器编写支持多重副本的架构代码。室内部门在游戏中仍然只建造了几座"建筑"而已。

达纳·杨的金矿新手地下城被命名为"死亡矿井"，是我们唯一拿得出手的成果。他在艾尔文森林也造了两座金矿。亚伦·凯勒也造了几座建筑，像旅馆和农舍之类的。我们对室内外空间之间的过渡进行了仔细研究，从而确定天花板和门框到底需要多高。

地下城团队只有一位纹理美术师，这大大拖慢了我们的进度。马特·摩卡斯基手里积压了很多没有贴图的3D模型，所以我们从开发一组招募了几位美术师来帮忙。《魔兽争霸3》的制作进度一切正常，但为建筑物制作室内纹理并非他们的专长。

由于技术上还不能实现在地面打洞，达纳的死亡矿井迟迟无法放置到世界中。达纳尝试了好几种建筑方法，想把几何体"藏起来"，从而优化帧率。从4月份开始，他和斯科特就一直在尝试用裁剪法来保证画面帧率流畅，但仍旧没有什么切实的进展。

2001年11月，蒂姆·特鲁斯代尔和凯尔·哈里森进行的程序化水体测试。蒂姆把这张图用邮件发给了整个团队，以免有人还没去他的办公室亲眼看过。有好几次他的背后至少站着十几号人，目不转睛地盯着这片海洋。因为这片海洋是程序生成的，而非手工绘画，他可以无缝即时改变水体的颜色及波浪的大小。这样我们就可以在不同区域之间改变波浪，或改变天气状况。（图片由暴雪娱乐公司提供。）

约翰·斯塔茨

关于室内场景，我们学到了一件事，那就是游戏中的镜头并没有设计师以为的那么流畅。镜头会和墙壁，还有天花板产生碰撞，当玩家的镜头滑到墙壁上的悬挂物后方时，屏幕上显示的视角就会被悬挂物的背面挡住！这样的情况在两个室内场景之一的旅店中尤为明显。我们将镜头移动得太频繁，会让玩家搞不清方向，而且我们也没法预判其他情况，因为没法在游戏里测试其他东西。也许程序员能实现其他镜头模式？或者地下城美术师必须改变搭建方法？目前我们还不知道答案。

2001年11月，设计白板上的内容。每隔几周，游戏设计师办公室里的两块白板上就会出现新内容。从左至右依次为：玩家职业、法术类型、角色属性、种族联盟、站点地图和派别说明。我每天都会跑到他们办公室抱怨梯子、怪物脚本或者地下城大小之类的设计问题。（注意图中前两个职业的名字，以及白板上还没有德鲁伊）。（约翰·斯塔茨拍摄。图片由暴雪娱乐公司提供。）

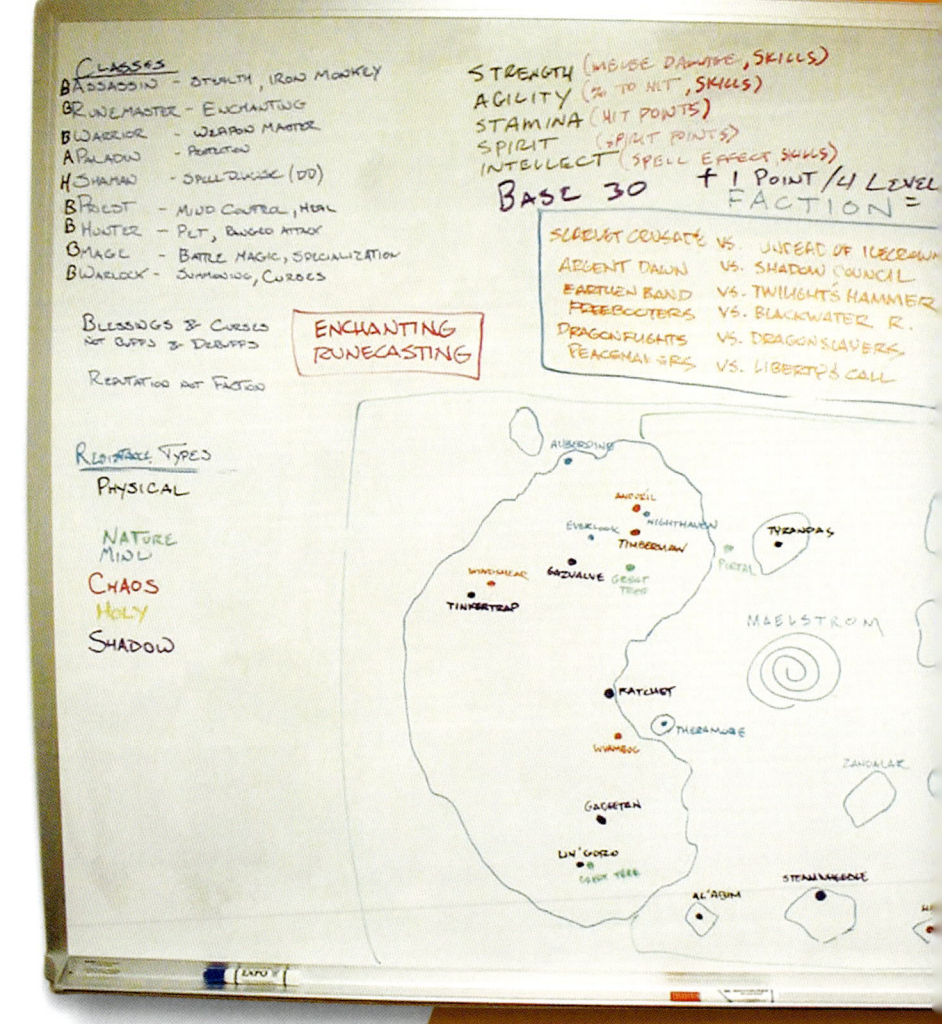

11月 | 2001年

宁静假日

团队成员来自全国各地，节假日期间都有探亲访友的行程，开发工作到了这个时候便放慢了。有假日就有假日观影活动，观看《指环王：护戒使者》成了我们的大日子。团队成员经常集体去看电影，甚至有时公司会包下整个影院，这样我们就不用在首映日浪费时间去排队了。暴雪经常买一些热门电影的票，像《X战警》《古墓丽影》《猩球崛起》《龙与地下城》《哈利·波特》《指环王：护戒使者》等。12月19日这一天，我们观看了彼得·杰克逊（Peter Jackson）拍摄的第一部《指环王》电影，我们大开眼界。中午放映结束后，我们热烈讨论了一整天，这部电影实在太震撼了。很多人兴奋到无心工作，这种情况在12月底的星期五很正常。

我们还是召开了团体会议，让大家了解集体进展。艾伦·阿德汗宣布用户界面取得了重大进展，实现了折叠界面的功能。全新的简约界面将聊天框放到一侧，减少了其覆盖的面积。玩家可以把小地图、玩家图标及群组信息最小化，用干净的画面体验游戏世界。

会议的重点还有突击队的最新进展，这是一支来自不同项目的人员组成的小队。他们互相交流，借鉴其他一线开发人员客观的意见，来评估整个项目的进展和决策。《魔兽世界》的突击队开发人员也会评估暴雪的其他游戏，让我们了解到公司其他项目的状况。总的来说，这些报告乏善可陈，言辞模糊，没有什么犀利的东西，这表明其他项目也没有什么实质的进展。

约翰·斯塔茨

2001年12月，艾伦议题。在艾伦的参与下，主要的设计议题总算得到了解决。两块白板写满游戏笔记，是整个设计师办公室的中心。埃里克·多茨和凯文·乔丹一直在往"艾伦的清单"上添加新内容，涵盖各种急需讨论的问题。凯文在已经解决的议题旁边画了笑脸，在不受欢迎的议题旁画上哭脸，例如基于性别赋予不同属性。讨论的主题包括战斗、属性、技能获取、坠落伤害、增益的用户界面、音效、性别、职业、镜头、法术书界面、怪物属性，以及训练师/商人界面。问题解决后，他们会将结果告知制作人，制作人则根据优先级安排开发进程。（图片由暴雪娱乐公司提供。）

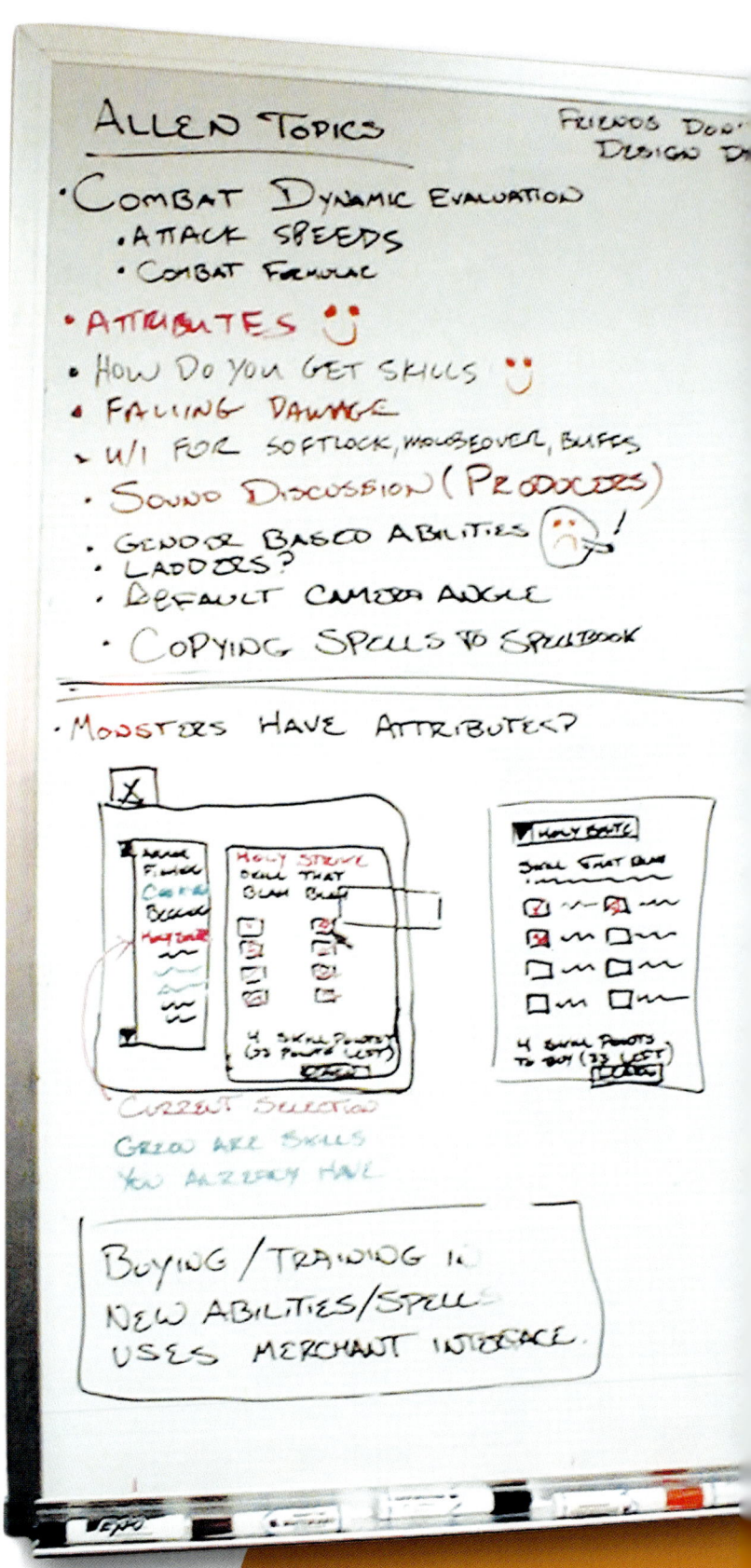

游戏设计

"游戏要成功，有个好点子就够了。"这句话我听到耳朵起茧。它不光把繁复的开发过程一笔带过，还暗示好点子才是重点或难得一见。但从我的切身感受来说，游戏公司从来不缺好点子，只是想实现一个创意要花费很长时间。只有迂回、发现和解决问题才是实现一切的途径。优秀的MMO设计师追求可以为内容创作打下坚实基础的点子，而不是为了标新立异而制造的噱头。扎实的游戏设计诞生于数以百计的微小决定，而这些点子很少有值得单独一提或能在广告和包装盒上当噱头的。你能想象暴雪把诸如"交易确认按钮""稀有物品绑定""制造物品成功率100%"之类的功能印在《魔兽世界》包装盒背面吗？但正是这些细节保证了《魔兽世界》的趣味性，有效预防不良行为，稳定了经济，并兑现了说好的奖励。

游戏业的许多决策其实出自营销或发行主管——让我们先忽略这个事实，并且也先不考虑与实际制作游戏相关的所有动态因素、问题和包袱，那么剩下的就是设计师试图实现的目标了。不幸的是，即使在理想情况下，这种设想也不会发生。出于探讨的目的，让我们假设游戏设计师对他们的游戏拥有完全的控制权，没有外部力量——开发或引擎限制的干扰，来探究一下，到底是什么让游戏变得有趣。

设计师应从坚实的游戏玩法着手，探索游戏的发展走向，而不是反过来想要强行实现自己的设想。比如，强行提出一个诸如"载具"这样的概念，强行让游戏来适应这个想法，就是错误做法的开端。《战地1942》就表明载具只有在玩家自愿使用的时候才有趣，如果强行要求玩家使用载具，就会让他们感到被游戏逼着行动。虽然《魔兽世界》很少犯这种错，但其他MMO都是围绕着某种强制的概念展开的（例如复杂的社交系统、社区或者攻城战）。这些游戏并非作为一个有机的整体开发而成，只是听起来似乎很好玩罢了。

构思游戏创意时，比起优先确定玩家是否会得到愉快的游戏体验，缺乏经验的设计师往往会执着于构建一个互相关联的庞大系统。过程必须和结果一样令人满意。对于优秀设计师来说，如果某些功能和创意不能为玩家提供令人信服的决策，不能出现灵活的玩法或增加了太多规则，就会果断将其剔除。游戏功能必须物有所值，以自身的可塑性来吸引玩家以各种方式参与。有些游戏创意能够自然地延展，有些只能自取灭亡。经验丰富的设计师会删除这些没有未来的想法，给自己的设想做减法。留下来的系统简洁优雅，在游戏性方面唯一的特点就是灵活持久。暴雪游戏擅长的就是去芜存菁，达到"浓缩就是精华"的境界。《魔兽世界》当然也是这样。

拿《魔兽世界》来说，核心玩法是"获取装备提升玩家角色"。这是一个靠谱（尽管普通）的基础。当然，我们并没有特地开会讨论玩法设计如何切入；整个公司都了解RPG，无须特地强调所有玩法都要为获取装备这一核心概念服务。提升装备这个核心玩法很有趣，问题在于获取装备的途径有哪些。答案就是常见的RPG套路：杀怪、完成任务和手工制造。《魔兽世界》所有玩法都源自这三个套路。

我得再次申明，我们确实没有提出什么惊天动地的新创意，但在已有的想法上进行再创作并不是什么丢脸的事情。重点在于要让每个玩法都足够有趣。我们没有尝试创新，而是将精力集中在战斗、任务及制造这三大要素上，并解决各种相关的问题。

既然游戏玩法这一核心问题在正式开发前已经得到回答，接下来就需要程序员和美术师开发足够多的功能，制作大量美术资源，以便设计师发现隐藏在细节中的问题——不幸的是，细节测试只有在开发周期末尾才能进行，这就意味着尽管玩法还未被真正实现，美术师、制作人和程序员却都有责任为其提供支持。也就是说，整个开发过程中，大量的高强度工作实际上是在猜测与假设的基础上进行的。如果设计师的想法过于抽象、难以理解，或听起来很乏味，其他部门的工作就很难推进。因此，让大家明确我们究竟要制作什么样的游戏，以及它的各部分之间如何协同工作，这一点至关重要。

设计师们最佳的参考对象就是其他RPG游戏，例如《无尽的任务》《卡米洛黑暗时代》《暗黑破坏神》。游戏设计师创作一款游戏的公式很简单：取其精华，去其糟粕。

大部分设计都放到项目的后期进行，是因为暴雪开发了自己的引擎和编辑器（见第46页列出的原因）。《魔兽世界》引擎非常适合用来管理一个拥有大量玩家的大型开放世界游戏。

但从头开始编写引擎的代价是，设计师要等到开发周期的尾声才能测试游戏，于是很多问题不得不积压到后期来解决。区域到底可以容纳多少人？空城很无聊，但人太多也会影响体验。可以在不影响社交的前提下调节人流量吗？一个小队应该有多少人，玩一次地下城花多少时间才合理？玩家应该用多快的速度在区域间通行？

每个想法都受到处理能力和安全性的限制，服务器上运行的功能不能占用太多性能，客户端（玩家的电脑）上也不能运行任何关键功能，因为可能会遭到修改。MMO就是在这样有限的技术带宽下运行的：服务器端功能基础但安全（追踪道具和怪物行为等），客户端负责处理那些很重要但即使被修改也不会破坏游戏的进程（渲染美术和处理碰撞等）。任何超出这些限制的创意都会被设计师打回。

程序员负责构建引擎，而设计师负责制定规则。就像制定法律那样，设计师需要看透数百万玩家的意图，利用规则遏制漏洞。一个漏洞可能就会破坏游戏内容的意义，而没有意义的游戏内容会使一款MMO像纸糊的房子那样坍塌。很多MMO都是这样的下场。

设计师为了规避错误，甚至玩了一些不知名的MMO（一般这种游戏制作得都很糟糕），并借此反思我们的游戏。设计师们在处理这些工作的同时，团队的其他成员也在推进代码和美术素材的开发。

团队通过早期原型设计和接近成品的模型来降低因为各种变更而损失工作成果的风险。小型团队的效率高，是因为损失的成果影响到的人很少。可MMO是个大型项目，所以原型设计尤为重要。

到目前为止，游戏原型最难的部分就是战斗。在设计师们拿到对应工具和相关支持技术之前，团队能做的只有构建游戏引擎。对于《魔兽世界》来说，战斗设计最重要的一刻是程序员做好法术编辑器之时。有了编辑器，设计师就可以自主为怪物和角色赋予各种能力，而无须寻求程序员支持。在编辑器完成之前，所有战斗都是假的，是硬编码写死的。此时，如果角色用剑砍中怪物，由于没有伤害类型这个概念，造成的伤害并不是物理伤害。怪物的防御值也不能抵消伤害，因为还没有护甲或法术抗性这些东西。

《魔兽世界》的战斗系统一直保持在很简约的状态，因为设计师如果对数值和属性进行微调，就必须请程序员来硬编码，这势必会耽误程序员对游戏本体的编写工作。在角色属性实装之前，必须要有一个数据库进行支持，而要制作数据库，设计师需要告知工程师数据库里要存储哪些东西。特温·马丁和大卫·雷制作好数据库，乔·拉姆齐和大卫才能编写工具，然后设计师才能用工具将属性实装进游戏。在此之后，一把剑才能造成物理伤害。也只有到了这个时候，设计师才能对怪物、任务触发者、盾牌或火球这些东西进行定义。

战斗基础要素实装之后，设计师从低级到高级一个一个制作法术，按部就班做出角色职业。但在职业分工明确之前，每个职业都需要大量能力，因此在测试和定义团体战斗之前，我们花了大概九个月时间来创造各种法术和能力。通过测试，设计师才能掌握玩家之间要分散多远、一个小队有多少人，或者他们能应付多少敌人。然后再确认哪些职业强力法术已经足够，而哪些职业玩起来很无聊。

随着项目的推进，游戏设计师脱离了预测和论证，可以依靠反馈和数据来指导行动了。Wowedit赋予设计师对游戏的掌控能力，让他们的影响力和方向指导更为切实。他们一跃成为数据分析者和实干家，不再是项目初期只能动嘴的预言家了。

到了开发周期的尾声，设计师们已经精疲力尽，他们收到的反馈和累积的经验已经饱和，别人一张嘴他们就知道接下来要说什么。他们不仅可以解答问题，还有大量理论支持，讲起来头头是道，因为相同的对话已经发生了太多次。

构建无缝世界

1月 | 2002年

假期结束后，各个办公室逐渐忙了起来。随着大部分成员陆续归队，新年第一场会议也带来一个重大消息：开发一组和开发二组都想从公司外部聘请高级游戏设计师。在此之前，公司所有的设计师都是从质量保证部门经过重重考验选拔出来的。就连罗布·帕尔多也是在那里开始事业生涯的。《魔兽世界》的团队总共有50人，犯下任何重大错误都会让公司蒙受一大笔损失。缺乏有经验的设计师让管理层有些焦虑也是可以理解的。艾伦·阿德汗被留下值班，但他只想努力减少工作量，而非相反。半退休的他拼尽全力也只能每周上三天班，但工作量实在太大，需要可以全职的老手。

谢恩·达比里向我们保证："《魔兽世界》不会有事的。我们正在精心挑选合适的人选。"我们都知道，看看来自公司外部的人如何胜任领导角色会很有意思。谢恩还说，开发二组的技术负责人约翰·卡什很善于管理大型项目。

制作人宣布了E3的宣传战略。如果到时候《魔兽争霸3》还没有发售，那么《魔兽世界》会与它在同一个展台展出。但我们团队宁可把这个展台完全让给《魔兽争霸3》，以保证这款备受期待的游戏能够得到足够的曝光率。开发二组的很多成员对E3并不熟悉，而且要展示一款尚未制作成熟的游戏也让人倍感压力。我们在E3的成败取决于《魔兽争霸3》这款已经准备进行Beta测试的游戏。马克·科恩解释说："我们的程序员正在忙着辅助《魔兽争霸3》的开发（优化水体和地形的帧率），同时为《魔兽世界》提供数据库和底层支持，所以很长一段时间里游戏都不会有什么翻天覆地的进展。目前做的都是些幕后工作，只有赶在E3前加大开发力度，到时候才能看到玩法上的变化。"游戏从底层上做了一些改变，包括将游戏里的单位从英寸改为米，数据库支持、任务支持、地下城服务器支持和地形工具等。这些引擎上的改动产生了一些乱子，比如生物比例失调，玩家变得像巨人一样大。还有个BUG会莫名其妙地把游戏里的小道具都给倒过来，害得科林·穆雷为此焦头烂额了好几个月。还有一次，某些BUG害得游戏好几周都无法正常启动。

服务器架构方面有了重大进展。乔·拉姆齐为代码处理服务器之间的无缝切换奠定了基础。当玩家在大陆上穿梭时，不同的机器会交替支持其游戏进程，而玩家浑然不觉。乔跨越无形边界与怪物战斗并拾取战利品，用这种方式演示了服务器的无缝切换。切换过程根本不会有人察觉到，因为看起来就和普通的拾取没什么两样，而这正是我们想要的效果。

在乔实现这一功能之前，我们一直担忧究竟该如何将世界划分到不同的服务器。仅用一天左右的时间调试查错后，乔就将代码签入了游戏，然后便开始忙活弓箭和远程武器系统，以及为能力编辑器打基础，让设计师能够真正着手创建玩法。

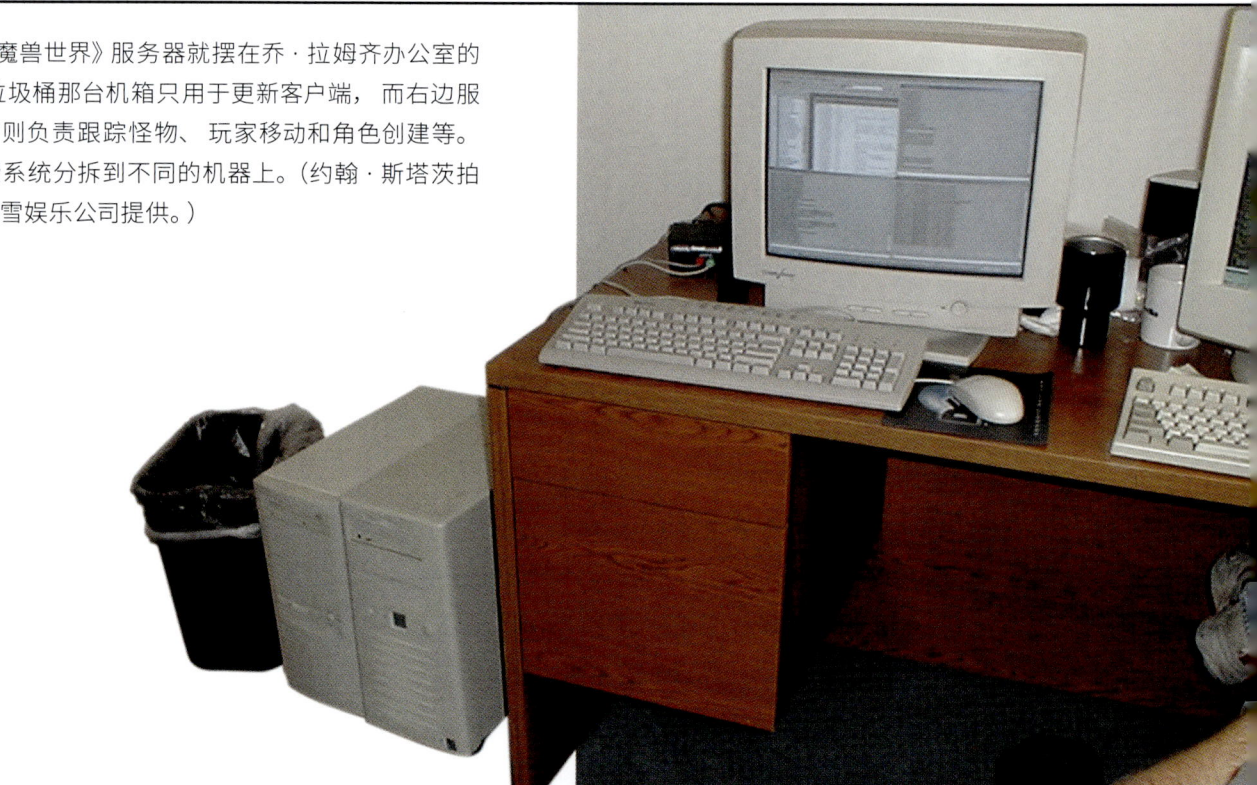

第一台《魔兽世界》服务器就摆在乔·拉姆齐办公室的地板上。靠垃圾桶那台机箱只用于更新客户端，而右边服务器里的程序则负责跟踪怪物、玩家移动和角色创建等。乔最终把这些系统分拆到不同的机器上。（约翰·斯塔茨拍摄。图片由暴雪娱乐公司提供。）

我们搞定了两块大陆所有室外区域的第一轮构建，这意味着它们的大小和连通性都合格了，但很多区域只有一小块演示区域勉强能看。随着卡利姆多各区域初步完工，很多室外关卡设计师又回到了艾泽拉斯的工作上来。

拿荆棘谷来说，里头就有很多空白区域。室外关卡设计师绘制和雕刻地形地貌，而美术师负责提供素材。托弗·戈拉姆、汤姆·庄、布莱恩·许、丹·摩尔和贾斯汀·萨维拉特制作了景观用的树木、植物和岩石。这一过程历经了绘制概念草图、制作3D模型和制作纹理等步骤。

美术师每制作完一件道具就会将其上传，以便让室外设计师在世界中布置它们。

> **赶紧放进去！**
>
> ——每当有人制作完成一个素材、决策或功能时，开发二组的成员都会这样开玩笑，仿佛整个游戏就是被这个东西拖了后腿似的。

几个月后，团队成员已经有点玩腻了《卡米洛黑暗时代》。大家的电脑帧率都承受不住国家对战、高级内容这些东西，因此公司里大部分网游玩家又转回到他们最爱的《无尽的任务》的怀抱。等到《魔兽世界》推出时，《卡米洛黑暗时代》多半已经过气，这也就意味着《无尽的任务》仍然是我们最主要的对手。哪怕是《最终幻想》网游版的游戏预告片，看起来也没什么竞争力。日本游戏公司都是以主机业务为主，没有接触过网络游戏这一块，他们可能压根儿不知道这有多复杂。而暴雪对战网的支持在这一刻得到了回报：我们在网络方面经验非常丰富。尽管《无尽的任务》创始人之一宣布他即将成立一家新公司来开发新的MMO，但我们还是只把《无尽的任务》和《星球大战：银河》作为主要竞争对手。网上还有传言说如果《星球大战：银河》不能在年底前推出，他们就会失去授权。如果传言

2001年12月，马特·摩卡斯基制作的第一款暴风城纹理的高分辨率版。马特用了一整天的时间来制作这个纹理，并且认为这是迄今为止最棒的一个，尽管制作时间拖得有点长。

美术师需要花费时间才能把握《魔兽争霸》的画风与感觉。当暴风城添加好纹理、各种物件摆放完毕之后，马特看了看纹理的实机效果，"呕"了一声。他觉得图案还是显得太过繁复，于是索性重新画了一版，大幅简化了设计。（图片由暴雪娱乐公司提供。）

是真的，那就说明他们工作室的开发进度已经落后于计划，而这种传言也一直警醒着我们，制作MMO真的没那么简单。从《星球大战：银河》最近放出的截图来看，其进度似乎远远赶不上截止日期，因此我们对于自己的市场竞争力并不担心。

我们的信心一部分是源自目前大众对我们的游戏所知甚少。和其他游戏开发者一样，我们很期待有一天可以向大家展示我们的游戏，看到他们脸上想要尽早玩到游戏的渴望。

我问布兰登·伊多尔和蒂姆·特鲁斯代尔："你俩能想到任何比《魔兽世界》更复杂、更有野心的游戏吗？"他们都回答不上来。这也证明了埃里克·多茨是对的，他认为我们的编程团队是电脑游戏界有史以来最强大的团队。虽然我们的经验可能没那么丰富（或者太痴心妄想），没资格说出这么宏伟的宣言，但也足够说明团队对这个项目的热情和彼此之间的尊重。团队内部很少有摩擦、冲突或矛盾。偶尔会有人发两句牢骚，但因为每个人都已经很努力，所以我们会互相谅解。

一家杂志在对《卡米洛黑暗时代》进行事后总结时提到，Mythic工作室只用了我们一半规模的团队就在18个月里制作出了《卡米洛黑暗时代》，我们感到震惊，尽管他们使用的是成品引擎而非自研，但这个开发速度也依然非常快。文章里还说，他们在开发MMO时遇到的难点是地下城和城市的部分，我们对此也深有同感。我们已经完成了计划中八成的怪物，室外区域的第一轮制作也即将完成，而地下城的技术、设计和制作却还远远落在后面。另外，我们还是没有第二位建筑纹理美术师。

制作建筑和环境纹理需要一些少见的技能。布莱恩·许是一位出色的道具和概念美术师，他为室外区域素材的制作贡献了一份力量。布莱恩和汤姆·庄（另一位概念美术师）都尝试过使用Radiant绘制纹理，但都觉得不好用。他们觉得绘制各种版本的墙面非常无聊，也很讨厌Radiant的笔刷画出来的几何图形。甚至在我们放弃使用Radiant，转而使用3D Studio Max之后，也几乎没有一位美术师熟练掌握绘制地下城纹理的窍门。

我们尝试过教给开发一组的美术师绘制建筑，但也只招来了一位新成员：几个月后，在暴雪工作了十年的美术师斯图·罗斯（Stu Rose）从开发一组调到二组帮忙，但连他这样的人物也不是很擅长建筑绘制。

只有新来的关卡设计师亚伦·凯勒有使用3D Studio Max制作关卡的经验，因此他是速度最快的3D建模师。亚伦这人无所畏惧，其他关卡设计师一想到要建造暴风城这么大的城市就焦头烂额，他却耸耸肩说这就是个复制粘贴的小问题，而且几天之内就搞出一个可用的原型城市。几天而已！亚伦花了几天用3D Studio Max完成了一次渲染测试，如果用Radiant则需要几个月的时间才能完成。他的临时建筑素材只有简单的像电影布景一样的外墙，但他搭建出了一片没有纹理的街区，可以操作角色在里面奔跑。接下来设计师们探讨了城市的规模，这个原型为大家讨论街道时提供了一个熟悉的参考框架。尽管这个原型场景最终被弃用，但能够在游戏中感受到一

约翰·斯塔茨

2001年12月，暴风城城市规划。城市规划的目标是平均分配人流量，避免玩家们挤在一处，影响彼此的帧率。城市规模和遮挡方法都是尚待解决的问题。我们甚至都不知道应该在城市里安排什么玩法。我们本来想用小船帮助玩家在各个区域之间穿行，但很遗憾，出于技术上的问题，我们只能望而却步。暴风要塞一开始安排在城市的中心，我们想让它成为一个地标，帮助玩家在城市里定位。但进行测试之后，我们发现玩家们很少抬头往上看，于是亚伦和埃里克决定放一座大教堂的尖塔，这样总会有人抬头仰望。（图片由暴雪娱乐公司提供。）

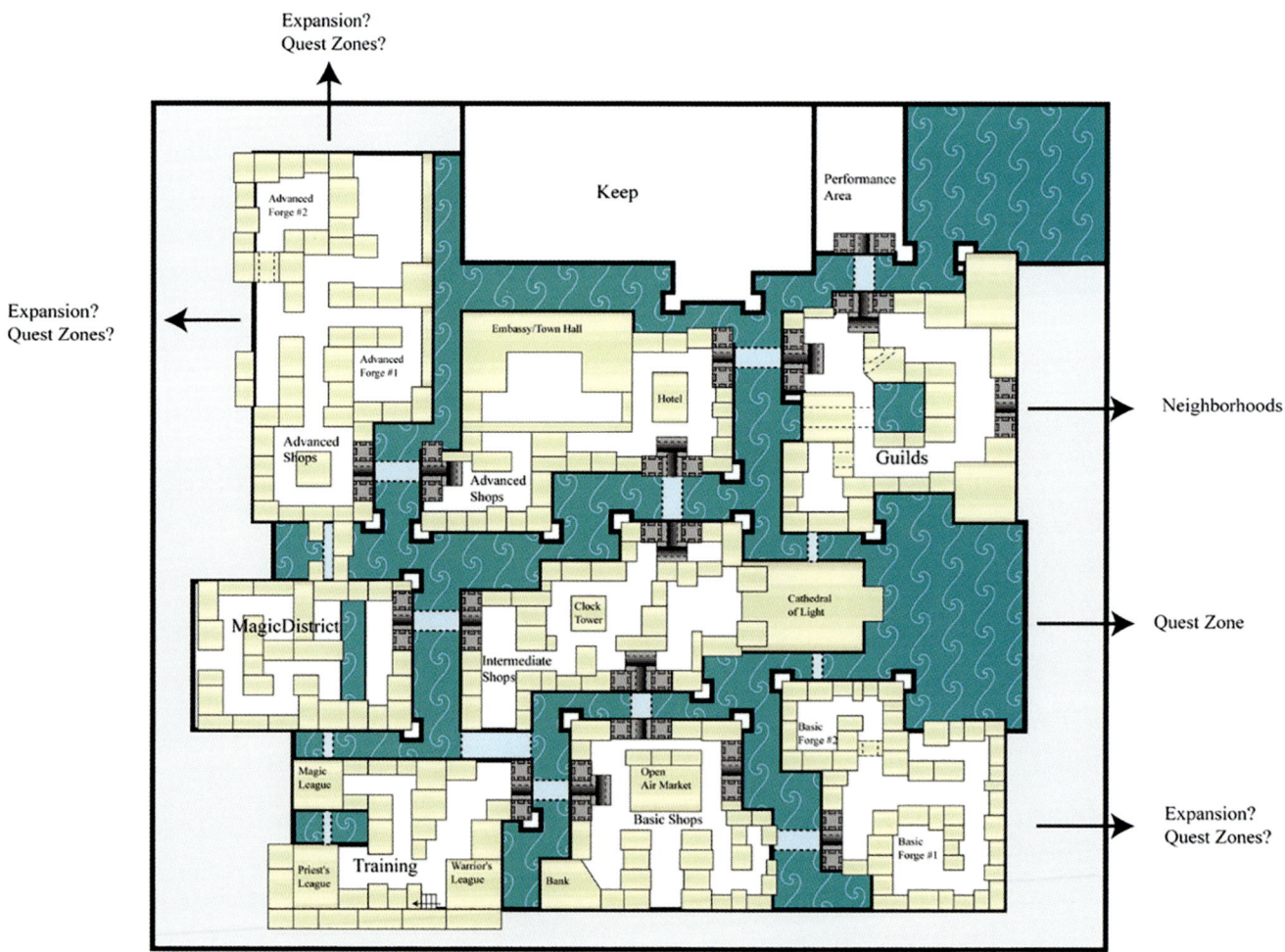

座城市的效果就是一场很大的胜利。

由于亚伦的杰出才能，制作人指定由他来建造除铁炉堡以外的所有城市。卡梅隆·兰普雷克特为这座矮人城市奠定了基调，并协助亚伦建造了暴风城。亚伦根据汤姆·庄的草图和概念设计了一系列的建筑物。汤姆是地下城团队的首位概念美术师，他为藏宝海湾增添了一丝《猴岛小英雄》的风味，还帮助达纳·杨绘制了死亡矿井的草图。

在汤姆的暴风城概念获得大家的认可后，亚伦用无贴图的建筑造了一条街道进行渲染测试，以了解引擎在建筑物环绕的状况下运行的流畅程度。亚伦生成了50个人类机器人来代表其他玩家和城镇的NPC居民。低端显卡在这样的环境下能够以每秒30多帧运行，让我们了解到大量的城市几何图形本身不会造成渲染问题，问题还是在于我们到底能使用多少纹理。因为每个角色都有独特的纹理，所以我们难以确定要在环境上使用多少纹理。城市的建造总是会遇到各种问题：我们能同时显示多少名玩家？一次能显示城市的多大部分？玩家能否俯瞰屋顶，欣赏到真正美妙的城市景观？

在尝试改进《无尽的任务》的巨树技术时，我们遇到了类似的问题。我们希望森林可以显得茂密又幽闭，树木之间紧密相连。但贾斯汀·萨维拉特尝试各种美术技巧和视觉错觉（例如用假树冠做出树木繁多的样子）后，出来的效果都不理想。要解决森林的问题有三种办法：优化引擎，加快渲染重复元素；节约使用树木的几何形状；按照《无尽的任务》的比例对树木进行缩放，这样就不需要在一个区域内填充成百上千棵树木了。

我们好像也可以对城市应用另一套策略，尽量防止人们看见过多的角色。测试表明渲染过程中出现的问题不是建筑造成的，而是人群。这确实是个麻烦，因为设计师希望像银行、旅馆和邮箱之类的设施可以聚集在一起，这些问题早在我们添加拍卖行之前就已经出现了。并没有什么简单的方法可以阻止玩家们聚集在同一个地方。

暴风城最初的设定非常庞大，但每经历一轮制作，它的规模就会缩小一些。亚伦制作的原型成功说服了卡洛斯·格雷罗和谢恩·达比里，他们为室内关卡设计师制定了新的时间表。新的计划旨在完成30个地下城、十个迷你地下城、各种建筑和六座主城。他们还预估我们需要在2003年夏季之前为六个阵营对战战场建造防御建筑，而我们又计划在那时推出Beta测试版，所以完成游戏的时间只有不到18个月。

取得进展的不止有内容创作者。工程制作人马克·科恩给整个团队发送了一封电子邮件，说明编程人员的最新进展。

编程状态更新：

杰夫和杰瑞米已完成了《魔兽争霸3》的任务，现在重返《魔兽世界》的工作中。蒂姆每天都工作到很晚，既要开发《魔兽争霸3》，又要修复《魔兽世界》的一些问题。不幸的是，我们得等到月底才能让蒂姆完全投身到这边的工作。科林也总是在凌晨和周末工作，修复困扰我们和《魔兽争霸3》的导出错误。预计今天或者下周初他就能完成这些工作。约翰和特温两人也通力合作，确保控制台的安全性，这样才能有一个没有作弊的游戏环境，并为GM权限奠定基础。约翰创造了一种方法，可以让设计师在Wowedit中指定游戏中的所有公式（战斗、法力恢复等），这样设计师就能随意调整游戏玩法了。特温为这段代码做的初始界面即将完工，应该会在今天或者周二发布。乔让服务器变得像俄国坦克一样强劲！现在我们可以在多个世界服务器之间实现无缝传输。我们的世界终于联通了！山姆正在接管那些四处爬行的黑暗造物——他正在对怪物代码进行剖析，好让它们可以支持我们的新架构。而在此期间——接下来的几周里，游戏中的怪物们不会移动或攻击。科林、斯科特及其他各位已经完成了将各个单位转化到新比例的工作，以消除在世界极端边缘处碰到的角色瘫痪和渲染深度冲突问题。斯科特还解决了地下城中的许多传送问题，并且已经着手前景物件的制作工作。大卫一直在开发任务编辑器和触发系统，需要耗费几个月的时间，他还在业余时间帮斯科特完成前景物件的编辑器。

敬请各位期待下周令人兴奋的更新！

马克

2月 | 2002年

我们建造了这座城市

制作人谢恩·达比里、卡洛斯·格雷罗及首席动画师凯文·比尔兹利在巴黎度过了废寝忘食的四天，向暴雪的母公司维旺迪环球展示了《魔兽世界》。他们带着我们回顾了这趟旅行，卡洛斯还展示了同伴们在机场睡觉，在餐厅敬酒，以及在新闻活动中发言的照片。团队成员参与过东京和伦敦的展会，现在又来到了巴黎。这种"展会假期"会分散安排给尽可能多的团队成员，以免某些同事在异国他乡领着薪水大吃大喝时，其他人太过羡慕。维旺迪对我们的展示内容很满意，我们都不忍心告诉他们，这个构建版本就是六个月前在伦敦ECTS上使用的那个稳定版，而不是现在我们手里这个非常容易崩溃的版本。

制作人刚从欧洲回来就碰上一件喜事——地下城团队终于传来了好消息。亚伦·凯勒和马特·摩卡斯基对暴风城中的一个区域进行了第一轮纹理处理，效果不错。他们确定了画面中可以显示14种纹理。亚伦和卡梅隆·兰普雷克特已经为暴风城忙碌了三个月，目前的版本包含六个区域，只有一个区的纹理已经处理完毕。谢恩带着艾伦·阿德汗进入地下城房间，向他展示工作进展。艾伦对此印象深刻，但他不想在下一次E3上展示这座城市，因为他不想打草惊蛇，为对手们提升竞争标准。艾伦觉得比起在发售前一年早早亮相，等到游戏即将完成时再惊艳世人来得更好，这是非常典型的艾伦式战略决策，因为他简直是这个世界上最有耐心的人。我们的保密工作做得非常好，和媒体的交流没么顺畅，不过杂志的销量在艾伦的考量中是最不值一提的。

亚伦和马特让杰夫·周（他曾编写过《魔兽世界》的音效代码）

把暴风城的区域音乐和杰斐逊星船乐队那首臭名昭著的《我们建造了这座城市》的MP3串起来，非常搞笑。几周之后就没人笑得出来了，大家直接把音乐给静音了，埃里克·多茨说他很讨厌在专业商人那里买东西，因为"耳机里会一直播放那首恶心的歌"。这种反应让这个恶作剧变得更加有趣。而在杰夫把这首歌移除以后，每个人都松了口气。

开发一组的老牌美术师斯图·罗斯（《魔兽争霸》里所有呆呆的苦工台词都是他配的音）也为地下城带来了全新的活力。他开始制作死亡矿井的纹理，这是第一个应用了纹理的地下城。地下城尽头的码头边，停靠着一艘巨大的食人魔战船，让他望而生畏。在暴雪任职的这十年里，他参与制作过体积最大的素材无非是《星际争霸》和《魔兽争霸》中的单位，而如今他面临的第一个任务就是一艘巨大的食人魔战船。欢迎来到《魔兽世界》，斯图！

在做出不展示地下城和城市方面新进展的决定后，2002年E3的其他事项都已步入正轨。团队每周有两天需要工作到深夜，有些人一周有五天都得忙到深夜，还有几个人甚至周六周日都要工作。

临时战斗系统的全面改造几乎完成，已经可以算是真正的战斗系统了。怪物们可以使用武器和技能，它们造成的伤害数值也完全遵循游戏的全局战斗表计算而来，不再是硬编码进去的数值了。玩家可以通过一个简陋的交易界面互相交换道具。马克聘请了杰西·布隆伯格（Jesse Blomberg）担任项目的最后一名程序员（剧透：他其实不是最后一个），并让他来负责我们广泛的网络业务，因为聊天论坛、个人页面和玩家统计表都需要有人来支持。杰西还编写了一些工具，游戏设计师可以使用这些工具在游戏中为怪物和玩家装备物品和法术。

3月 | 2002年

竞争合作

　　NCsoft公司推出的《天堂2》给我们留下了深刻的印象。这款最新公布的游戏坐拥其一代的400万用户，而且作为他们的首款3D游戏，本作的视觉效果让人印象深刻。他们的项目开发团队有70人，这也让我们清醒地认识到，我们在和更大的团队竞争，这种类型的游戏势必需要大量可玩内容来支撑。《天堂2》看起来是在MMO赛道上有力的竞争对手，不过开发二组的成员则没那么担心，因为NCsoft使用的是"虚幻2"引擎，暴雪曾经仔细调查过这款引擎，认为其不适合用于MMO，因为它在低端系统上的运行帧率非常低。暴雪老员工们认为一味迎合高端系统的游戏没有多少竞争力，毕竟大多数玩家的电脑配置是比较普通的。不过保持适度的担忧没有问题，NCsoft能够开发出画面如此优秀的作品，与他们竞争充满了乐趣。

　　暴雪的顶级设计师参观了Verant（《无尽的任务》开发商）的办公室。我们了解到他们非常喜欢我们在CGW杂志中展示的界面，于是直接抄袭。那是我们在ECTS上展示的旧界面，而不是后来那个简洁的集中在画面下方的界面。他们通过补丁，在《无尽的任务》中发布了他们"复刻"的《魔兽世界》界面。既然大家都在互相借鉴，我们也就没有记仇，不过这倒证明了艾伦的策略是正确的，那就是在临近发售日期之前不再展示更多的《魔兽世界》界面。虽然让粉丝和媒体狂热讨论游戏里的新玩意儿会很有趣，但更明智的做法就是藏好手中的底牌。虽然保密不利于提高士气，但我们意识到这对公司来说是最好的做法，因此我们的首次E3之旅并没引起多大反响。在3月份的团队会议上，马克·科恩通知大家，每个人都需要在八个《魔兽世界》的工作站轮番值班四小时。他解释说，我们不需要为"未完成的游戏"道歉，也不需要承诺游戏会有多么出色。我们可不想让竞争对手趁着我们的游戏尚未发售就抓紧时间努力。

每年暴雪都会派一些成员参加游戏开发者大会，看看业内的其他公司都在忙活些什么。参加者会带回一些想法和团队分享。埃里克·多茨报告了他在大会上看到的与《魔兽世界》相关，或者有所助益的内容。他说小组讨论并没有多少信息量，但哪怕不起眼的讨论也能激发他的想象力。下面是埃里克发给团队的GDC邮件缩写版（我删除了他一半的观点），他在邮件里说明了几个正在考虑的游戏设计问题：

埃里克的GDC报告

关于社区

在GDC上，MMORPG最热门的话题是玩家社区，以及如何预先建立社区，在游戏发售当天就已经准备好让玩家购买你的游戏，并自发向他人介绍。这方面我们问题不大，但也应该给予关注，因为等到我们的游戏推出时，市面上将出现大量的MMORPG，我们需要拉拢其他MMOPRG的玩家来支持我们。仅仅依靠暴雪的名号还不够。我在大会上拿到了一本有关这个主题的书，我推荐大家读读看，虽然目前我自己也只是粗略读了一下。这本书就是埃米·乔·金（Amy Jo Kim）写的《网络社区建设》。

关于网络参与

这一点也和社区相关，但我们在这方面做得不够好。我们需要为客户提供多种不同的功能支持：

- 删除有问题的发布者。
- 奖励表现优秀的发布者。
- 让发布者可以在自己发帖的领域感受到一定的"所有权"。
- 招募一名积极管理社区的社区经理。他应该富有策略，善于倾听，让玩家能感受到自己对公司的决策也有发言权。

关于可交易物品

这一条受到理查德·加菲尔德（Richard Garfield）演讲的启发，演讲主题是物品可交易的游戏。他在演讲中重点提到了《暗黑破坏神》和《万智牌》，在此之前我从来没从物品交易的角度看待过我们的游戏。他在演讲中提到的观点和术语对我们很有帮助。

"炫耀物品"，是指和同类物品相比没什么特别的游戏价值，但外观与众不同的物品。比如说有两面盾牌，属性都是防御等级10、装备等级5，其中一面盾牌是普通木质纹理，很轻松就能到手，而另一面上面装饰有骷髅纹理，需要通过完成艰难的任务才能获得，这面骷髅盾牌就是所谓的炫耀物品。尽管两面盾牌的功能一样，但木制盾牌的价值要略逊一筹。

"劣等物品"，是指品质明显比同类更差的物品。玩家可以从这些物品中选出"优等物品"，这会让他们感觉自己做出了积极的选择。除此以外，"劣等物品"还可以提高"优等物品"的价值和吸引力。《暗黑破坏神2》在生成"劣等物品"方面就做得很好。

"物品退场"，如果你想推出受玩家欢迎的新物品，那么已有的物品就需要在一段时间后从游戏中退场。有三种办法可以持续引入玩家喜欢的物品：

- 对物品进行有限的收费（总的来说不是好主意）
- 给物品设置有限的寿命（联赛中的魔法卡）
- 新物品比旧物品更好（参考《无尽的任务》）

"离线玩法"，指即使玩家不在游戏中也能玩。为了实现这一点，应当允许玩家通过网站，最好是通过手机来玩游戏，至少应当能够查看游戏中某些特定内容（例如好友列表、游戏内投资等）。

关于《魔兽世界》

- 在游戏世界中加入各式各样的"炫耀物品"。这些物品即使属性相同，也可以具有纹理、标志，甚至是音效上的差异。

- 在每个品级都加入一些比同等级更弱的"劣等物品"。

- 所有物品必须是不可掉落获取，或者有耐久度。耐久度的消耗应该缓慢到令玩家无法察觉，但物品最终还是会从游戏世界中消失。

- 网站社区需要在游戏发售前一年开放（提前一年开放意味着我们将在游戏发售前六个月吸引到大量的玩家）。这个社区应该允许玩家自己起名字，甚至可以在玩到游戏前就提前加入公会。要让玩家名字在游戏发售前就保留在服务器里，从而早早和游戏建立起联系。

- 网站内置公会支持。玩家可以在游戏发售前就组建自己的公会。这样也可以鼓励论坛中的老玩家和新手玩家在公会中进行交流。

- 让有政治头脑的人来管理论坛，允许大家像真人那样畅所欲言，而不必在发帖之前经过四层审核。

- 应该鼓励玩家在使用第一个角色完成游戏内容后，再使用第二个角色经历一次游戏。同时我们应该对将角色升到满级的玩家进行奖励。为了落实好这一点，只要玩家的账户内有一个最高等级的角色，那么他们创建的任何新角色都会自动从10级开始，并获得一套10级左右不可通过掉落获取的物品。

- 今年的E3是我们首次了解产品是否易于上手的机会。我们应该有意识地观察E3上的玩家在试玩时遇到的困难（在我们指导他们玩法之前），并记录下来。

　　如果要在游戏中添加隐身功能，就需要在主角色界面中设置一个显示"隐身"的区域。为了支持隐身模式需要注意以下几点：

- 怪物应该具有怀疑模式，它们能察觉到有人在附近，但不知道具体在什么位置。

- 当怪物处于怀疑模式时，需要有清楚的音效提示。

- 玩家会有一个"隐身"属性，这个数值越高越好。

- 潜行、奔跑或其他行为都会改变玩家的"隐身"状态。

- 隐身数值和目标等级决定了玩家可以在多远的距离发现隐身状态下的角色。

- "玩家隐身"会有一个增益图标来表示。这个图标会根据玩家的隐匿程度改变颜色。

- 我们需要一种快捷的方式来测试任务。等待设计师把任务加入游戏并编译出下一个版本才能进行测试，修复问题后又要等一个版本才能看到效果，这样是不行的。我们需要设计师能够随时随地测试任务。

4月 | 2002年
偶然性悖论

美术师罗曼·肯尼、贾斯汀·萨维拉特和布兰登·伊多尔在过去的几个月里一直专注于角色服装和装备方面的工作。听他们说起《魔兽世界》里有多少可装备物品就足够让我晕头转向了。所有种族的纹理坐标都是一样的，所以一块胸甲既可以装备给男性牛头人，也可以按比例缩放装备给女性矮人，以此类推。换句话说，就是一种纹理适用于所有体形。他们打算给玩家提供48种常见服装，分为四种护甲类型：板甲、锁甲、皮甲和布甲。每种盔甲又有不同的可升级项目，比如皮甲可以分为钉甲、韧化甲、兽皮甲等。每套盔甲都有单独的美术设计和颜色区别，还可以和其他套装混合装备，从而打造出独一无二的角色和NPC装束。

武器也是这样的模式。短剑上的象牙装饰也适用于其他类型的剑，可以自由缩放。不同的图案（外加颜色和大小的差异）选择为游戏提供了充足的多样性，让玩家可以充分展现自己的个性。

《魔兽争霸3》首席游戏设计师罗布·帕尔多每月都会将项目更新的内容发送给自己的团队。收到这封邮件后，艾伦·阿德汗会紧接着介绍《魔兽世界》的新情况。鉴于艾伦繁忙的日程，没人认为他能保持每月更新的频率，但这种认真负责的想法才是重点所在。

艾伦写道，三个职业（战士、法师和萨满）有总计两百多种法术和能力，玩家可以通过打怪获得经验值，这样角色就可以升级。唯一需要注意的是，设计师尚未给高等级的玩家设计威力更强的法术，

魔兽世界开发日记 | 一款电脑游戏的开发手记

2002年4月，玩家角色的纹理组件系统。美术师根据映射的玩家模型坐标来绘制纹理。玩家纹理大小为256×256像素。变换颜色和设计元素就可以设计出新服装，因此玩家可以选择不同的套装进行混合搭配。每套服装的各个组件都会细化出独特的临时纹理，画面出现十个玩家，引擎就会向显卡发送十种独特的纹理。（图片由暴雪娱乐公司提供。）

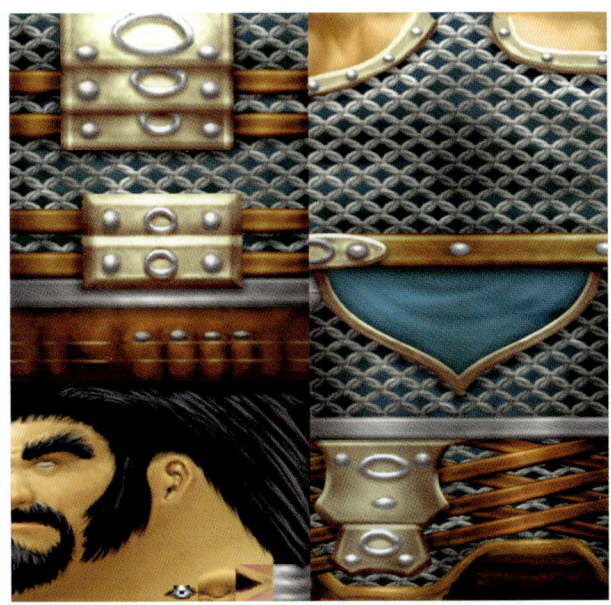

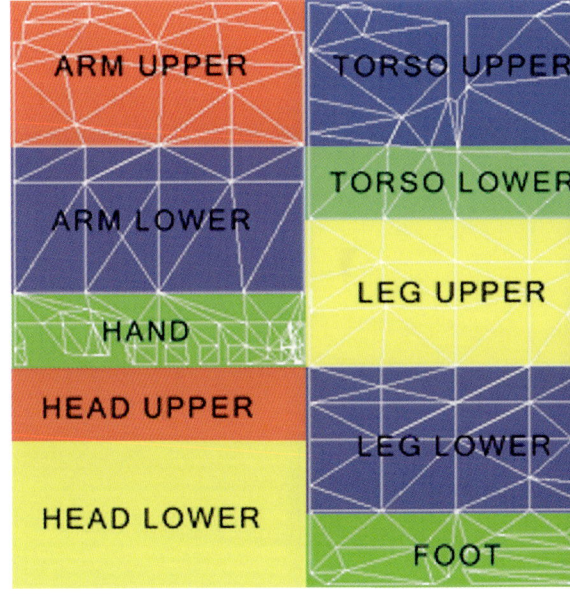

约翰·斯塔茨

所以所有玩法都停留在一个低级阶段。真正的战斗系统已经完成第一轮工作,而之前演示游戏玩法用的假战斗数据表已经全部删除。我们将选定方式改为鼠标左键单击,而鼠标右键则根据具体情境执行相应操作。右键单击可以打开交易、检视、拾取和商人界面,玩家还可以右键单击邀请其他人加入小队。组队功能运行正常。小队队长可以提拔或踢出队员,小队聊天也运行正常。法术书和动作栏运行正常,玩家可以将技能拖拽到界面上。因为非副本的室内外区域之间的无缝联通终于正常实现了,所以暴风城和血色修道院(都空无一人)首次出现在世界中并对外开放。由于室内的路径代码尚未完成,地下城里还没有怪物,因此我们在E3上演示时使用了临时系统。银行、声望及任务发布者界面即将完成,NPC(任务发布者,各种商人)、新物品、新法术、新能力和新生物也很快会和我们见面。动画师已经完成了所有十种怪物的制作,于是回到了玩家可选种族"矮人"的制作中。

2002年3月,由达纳·杨制作的死亡矿井BOSS房间。因为副本会将玩家与服务器上的其他玩家隔离开来,如果有人往窗外看,就会看到一个复制出来的"真实"世界——一片完整的景观。问题是如果他们跳出窗户会发生什么,我们该怎么防止他们跳出去?这些是早期副本面临的难题。在死亡矿井的例子中,食人魔战船停泊在岸边的话就不能和"外部世界"完全隔离开来,所以我们最终选择将它封闭在一个洞穴中。(图片由暴雪娱乐公司提供。)

2002年4月，曲线路径。山姆·兰迪加实装了蒂姆·特鲁斯代尔用于控制怪物路径的代码。他利用曲线而非直线模拟出自然的运动，这张截图直观地展示出曲线路径的工作原理。写这段代码的目的是防止怪物走路时急转弯。调试模式下，地面上的圆圈看着挺厉害的，但遗憾的是，我们不能用程序来调节曲线路径的锐度或宽度，所以最终放弃了曲线路径。（图片由暴雪娱乐公司提供。）

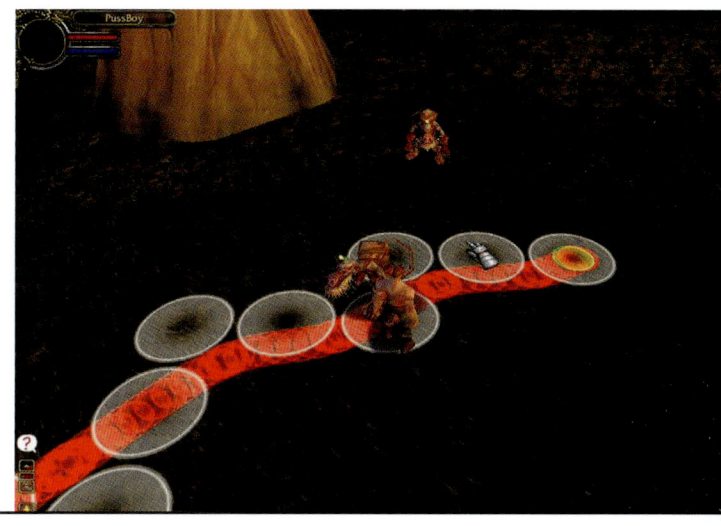

有了可以正常运行的任务系统，团队又增加了两位任务设计师：出身于质量保证部门的帕特·纳格尔（Pat Nagle），以及公司首次从外部聘请的游戏设计师杰夫·卡普兰（Jeff Kaplan）。杰夫凭借自己的《无尽的任务》博客而名声在外，他的博客会定期对游戏的设计决策进行分析和讨论。艾伦和游戏设计师们都很喜欢杰夫对MMO的见解，并邀请他加入项目。《魔兽世界》是杰夫第一次接触游戏开发，他就坐在帕特旁边，使用Wowedit新加入的任务脚本工具编辑任务。

看到游戏再次前进一大步，大家都很高兴。随着后端代码的实装，我们似乎有希望实现E3目标了，那就是首次在大众面前亮相。《魔兽争霸3》和《魔兽世界》为参会者提供六台体验机器，还有两个公关展台为媒体提供服务。美术师为展台绘制了荆棘谷的丛林墙画，还为活动设计了两款T恤。尽管地下城不在E3上展示，但它们看起来已经很完善，因为我们可以使用新的物件工具快速布置物品。达纳·杨的死亡矿井，何塞·艾约（Jose Aello）的北郡修道院及亚伦·凯勒的血色修道院都已经完成了第一轮的光影和小道具制作工作。

死亡矿井处于争论的风口浪尖。根据克里斯·梅森执笔的背景故事，我们需要在近海摆放一艘巨大的食人魔战船，但没人知道如

约翰·斯塔茨

2002年4月,死亡矿井中的物件。达纳·杨的地牢是为数不多纹理、光影和各种物件一应俱全的室内场景。根据我们"别太早爆太多料"的规定,压轴的室内场景"战船港口"是不会在E3上露面的。请注意达纳的角色手中握着的光剑,这是凯尔·哈里森做出来玩的道具,有那么一阵子,团队里每个人都拿着一把光剑四处晃悠。(图片由暴雪娱乐公司提供。)

何实现。如果玩家在西部荒野看见一艘食人魔战船,肯定会觉得奇怪,因为我们对它的出现没有任何解释。但如果玩家什么都没看见,又会打破世界和副本之间的连续性。(副本是一个小型的平行空间,玩家可以在里面不受干扰地对付难缠的怪物。)如果玩家杀死BOSS后跳入水中,按理说可以游上岸,但我们不能允许这样,因为地下城服务器和西部荒野服务器之间唯一的连接就是入口的传送门。

经过数日的讨论,达纳把船放进了一个巨大的洞穴中,就此切断了地下城和外界之间的联系(类似《七宝奇谋》那样的解决方法),但这也导致引擎必须做出改动,因为最初的室内环境没有设计成这么大。斯科特·哈廷勉为其难地对引擎的远景显示设置(用于控制在几何体消失前玩家的视野距离)进行了扩展,以应对这种特殊状况。他警告制作人说:"如果我们延长远景显示,所有的关卡设计师都会顺势建造越来越大的空间,这样下去没人能保证帧率不会崩溃。"当然,我们确实这么做了。地下城设计师们都开始建造无比巨大的室内空间,而测试结果表明这么做对帧率的影响微乎其微。

5月 | 2002年
伪装的对手

为备战 E3，整个团队从 4 月开始每周有两天需要工作到深夜。到了 5 月份，我们每天都要加班到深夜，有几个人周末都得来公司。我的工作时间已经很长了，所以对我来说，唯一不一样的就是周末的公司。周末的工作时光总是很愉快，因为大家都在做自己想做的事，办公室里洋溢着友好的氛围。比起工作日，周末大家的心情更好一些。

我们的设计师和美术师在忙着测试《魔兽争霸3》的单人战役内容，并把反馈意见发给开发一组。我们告诉他们哪些关卡太难、哪些太简单，当然也会发现一些 BUG 和平衡性方面的问题。《魔兽争霸3》的玩法扎实且平衡，玩起来很有趣，但那八个战役关卡我们每天都要翻来覆去地测试，早就失去了新鲜感。发售日临近，整个公司都在抓紧时间精心打磨《魔兽争霸3》，我们的努力只是其中一小部分而已。这样的测试一直持续到月底，《魔兽争霸3》终于搞定了，我们也休息了几天，恢复体力。开发二组在《魔兽争霸3》测试的紧要关头过得倒是没那么糟。虽然明面上我们的深夜加班在 5 月份就结束了，但一小部分人（一般是我和一些程序员）还在继续熬夜。尽管要为开发一组提供帮助，开发二组还是为 E3 完成了《魔兽世界》的测试、修复并打磨了三个人族区域。在展会之前我们只熬了一个通宵，所以状况没那么糟。

我们会利用一些小机会来发泄压力。团队一半的人会在午餐时间去餐厅用餐，其他人就在办公桌前吃饭，玩桌面游戏，或者在公司服务器上玩《反恐精英》。

午餐时间，动画师们玩起了《魔兽争霸3》的多人战役。经过几

约翰·斯塔茨

周的练习,他们成了团队里最厉害的玩家。当他们向地下城部门发起5v5的挑战时,大家都知道这就是一场一边倒的比赛。我们水平一般,也不怎么玩多人游戏,所以从一开始就没有胜算。但狡猾的地下城小组接受了这次挑战,对外宣称是出于体育精神。

动画师们利用午餐时间抓紧练习,锻炼团队的协调能力。他们准备了好几天,对我们疏于练习还有些意外。我们则不以为然地否认了团结求胜的想法,表示:"不了,我们玩游戏就是为了开心。"

> **如果你连开挂都不愿意,那只能说明你根本不在乎输赢。**
>
> ——约翰·斯塔茨,在自己书中引用自己的话

对战当天早上,地下城团队瞒着动画师们找来了替补选手,公司里技术最好的即时战略玩家代替我们上场。我们坚持每支队伍各自关门比赛,以防有人窥探战术,动画师们欣然同意,并期待着把我们轻松击败。

地下城团队的替身们轻松击败了自信满满的动画师们,甚至连一名玩家、一座基地都没有损失,连一场小规模的战斗都没输过。比赛结束前,替补选手们赶紧溜走,把胜利的功劳让给地下城团队的新手们。动画师们无话可说,不知道为什么会发生这种事,而其他成员都在偷偷笑话他们。这个诡计最残忍的地方在于,一直到许多年以后才有人告诉他们真相。

E3 2002

和媒体记者相比，开发商对首次亮相的《魔兽世界》更为震惊。游戏只出了几个小小的故障，整体展现出扎实的游戏性，帧率表现也很优秀。由于对外消息封锁太严密，我们没能进入任何"最佳游戏演示"的评选名单，一些MMO相关的总结也没有提到我们的游戏。我们会让大家进游戏体验，观察他们怎么玩，而不像那些注重公关的竞争对手使用夸张的说法制造噱头。有些游戏宣传自己的可玩种族里有龙族，有些则提供了30多种职业、不受限的PvP玩法、无限探索，或者可破坏的玩家城堡。甚至某款游戏没有展示任何游戏内容，只是播放了一段动画就获得了"最佳游戏奖"。E3让这些标新立异的东西大出风头，哪怕它们并不会让游戏变得更有趣。

《魔兽世界》开发者们和电脑游戏媒体记者之间的隔阂越来越深——他们用这种委婉的表达批评我们不尊重他们。媒体不够聪明也不够独立，看不穿那些只想在MMO泡沫中捞快钱的工作室的各种离谱言论。相反，他们写出来的光鲜报道误导了玩家，欺骗他们为这些游戏掏钱。这样的做法危害了MMO本身的名誉。

我们拒绝公布发售日期，因此遭到了媒体的冷落。关于发售日期的问题，我们的回答一律是模棱两可的"准备好了就发"。对于如此复杂的3D大作，要给出准确的截止日期是根本不可能的，暴雪也懒得再玩这种把戏。以前《魔兽争霸3》团队还真心实意地预测过什么时候能够完工，但真实结果和预测差了好几年，说好听点儿是暴雪组织混乱，说难听点儿就是暴雪满嘴跑火车。我们都不知道《魔兽世界》什么时候会发售，所以拒绝给出虚假的日期。"准备好了就发"这句话宣告我们推翻了业内普遍存在的开发商与记者的共生关系。它反映出我们更加自信的态度，我们拒绝过早宣传和做出虚无缥缈的承诺。只要产品质量好，就不需要夸大其词。

当记者们追着那些虚无缥缈的东西跑时，其他开发人员透彻研究了我们的游戏，并提出了机智的问题。虽然《魔兽世界》缺失了一些功能，但明眼人还是能看出来我们的引擎拥有巨大的潜力。他们可以看到我们使用了大量的纹理及渲染水体的方式。如果竞争对手拥有合适的工程团队，或者针对低端电脑大力优化，是完全有机会超越我们的，所以我们并不算是彻底守口如瓶。我们谈论过低端显卡上的帧率表现，以及我们精简的游戏设计方式，移除那些折磨人的游戏机制在当时来说是很新颖的想法。这些都令开发者们印象深刻。

发行商也为我们不能给出发售日期而倍感恼火。他们可不想自己的MMO上线档期和《魔兽世界》撞车（鉴于暴雪拥有大量的粉丝基础，这也怪不得他们），所以都不太乐意向我们展示他们的产品。索尼展台拒绝任何暴雪的人进入，所以我们只能和其他人一样在网上观看《无尽的任务》和《星球大战：银河》的动画演示。《无尽的任务》的开发人员其实都挺不错的，只是他们身上的西装让人有些距离感。他们当然有权利拒绝我们，但我们团队中的乔治·卢卡斯（George Lucas）的粉丝一直想亲眼看看3D版的《星球大战》是什么样的，这样的做法让他们伤心不已。但我们没有错过多少内容。SWG展示的不过是个有限的技术演示，都算不上是一个能玩的游戏，所以我们知道他们至少不会在2002年内发售。

因为其他MMO工作室都在大谈发售日期（即使是不准确的），讨论全新且大胆的发展方向（哪怕是很愚蠢的），并保证优秀的帧率表现（但他们根本做不到），所以风头都被他们抢走了。我们倒是无所谓，尤其是今年应该是《魔兽争霸3》上市前最后的狂欢。《魔兽世界》的首次展示表现还行，我们希望明年E3对于我们的报道会是另一番景象。

魔兽世界开发日记 | 一款电脑游戏的开发手记

2002年6月，我们努力工作，尽情玩耍。蒂姆·特鲁斯代尔的办公室换上了庆祝生日的装饰；始作俑者程序员蒙蒂·克罗尔（Monte Krol）逃离了犯罪现场。蒙蒂当时在开发一组负责《魔兽争霸3》的开发工作，但两个项目的部分资源是共享的，所以大部分时间他在两个项目之间来来回回。如果一个项目进度落后或者需要帮助（比如蒂姆的办公室需要好好改造一下），其他团队的成员都会伸出援手。（科林·穆雷拍摄。图片由暴雪娱乐公司提供。）

6月 | 2002年
秘密武器

由于地下城的开发进度落后，我们重新调整了预期，对于五名关卡设计师来说，两名纹理美术师根本不够用。早在一年前，我们就把为地下城招聘一名纹理师当作首要任务了，但即使是游戏公布后，也很少有合格的候选人申请这个职位。哀嚎洞穴、剃刀高地、剃刀沼泽、诺莫瑞根、奥达曼及影牙城堡都等着贴上纹理，但我们的纹理师还在忙着应付别的工作。马特·摩卡斯基给兽人和矮人城市制作纹理，斯图·罗斯忙着给沉没的神庙制作纹理。在开发二组的术语里，"微型地下城"指的是公共游戏空间中的非副本地下城，有很多像这样的地下城也在等着贴上纹理，比如食人魔山丘、一艘沉船、两条交错的隧道、两个山洞及三个地窖，总计还有十几套纹理在排队等着。

开发一组分出了三名美术师来帮助二组制作地下城纹理，但事实证明他们并不熟悉这项工作。他们制作的纹理最终都没有用到游戏中。

同时，由于室外设计的进度也有了落后的迹象，我们就设立了一个室外关卡设计师的职位来提供协助。这一点我们倒是没想到，因为我们一直以为景观设计的进度应该领先于其他部门才对。

在为E3努力制作三个可玩的人族区域的过程中，室外设计师们意识到打磨一个区域远比预期耗时。这是E3带来的为数不多的收获。有时候筹备展会就是会碰到这样的情况：我们没有时间打磨临时美术、设计和代码，但有时能够提前得到教训，避免几个月后在制作时出现问题。因此制作人根据新的评估，调整了区域的工作日程。除了加里·普拉特纳的演示区域以外，卡利姆多大部分还未动工。艾泽拉斯仍旧是室外部门的工作重点。同时美术师还在制作各种小道具和细节物件（如草丛、小石头、花朵等），所以室外关卡设计师又为完善艾泽拉斯添加了各种新的美术素材。

罗曼·肯尼是专门负责制作盔甲部件纹理的三位美术师之一。为了向游戏设计师展示披风并不会影响盔甲套装的炫酷程度，他给玩家模型添加了一件披风。凯尔·哈里森在一年前就提出了披风的设想，但他的技术演示只让我们明白了一件事：程序化动画的披风实现起来成本太高。而罗曼的版本则是利用已有的罩袍动画实现的，几乎不会丢失帧率，也不影响开发时间。

游戏设计师最初想要的是战袍，而不是披风，因为战袍不会妨碍玩家欣赏来之不易的帅气盔甲，但经过反复推敲，最后还是美术团队的大众意见占了上风，将披风加入到"核准清单"。

观察新玩家对战斗的理解方式后，我们意识到还有需要改进的地方。换句话说，我们在E3展示中最薄弱的环节就是怪物的选择和攻击环节。我们的战斗方式不够直观。为了解决这个问题，程序员在右键功能中添加了自动攻击，以求达到简化战斗的目的。

艾伦·阿德汗放弃了寻找接替人员的想法，接受了首席设计师的位置，也就是说在《魔兽世界》剩下的时间里他仍将和项目同在。马克·科恩接过了谢恩·达比里的职责，担任团队领导，因为谢恩得了溃疡，这就是他当领导的代价。但实际上人员的变动并没有带来多少变化。大家都明白主持大局的是马克和谢恩，这一点从《魔兽世界》诞生之时就是如此。马克依旧担任程序员的制作人，谢恩仍然负责领导美术师，卡洛斯则负责指导任务和关卡设计师。

我们的目标是在2003年年底顺利推出游戏，为了实现这个目标，我们第一次开始讨论游戏功能削减的问题。目前为止还没有任何事情被确定，但玩家住宅、坐骑、PvP、水下战斗和其他主要功能都已进入削减之列。E3让我们醒悟到需要和其他游戏激烈竞争这一事实，但没人知道游戏到底应该在《无尽的任务2》之前还是之后发售比较好。在《无尽的任务2》之后发售，最大的好处就是那时人们对订阅制收费模式已经适应。在几年前的一次《无尽的任务》和《魔兽世界》开发者的彩弹联谊中，我们已经了解到《无尽的任务》的并发用户数。《无尽的任务》的开发人员开诚布公地说，每次有竞品出现时，他们的订阅人数就会上升。其他网游的广告宣传会吸引更多的用户了解订阅制游戏，但每当一款新游戏失败，用户就会集体迁移到《无尽的任务》中。对于游戏界来说，竞争是一件好事。

关于竞品的各种谬论很可能发源于电影业，因为电影只有两个周末的收入窗口，而游戏可以长期运营，同类型游戏可以共存。在《暗黑破坏神2》之后，暴雪打破的另一个营销神话就是"错过假日销售会非常危险"。《暗黑破坏神2》把发售日期推迟到了下一年，销量还是与预测在圣诞节发售一样高。自那以后，暴雪就不再操心游戏必须在年底前发售了。

暴雪的经营理念没有将市场营销奉为圭臬。上级对于我们产品注重口碑的营销策略似乎挺满意的。加上他们坚持要求公司里必须人人都是游戏玩家，宅男可以继续安心当宅男，这就创造出一种无营销的企业文化。公司对市场营销的警戒，来自于其他被销售人员毁掉的工作室。有些人就像鲨鱼，吃里扒外，在不该他们指手画脚的决策岗位上多嘴多舌。暴雪很害怕这种人，因为暴雪的员工是群只知道埋头做事的人，根本没法和这些咄咄逼人的A型人格者在会议中争出个所以然来。

和我打交道的专业的市场营销人士倒是没那么符合刻板印象，他们是着眼于行业大局的消息灵通的人士，在公司之间的会议和谈判中往往发挥着至关重要的作用。不过我也能理解为什么这些穿着西装的家伙和开发人员之间需要一定的隔离。市场营销人员往往只会相信他们在网上读到的内容，而这些纸上谈兵的内容应用到项目开发等内部决策时就会成为一种累赘。由于电脑游戏是非常抽象和复杂的，所以了解另一家公司的成功经验并不能转化为自己未来的成功经验。在创造的过程中，明智的决定来源于细致的观察。经验证据比先验范例更加可靠。

这种想法与暴雪对游戏乐趣的重视有着直接的关联。游戏性高于一切，发现游戏的乐趣比传统智慧、许可趋势、宣发、分析、创新、变现或娱乐业的其他方面都重要。

大部分发行商不愿意为只有原型设计的项目掏钱，他们希望工作室可以在他们投入前拿出完整的蓝图来，但这不现实。既然没人愿意为即兴创作买账，工作室就只能强撑着供养项目，这样一旦遇到意料之外的机遇或风险，就会缺乏应变能力。暴雪的项目就不会被这种财务困局给锁死，所以开发人员可以专注于产品的迭代和打磨。

对于其他的公司来说，发行商和产品之间的距离是存在于整个过程中的弊端。投资者很难判断他们承担的风险是否真的有价值，也就是游戏真的好玩吗？

软件工作室有很多套路可以掩盖缺点和伪造产品进展。除非到了开发末期，制作中的游戏一般都是枯燥无味的样子（尤其是那些自己编写游戏引擎的公司的游戏），所以发行商很难对制作中的产品进行评估。如果那些不正规的工作室通过炒作来提高声誉，情况就会变得更加复杂。

开发二组的开发人员发布过文章探讨那些有猫腻的项目，哪些情况是被骗的迹象。这就是发行商为了追逐流行所要承担的风险，有些工作室隔着老远就能看出来哪些人是好骗的。由于涉及巨额的资金投入，网游界吸引了很多不老实的家伙，发行商经常被骗走钱财。阅历尚浅的游戏开发人员可能无法分辨什么时候商业方面已经出现了问题。发行商有时会试图通过介入和调整项目方向的方式来解决问题，但这样的干涉很难起作用。即使有频繁的审核和审查，双方也难以建立起信任关系。

即使每个人都抱着真诚的初衷，但在这个专业人士云集的行业里，上至经理，下至员工，无能的人实在太多了。中间人常常会被请来调解问题，但他们也会犯错，或只顾自身利益。在这混乱局面之上，还有软件行业中常见的打官司的风险，这也非常烧钱。

这些恐怖故事都是我从其他公司的求职者那里听来的。我认识一些资深的开发人员在顶级工作室干了八年之久，却由于市场营销计划的取消和变化而从未推出过一款游戏。有些发行商是不允许开发人员玩游戏的，哪怕下班后也不行。这样的规定实在令我们费解，因为暴雪是鼓励大家玩游戏的。公司在走廊的游戏柜里摆满了免费的游戏，想玩的人先到先得。有些工作室则认为玩别人的游戏会影响士气，还禁止员工在墙上贴其他项目或内容的海报（电影海报都不行），因为这样做不利于加强"团队精神"。许多工作室都是高度结构化且政治驱动的机器，不允许出现任何争论，项目领导一言堂。

这个行业的固有缺陷就是短视，把员工当作临时资产，召之即来，挥之即去。随着项目交替，开发团队经常会被重组，员工在没有机会形成自己的节奏或声音之前就被清除出队。这也就难怪暴雪员工的留任时间比其他公司更久了。

2002年7月，以职业为基础的首次人工智能测试。一群狗肉人按照它们的行为规则行动着。当坦克哥布林冲上前近战时，施法者站在后方。设计师采用了"单位碰撞"代码，防止怪物体积重叠。在游戏和电影中，只要使用人工智能来控制大量自动化单位，就会用到这种代码。

《指环王》电影中的CGI军队动画就是用了路径代码。如果初始的回避代码写得太强硬，军队的移动就会出现问题，从而让媒体大书特书"人工智能军队拒绝作战"，仿佛计算机这种机器天生反战似的。（图片由暴雪娱乐公司提供。）

7月 | 2002年

一点微光，关键时刻

《魔兽世界》构建版本中悄悄添加了波兰语！一些人族的表情动作也可以使用了，例如指点和挥手。武器出鞘的动画一经完成就得到了团队的赞赏。蒂姆·特鲁斯代尔的代码可以支持不同的脚步声，还添加了呼吸效果，以及雪地纹理的雪花粒子。动画师也制作了更多战斗动作和视觉特效。

Wowedit 的功能总算强大到可以让设计人员在没有程序员支持的情况下更改法术和能力数值了（例如移动速度、状态或直接伤害攻击）。这项功能涵盖了所有生物的攻击和技能，我们将其称为法术编辑器。不再需要程序员对法术和战斗进行硬编码，设计师总算可以自行测试了，这在游戏开发中可以算是一个分水岭，从这个时候开始，内容创作的速度会飞速提升。设计师可以自由创建怪物和玩家能力，丰富战斗系统，让游戏体验更真实。

随着编辑器大体完成，决策时刻也即将到来：设计师确定了九种基本的玩家职业，但不是所有种族都能选同样的职业。我们提供的选项比大多数网游少一些，但比起所有职业玩起来都一个样或者在团队负责差不多的职责，把职业做得少而精似乎更明智。

我们设立目标，计划下个月在全公司范围内进行 Alpha 测试。这次反馈将会决定即时战斗的手感。设计师们表示，他们有信心可以在接下来的几周内实现许多特殊战斗动作。

音效是另一项改进的内容。音效实现起来没那么难，而且在早期演示里也没那么重要，因为在 E3 上大家根本听不见声音。有了编辑器，设计师就可以把音效与法术和攻击绑定。在此之前只能听到区域环境音乐、脚步声和占位符发出的噪音，多年以来游戏一直停留在这个阶段。随着设计师为攻击和碰撞效果创造了用武之地,声音总算一点点加入到游戏中了。

Alpha测试在即,埃里克和凯文正忙着制作战利品列表中的道具和刷新地。他们紧闭房门,还在门上挂着"找艾伦"的牌子,防止大家跟他俩问东问西的。后来杰夫·周在下面潦草地加了一句,改成了"找艾伦(要糖吃)"。

他们竭尽全力想在这次全公司性的Alpha测试版本中加入尽可能多的技能和道具。压力主要落在设计师和程序员身上,因为这次测试主要集中在E3上展示过的那三个打磨过的新手区。

2002年7月,狼骑手。坐骑是最新的游戏功能,所有未参与这项功能制作的人看到后都大吃一惊。除了外观,坐骑唯一的功能就是提供速度加成(以及美妙的跳跃动画),这项功能受到了团队的热烈欢迎。(图片由暴雪娱乐公司提供。)

8月 | 2002年
作弊和漏洞的巧妙利用

《魔兽争霸3》发售后，公司进入短暂的庆祝模式。8月底，季度展示会后，公司在本地的一家影院举行活动，为资深员工颁发了五年之剑。随着员工人数的增加，我们将公司会议的举办地从质量保证区域搬到了当地影院，顺便还能观看最新的电影，通常是像《极限特工》或《反恐特警组》这样的烂片。开发一组现在负责两个项目：制作《魔兽争霸3》资料片，以及为《星际争霸2》做前期研究。北方暴雪负责一款即将取消的叫作Dragons的游戏，以及《暗黑破坏神3》。Nihilistic准备在东京电玩展上公布《星际争霸：幽灵》。《魔兽世界》的开发取得了重大进展，公司所有人都期待玩到我们的Alpha版，但由于一些BUG，测试推迟到了8月底。这场为期半天的授剑仪式，是公司赞助的拉斯维加斯度假的预热活动，也是《魔兽争霸3》发售庆祝活动的一部分。

从质量保证部门到总部，暴雪请大家参加了一个为期三天的庆祝派对，其中唯一的公司活动是观看一场太阳马戏团的表演。我们坐了六个小时的大巴，住进由公司买单的酒店房间，尽情狂欢。员工们彼此碰面，要么聚在一起聊天，要么挥手打个招呼就走人。设计师和程序员中流行起了扑克，因此我们经常在德州扑克的牌桌上碰面。公司里许多玩《万智牌》的高手转战德州扑克，因为德州扑克更简单，而且高手还能赢钱。有些团体在高级餐厅预定了大型晚宴，有些预定了套房举办桌游派对，还有些人则选择和家人一起待在家里。以拉斯维加斯的标准来说，暴雪的发泄派对其实没那么热闹。

拉斯维加斯之行结束后，队长马克·科恩提醒我们准备好再次进入熬夜模式。整个团队都得加班加点工作，以免时间太过紧张。他还宣布，为了适应《魔兽世界》50人的规模，下个月开发一组和开发二组将会交换办公地点。最近我们从楼下（质量保证和客服部）提拔了阿伦·拉皮迪斯和吉姆·查德威克（Jim Chadwick）到室外团队。经过两年的找寻，我们为地下城团队觅得了两位关键人才，纹理美术师吉米·洛（Jimmy Lo）和布莱恩·莫里斯罗。暴雪从质量保证部门提拔迈克尔·巴克斯（Michael Backus）成为我们的第一位游戏管理员，但因为还没有玩家用户，所以他只能帮世界设计师在已完成的区域内放置怪物刷新点。之后他的工作从放置刷新点升级成制作任务。后来又有几位GM跟随迈克尔的步伐，帮助《魔兽世界》开发团队完成了刷新点的摆放，以及其他世界任务的设计。

谢恩·达比里找到了制作伪飞行坐骑的方法，在我们看来是又一座重大里程碑。他的手段是用作弊器直接将默认的玩家模型替换为骑在驭风者（一开始叫作双足飞龙）上的玩家模型。我们的游戏中并不能自由飞行（资料片才实现这一功能），但驭风者的翅膀是可以扇动的。

谢恩关闭了角色的重力，也就是说他起跳以后，可以在空中移动六英尺且不会掉下来。经过反复跳跃，他就能做到凌空行动，在空中横向奔跑。这不算真正的飞行，因为他没法上下滑行，但当他在建筑物和树梢上空"奔跑"时，模型胯下的坐骑会拍打翅膀，看起来就像是飞过了矮人新手村，又飞过了铁炉堡的阁楼。这样的视觉效果令整个团队感到震惊，我们围着谢恩摆在走廊上的办公桌惊叹不已。我们看着他从一个区域"飞"到另一个区域。从鸟瞰的角度看下去，整个世界无比美丽，建筑物和树梢都在他的脚下呈现出视差效果。

有了制作飞行出租车（飞行点服务）的可能性，团队感到非常兴奋，我们还讨论过利用空中坐骑制作3D版《鸵鸟骑士》小游戏的问题，这下轮到程序员们紧张了。工程师们强调他们还没有优化引擎，还不能自由控制空中坐骑。我们迫不及待地想让玩家体验在区域之间乘坐出租车往返的功能，欣赏从脚下掠过的风景。这个杀手锏可以让我们的游戏瞬间就和其他的竞品MMO拉开差距。

其他部门也开始为《魔兽世界》贡献力量。开发一组的测试人员提供了大量的反馈意见和改进想法。北方暴雪的一名设计师发来一个游戏内可收集卡牌游戏的原型程序。这也算是我们早期的愿望之一，就是在《魔兽世界》中推出一款收集卡牌的游戏。虽然这个设想并未实现，但大家都玩过纸质版的卡牌游戏，这毕竟是一款游戏，要是怪物身上能够掉落稀有卡牌作为战利品，想想就很有趣。暴雪的一些员工是《万智牌》的专业玩家，他们试过这款不平衡的卡牌小游戏后都印象深刻。另外，更有经验的卡牌游戏玩家像博·贝尔（《万智牌》首届全国冠军）和开发一组的制作人弗兰克·吉尔森（Frank Gilson）（国际《万智牌》职业联赛选手），都一致认为这个原型比很多商业发行的集换式卡牌游戏要好玩。

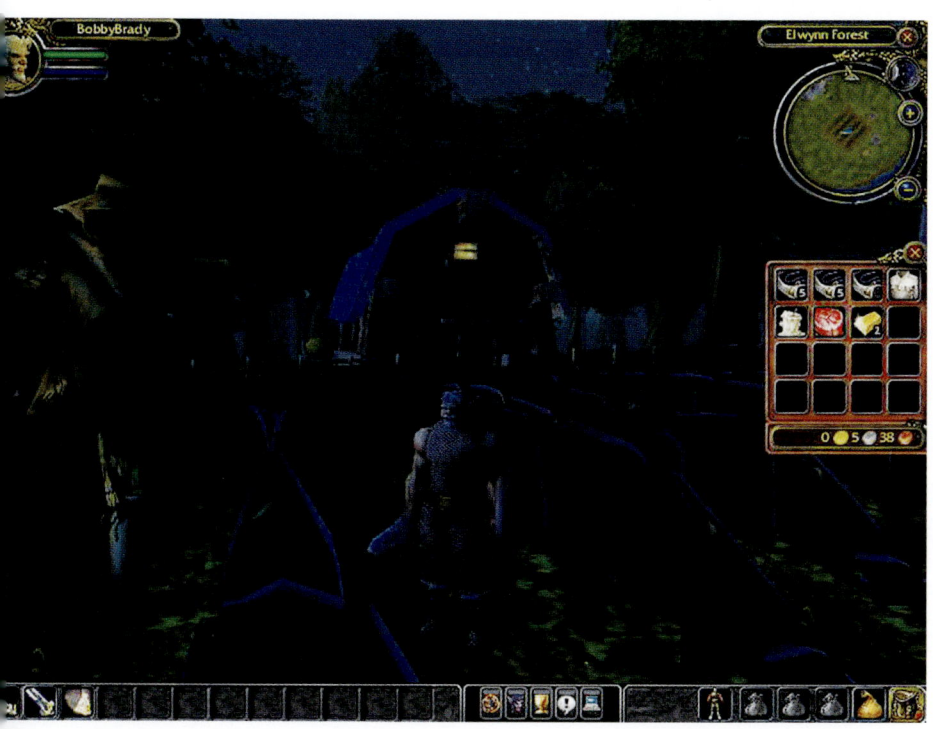

内部Alpha测试版本使用了全新的界面！有一个非常奇怪的BUG，就是田里的番茄架被"背包图标"的图片给取代了。其他问题还有碰撞系统出错、乡村里刷新出了没有攻击性的恶魔、NPC全都变成蜥蜴等。这些蜥蜴在城里四处游荡，仿佛在自家巢穴里一样。尽管视觉效果出现了很多异常情况，但服务器却没有崩溃，首次体验也令其他部门的员工印象深刻。（图片由暴雪娱乐公司提供。）

约翰·斯塔茨

科林·穆雷从开发一组学来了一招：创建一个临时占位，哪里缺少美术素材就往哪里填。科林用他的第一台数码相机偷拍了一张谢恩·达比里的照片，还用 Photoshop 把谢恩的脸进行了剪影处理。他把这个立方体悄悄放进了下一个构建版本中。第一次看到谢恩立方体出现在角色的头顶时（代替头盔），团队的人都爆笑如雷。当鲜花的素材不见时，山坡上就会开满肖恩立方体。总之，没有美术素材的地方就会有这个立方体，有时候它们甚至会填满整个屏幕。这个玩笑的本意是想激怒谢恩，这样他肯定会立刻把缺失美术素材的BUG给修好。

谢恩在暴雪的根基很深。和艾伦·阿德汗讨论了《恶魔熔炉》之后，他给艾伦留下了深刻的印象，这是一款20世纪80年代初的游戏，由艾伦和业界传奇人物布莱恩·法戈（Brian Fargo）合作开发。谢恩承认这是他玩过的盗版游戏里最难的一款，艾伦也猜到了谢恩是怎么做到的。艾伦的游戏理念是创造友好的游戏体验，他坦言早期开发的游戏惩罚力度很大，如果玩家犯错就会被杀死并强制从头开始。我想所有伟大的游戏设计师都是从制作一款折磨人的游戏开始发家的。（图片由暴雪娱乐公司提供。）

9月 | 2002年

内部Alpha测试1.0

虽然《魔兽世界》团队又开始熬夜工作，但全公司的人都沉迷于《战地1942》的试玩版，导致工作效率降低了不少。自从《无尽的任务》面世以来，还没有一款游戏这么热门过，也没有哪款游戏能对我们的团队产生如此大的吸引力。晚上10点后的下班时间，大多数人都会留下玩这款全新FPS的试玩版。制作人（他也在游戏里和同事们战斗）则希望这样的痴迷不会影响我们的日程安排。

布莱恩·莫里斯罗和吉米·洛作为纹理美术师加入室内部门，给地下城设计师带来了好消息。截至9月份，暴风城仍旧是唯一贴上纹理的城市。亚伦的3D建模速度非常快，但即便如此，他建造城市也得花费好几个月时间。

亚伦、卡梅隆、达纳和何塞制作城市模型时，我会开玩笑地安慰他们："不用担心城市做得太大，因为根本没人要进城。"对我来说，有趣之处在于这句话并不完全是胡扯，我们都不知道城市里会安排什么样的玩法，特别是设计师们最近把发布任务的NPC都安置到了外部区域。设计师们对我们的问题避而不谈，只是保证城市是有用途的，比如有银行和售卖技能的商人（拍卖行还不在计划内）。更糟的是，由于我们的小地图无法显示室内地图，所有进入暴风城的人都迷了路。团队里大多数人都跟亚伦反馈过，暴风城里的导航是个问题。他不停地解释说，有了小地图（可能）就不会这么晕头转向了，同时表达歉意。尽管有这么多负面的反馈，亚伦还是坚持推进，因为他相信游戏设计师之后会解决城市的问题。

鉴于我们只有一年的时间，而目前只有死亡矿井、血色修道院和两座小型的金矿贴上了纹理，所以我们将地下城数量缩减为16

个——几乎砍掉了一半。但即便这样，工作量似乎还是有些超负荷。除了地下城，五位关卡设计师还得负责制作几十个建筑、五座城市和大量的微型地下城。

我们的团队在不断壮大。瞿华明（Michael Chu）从质量保证部门晋升为副设计师，负责协助帕特·纳格尔和杰夫·卡普兰创作任务。我们还请来游戏管理员帮忙放置怪物刷新点。第一位游戏管理员是迈克尔·巴克斯，之后还有安迪·科顿（Andy Kirton）和史蒂夫·皮尔斯（Steve Pierce），他们来自索尼在线和Interplay，都是经验丰富的游戏管理员。

团队的扩大也影响了我们的社交，各部门开始抱团行动，不会在午餐的时候混在一起。不同部门的人只有在宵夜时才能见上一面。大多数人都坐在走廊里那些摇摇晃晃的椅子上，要是椅子满了就干脆坐在地上。我们就着比萨和苏打水聊天，其他人则回到自己的办公室里工作和吃饭。人员这么多，开会变得累赘，限制了有效的互动。

随着团队中设计师的增加，非设计师们逐渐不再参与设计方面的讨论，工作效率提高的同时，部门之间自然而然地产生了社交隔阂。团队聘请了一位新的用户界面设计师德里克·坂本（Derek Sakamoto），他和网络程序员杰西·布隆伯格一起为游戏及《魔兽世界》的网站添加互动功能。

但部门间还是有合作的，室内关卡设计师帮忙测试了杰雷米·伍德（Jeremy Wood）最近实装的公会功能。杰雷米让卡梅隆、达纳、何塞和亚伦担任公会官员，允许他们邀请和提拔其他玩家。这次测试没有太多内容可以说，因为只能使用公会聊天功能，但这是《魔兽世界》第一次进行公会聊天。那么，《魔兽世界》史上第一家公会叫什么名字呢？"Assmaster。"杰雷米还用它命名了第一个团队竞技场。

这个名称预示了这款游戏将来要面临的复杂局面。只要玩家在游戏中获得一点自主的创作权，就会写满各种乱七八糟的脏话，游

2002年9月，临时占位版登录界面。有些东西让开发人员日复一日看了好几年，但也许永远不会出现在玩家眼前。音效、菜单图样和按钮是游戏开发中最简单的部分，所以这部分都是在最后关头才制作完成。（图片由暴雪娱乐公司提供。）

戏开发者当然也是一个德行。

　　游戏中实装的唯一一个屎尿屁彩蛋，就是被关卡设计师们称为"poodads"的东西。达纳·杨做了一堆大便，还把来自腐肉道具的嗡嗡作响的苍蝇拿来装饰在上面。其他人都撺掇达纳把这堆大便藏到洛克莫丹食人魔山坡的某个阴暗角落里，就当是我们蠢蠢的小秘密。在游戏的每日构建版本中看到这坨大便时，我们都笑得特别开心，还把比尔·佩特拉斯叫来看。他无奈地笑着摇了摇头，让我们把它删掉。我们嘴上说会的（但其实没有）。不过现在这坨大便已经不见了，可能是被大灾变时的洪水给冲走了吧。

　　公司内部对游戏的质疑（没错，真的有人质疑），也随着这次全公司范围的Alpha测试的结束而结束了。可以说暴雪全体都相信

约翰·斯塔茨

《魔兽世界》会是一款非常吸睛的游戏大作。艾尔文森林的内容就足够让整个公司沉迷一周了，而暴风城里还没有什么游戏内容，除非迷路也算一种玩法。也有几个勇敢的人冒险进入西部荒野，但战利品列表还没完成，所以杀死那里的怪物并不会掉落任何奖励。我们投入了两个工作日和整个周末来玩《魔兽世界》，服务器没有发生过一次崩溃。

测试期间最值得一提的行为是抢拾取。所有人都可以掠夺尸体，意味着近战玩家可以拿到所有东西，而潜行者可以使用潜行来掠夺别人杀死的怪物。这种游戏方式很糟糕，所以大家都忙着提高角色的等级，这样就可以赶紧离开人头攒动的北郡修道院，独自进行游戏。这个例子完美地体现了一个小小的疏忽就能毁掉整个游戏体验，所以和别人一起玩的部分收到的反馈都不怎么好。艾伦·阿德汗收到了员工们发来的改进建议，并写了一封动员邮件：

> 早期的反响很不错。除了一些细节的问题，一些抢怪行为和大量的抢拾取之外，大家玩得都挺开心。以下是几点值得注意的地方：
>
> - 周五的用户数量达到61人（历史新高）。
> - 我晚上10点左右下班时有十几个人仍在游戏中。
> - 截至晚上10点，开发一组至少有六个人把周五的夜晚投入到《魔兽世界》中。他们"舍不得退出游戏"。
> - 乔希、马特、亚当和其他几人一直玩到凌晨两点左右。
> - 说到周末玩什么，至少有十几个人愿意玩《魔兽世界》，而非别的游戏。
> - 戴夫·贝里格伦（Dave Berggren）说起他有多喜欢这款游戏时甚至哽咽了，他被《魔兽世界》震撼到说个不停。事实上，他周六就回家注销了自己的两个《无尽的任务》账号。没错，为了《魔兽世界》，他把自己两个60级的游戏账号给注销了。就这么干！
> - 我无数次听到"这个游戏画面太美了"。
> - 我无数次听到有人稍显意外地说"这游戏真好玩"。
> - 我无数次听到有人可怜兮兮地问我，"我们什么时候可以坐在家里玩到这款游戏"？

美术师罗曼·肯尼是《无尽的任务》的老玩家，他是全公司最有创造力的BUG猎人。当游戏设计师用打不过的怪物封锁不能游戏的区域时，罗曼总能想出办法绕过它们。比如说，有一次他用了一个动作让自己的角色从飞行坐骑上直接跳车，掉进了地面上的高级禁区内。他的鬼把戏还不止这些。他捡回掉在禁区的尸体后（死于坠落伤害），发现有些商人出售的武器比新手区的更好。他点击高级武器，把属性贴在聊天世界频道里，问有没有人想买。大家都热情地出价，以为是他打怪掉的。他从卖家那里买来武器再转手卖掉，大赚了一笔。游戏设计师都被他的脑洞给逗笑了，但这种行为会破坏游戏的经济体系，所以他们很快就修复了从飞行坐骑上直接跳下的BUG，防止再出现这样的情况。罗曼还发现了一个诡计，就是在AFK（暂离游戏）的玩家脚下生火，把他们烧死。等玩家回到游戏时就会发现角色死在了安全区。罗曼的伎俩促使游戏设计师埃里克·多茨取消了玩家制造的篝火会造成伤害的设定。其实埃里克觉得这样很有趣，而且他愉快地指出，篝火伤害玩家是因为它讨厌他们。（篝火实际上是一种无敌的生物，并且在它的声望列表里，玩家被列为"敌人"）。

我们每隔几周就会更新一次内部Alpha测试版本的功能。设计师们将数据填进游戏里，配置技能、道具和任务。最常见的要求是增加更多的任务和道具。道具做起来很麻烦，因为只要有人调整了战斗算法，那么这些道具的数值就必须单独手动更改，而这样的事情每天都在上演。我们掌握了怪物饱和度的作用，以及用怪物定义区域的方式。我们的怪物刷新团队利用改进后的刷新放置工具，重制了旧版的怪物刷新机制。

艾伦·阿德汗把怪物的命中率降低了33%，以便提升升级速度，还在一个巨大的Excel表格里重新修改了所有职业的数据。很多游戏设计师都偏爱纯粹的电子表格，艾伦也不例外。他整天盯着电子表格看，不断调整数值，直到一切正确为止。他的《魔兽世界》表格可以逐级进行比较、评估和数据的更改。这个表格里显示了5级怪物的经验值和掉落的金币数，以及玩家升到6级需要击杀的怪物数量。表格还显示了潜行者造成的平均伤害比战士高出70%。如果高级牧师的战斗力不足，也会在表格中着重显示，甚至比游戏中测试更早凸显问题。设计师们通过这份超级电子表格重新调整游戏的平衡性，直到游戏最终面世。

因为团队每周都要熬夜工作两天，Alpha测试的第三阶段如期于10月中旬展开。我们在游戏中添加了全新的职业、技能，以及全新的地区：寒脊山谷（本来叫作安威玛尔）。矮人族成为第二个拥有新手村的种族。北方暴雪和开发一组的反馈报告中说道，Alpha测试仍然牢牢吸引了团队的注意力。玩家没有很快玩腻我们的内容，我们倍感欣慰。

悬而未决的问题

10月 | 2002年

地下城遇到了更多瓶颈。斯科特·哈廷对现有的怪物导航并不满意，似乎要从头开始重新编写路径代码。AI路径未达最优，也让地下城漏洞百出。如果让玩家找到了攻击怪物的同时不受伤害的办法，他们就可以轻松刷取战利品和经验值，这样会损害经济体系的完整性，让角色的升级沦为无脑的重复作业。要防止AI被利用也需要承担很高的风险。尽量减少地下城中受保护地点的路径代码，是最好的补救措施。

对于经验、物品、货币或声望，只要能钻空子刷，玩家就一定会钻空子来刷。玩家总是会选择更轻松的方法。MMO的游戏时间一般都是以月为单位的，漫长的成长过程会让人心生畏惧。如果能找到捷径，哪怕不那么有趣，这种玩法也一定会流行起来。而如果游戏一走捷径就不好玩了，只能说明游戏本身就不好玩。只有懒惰或经验不足的游戏设计师才会指责玩家的违规行为"毁掉"了游戏，就像是狗主人指责狗狗吃东西不注重健康一样。

路径代码的编写遇到延迟，意味着地下城的测试日期也需要延迟，还意味着游戏设计师无法向关卡设计师说明到底需要建造多大或多长的地下城。地下城没有确定的方向也令我们很不安，因为开发团队的其他成员都已经接近成功了。我们计划在7个月后推出亲友测试专用的Alpha测试版，而且那时候游戏离上市也已经不远了。

我对自己在黑石山地区的美术设计感到很满意。我使用3D Studio Max制作的第一批地下城依次为哀嚎洞穴、安其拉神殿和剃刀沼泽。对于这几个地下城，我的感情很复杂，我最讨厌的就是

约翰·斯塔茨

安其拉，它的空间布局很尴尬，导致游戏体验很差。于是我沉下心来研究建筑，总算在黑石山上大展了拳脚。

黑石山周边区域的高低差做得不平整，这让室外关卡设计师马特·桑德斯感到抱歉，不过我却感谢他这么做。起伏不平的大面积区域更有趣，而且因为黑石山周边本身没有什么游戏内容，我们才可以做出如此剧烈的高低起伏，而不用担心影响游戏乐趣。

卡洛·阿雷亚诺（创作了宏伟的黑石山大门概念图）建议在中心位置放置一个巨大的矮人雕像。我很喜欢这个建议，并用这个雕像固定住了玩家用来穿越洞穴的巨型铁链。我偷来了卡梅隆·兰普雷克特的矮人建筑，把它们塞进山壁里，以营造出城市的景色。经过一整个月的建模，我把线框图交给了布莱恩·莫里斯罗，他绘制了几十种纹理，差不多是我之前制作的地下城加起来那么多。在接下来的七个月里，我用布莱恩的纹理建造了三座黑石地下城。

亲友Alpha测试在即，马克·科恩宣布，我们要做好准备迎接二月和三月的另一个紧要关头。所谓的紧要关头比加班还难熬。这意味着我们每周要有四天一直工作到晚上10点或半夜，而不是之前的两天。他要求员工在感恩节和圣诞节少休假，并在接下来的七个月里避免请假。提醒全员准时上班（早上9:30之前）的电子邮件也会成为日常。早晨缺勤会导致会议难以展开，而迟到的话前一天的熬夜就没有任何意义了。

制作人制止了泛滥的功能需求，以避免增加编程工作量，破坏工作日程。只要被问到是否计划加入什么功能，他们就会回答："我们

2002年1月，黑石山布局（右下图）。一开始的设计要求有两个环形平台和两座桥梁连接到一块悬空的岩石上，而这块岩石就是地下城的入口。我通过将平台做成坍塌和倾斜的样子，并将铁链用作桥梁的方式，节省了这些元素。"应该给玩家一种偷偷潜入禁区的感觉。"我向对此有所质疑的比尔·佩特拉斯解释道。他怀疑玩家根本找不到地下城，直到游戏设计师杰夫·卡普兰打消了他的顾虑。

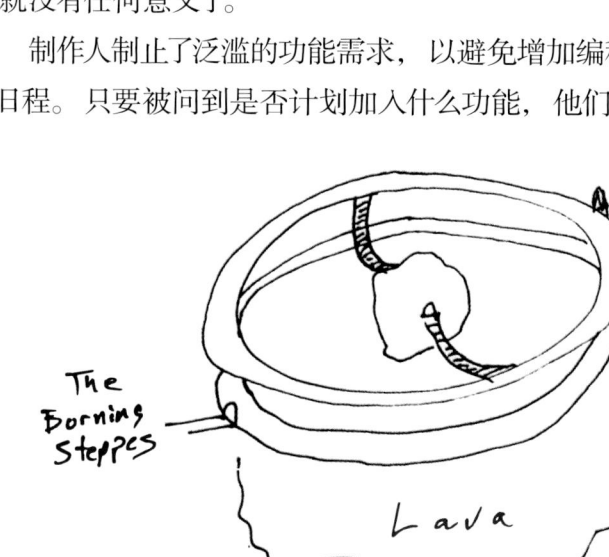

还没有这么做的打算……"以婉拒各个团队的功能与工具需求。

这款游戏存在着许多悬而未决的问题，以至于大家都在怀疑2003年年底这个最后期限之前，到底能完成多少个地下城。没人知道正确的答案。游戏设计师办公室的门上还挂着那个"找艾伦（要糖吃）"的牌子，但艾伦又在自己的办公室门上挂上了一块写着"我没空，去问凯文和埃里克"的牌子。因为艾伦才是全职的设计负责人，凯文和埃里克手头许多需要解决的问题还等着他来办。

他们还保留着办公室白板上写着的"艾伦议题"的内容。9月至10月的列表内容包括次要技能、水下战斗、文身、商业技能、暴风城小型街区数量、远程武器回归、暴风城绞刑架、减益图标、已装备物品（效果和动画）、种族能力、增益系统改动（临时增益法术）、战斗音乐、第六种魔法流派、节庆，以及出租坐骑、银行和世界地图用户界面。有一个好笑的想法是给所有辱骂和违规的玩家专门建立一个"澳大利亚服务器"，与其注销他们的账户从而失去客户，不如将这些充满攻击性的客户流放到一个没有GM的服务器中。

埃里克和凯文抓紧一切机会和艾伦讨论游戏问题，艾伦常常和罗布·帕尔多、杰夫·卡普兰及开发一组的游戏程序员鲍勃·菲奇（Bob Fitch）共进午餐。他们一边吃着便宜的快餐一边讨论MMO系统和理念，以及能从《无尽的任务》里学到的内容。这些午餐时间的讨论对《魔兽世界》的最终样貌和理念产生了巨大的影响。随着《魔兽争霸3》推出，罗布·帕尔多可以将更多时间投入到《魔兽世界》的游戏设计中去。

设计师在白板上写满"艾伦议题"的同时，任务设计师则在他们的白板上写满了魔兽历史的时间轴。这是和克里斯·梅森进行头脑风暴的结果，用时间轴对他的故事进行总结和说明，从而展开关于人生任务的工作——玩家在升级过程中需要经历的大体故事。因为人类是完成度最高的种族，所以首先整理他们的时间线。人生任务的工作开始后不久，我们了解到《魔兽争霸3》的资料片可能会改变设定的时间线，因此这一工作暂时被搁置。

约翰·斯塔茨

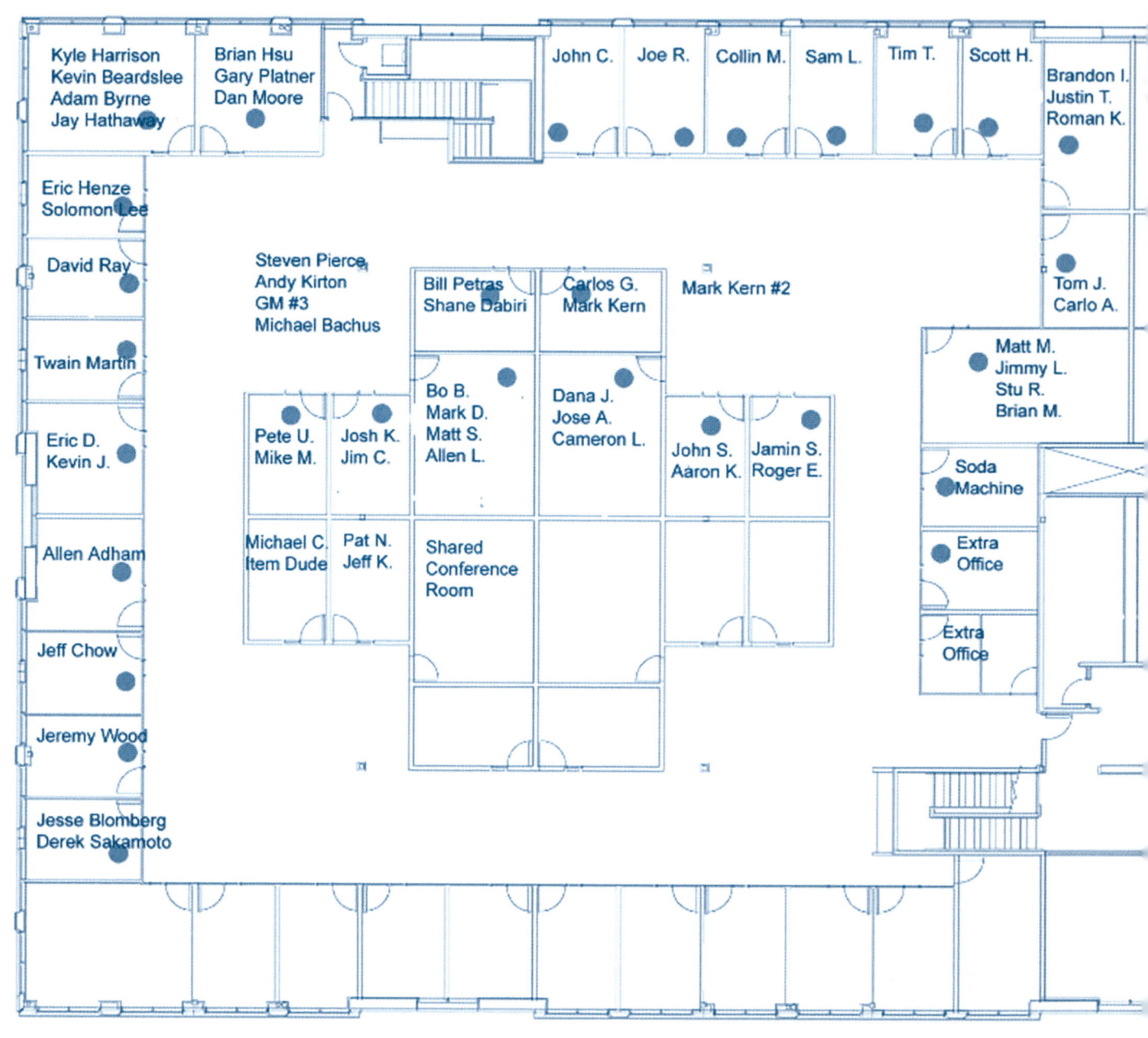

2002年10月，开发二组的布局图。二组扩大了办公空间，但最后GM的人数比开发团队本身的人数还多，占满了楼下的空间。（图片由暴雪娱乐公司提供。）

在接下来的暴雪内部展示会上，公司看到了一个全新的游戏原型：被北方暴雪戏称为"StarBlo"的未来主义版《暗黑破坏神》，以及《暗黑破坏神3》的初步美术设计和《魔兽世界》的最新优化。我们展示了兽人的城市，一长串表情符号及游戏中新增的各种宠物指令。我们展示了通过玩家持有的道具或世界中的物品来启动任务的新功能。我们还完成了几个新的区域：湿地和悲伤沼泽。新增了兔子和鸡两种小动物——大家都喜欢看狼攻击这两种动物。怪物之间互相战斗这个点子很新颖，大家被这种滑稽的行为逗得哈哈大笑。

> **《魔兽世界》：我们保证每棵树下都住着一头熊。**
>
> ——怪物刷新设计师史蒂文·皮尔斯关于滥放生物的笑话

狩猎野生动物这个概念的加入并非理所当然。在测试战斗前，设计师曾犹豫是否要奖励玩家猎杀动物。最初，我们加入野生动物仅仅是为了增添区域氛围，让郊外显得更有生气。由于素材的预算有限，设计师只能利用现有的模型进行各种改版，尽量提升多样性。从秃鹰到老虎，甚至濒危物种都被列入"猎杀名单"。为了妥协，动物以变异的形式出现——狼变成了恐狼，等等。

约翰·斯塔茨

任务

《魔兽世界》是暴雪第一款由玩家扮演主角的游戏，所以必须得有任务设计师为这个世界注入故事和特色。最开始，任务只会诱使玩家前往新地图，让他们熟悉新区域，主要目的就是防止玩家迷路。但我们在早期测试中发现，这样做只会适得其反。这让玩家养成了依赖任务日志导航的习惯，一旦任务日志栏变空，他们就找不着路了！

设计师以为玩家会先完成任务熟悉区域，然后刷怪练级，练得差不多了再走。结果玩家并没有在新区域里刷经验，为了接到更多任务填充空空的任务日志栏，他们提前离开了！这导致玩家进入了对他们来说过于困难的地区。如果想让玩家留在合适的区域，唯一的方法就是增加任务，而且要比原计划多得多。好在有暴雪为项目提供的资金支持，所以这么做是可行的。

通过设计大量的任务，《魔兽世界》意外创作出引人入胜的单人游戏内容——可以说，对于庞大的休闲玩家市场而言，这一点是《魔兽世界》最大的优势。我们从没优先考虑过单人内容，没做过计划，也没有预算，只是碰巧实现了这一点。为了解决意料之外的导航问题，我们无意中吸引了更多的受众，也就是单人玩家。

设计师对任务还有其他误解。我们原以为玩家在40级有了新坐骑后，会喜欢跨越大陆的任务，最后却发现旅行时间就是干等着的无聊时间，所以设计师最终选择了围绕着枢纽区域的短途任务。

杰夫·卡普兰笑着跟任务设计团队承认过："还记得我说过让玩家横跨大陆，进行史诗般的旅程会很酷吗？呃，当我没说。那样是行不通的。稍微来几个还行，但大家做完就不想再碰了。"

克里斯汀·布劳内尔的背景故事会议记录。在团队完成室外区域的景观设计和生成后，克里斯·梅森花了40分钟，向任务设计师讲述了背景故事概要，包括战役发生在哪里、住在这里的是什么人以及他们为什么讨厌住旁边的另一伙人。在墙上画完地图后，任务设计师们轮流选择自己想编写任务的探索点。设计师会先用一周的时间进行任务构思，然后把想法和名字用电子邮件发给克里斯，克里斯基本上都会批准。（图片由暴雪娱乐公司提供。）

MB — 迈克尔·巴克斯
AA — 阿莱克斯·阿弗拉西亚比
PN — 帕特·纳格尔
SB — 克里斯汀·布劳内尔
SFC — 肖恩·卡恩斯

制作人完全没想到会需要任务设计师，他们之前以为设计任务非常简单，所以最初计划是利用自己的空闲时间完成——事后看来十分可笑。当了解到哪怕设计一个简单的任务所涉及的工作有多少后，他们就立马让管理层再拨些预算，成立了全职的任务部门。起初，任务团队只有三位外部雇员，两位是广受欢迎的《无尽的任务》专家——杰夫·卡普兰和阿莱克斯·阿弗拉西亚比(Alex Afrasiabi)，还有一位是威世智公司的肖恩·卡恩斯(Shawn Carnes)。其余的任务设计师都是技术支持和质量保证部门的内部员工。我们的第一位任务设计师是帕特·纳格尔(埃里克·道茨就是用他的名字为著名NPC钓鱼训练师纳特·帕格命名的)。帕特之后是迈克尔·巴克斯、瞿华明和克里斯汀·布劳内尔(Christine Brownell)。为了这件制作人原以为能在空闲时间完成的事情，我们聘请了六位以上的设计师。如果只制作杀怪任务，可能只需要一两个开发人员，因为这种任务只用几个小时就能完成。但是我们普遍认为，刷怪任务不怎么吸引人，而且感觉很廉价。随着任务设计师人手的增加，他们也自然而然地挑战起自我，想试试在收集任务的方向上能走多远。玩家们很幸运，任务设计师们都有适度的进取心，都想争相创作出最新颖的游戏机制。正是这种个人动力，而不是强加的命令，让《魔兽世界》的任务如此富有创意和多样化。

在克里斯接受任务方案后，设计师就需要将其编写为实际脚本，这要求设计师对Wowedit有非常全面的了解。任务设计师要学习关于制作生物、技能、行为、物品和对象的一切内容。第一位任务设计师帕特·纳格尔经常指导新手如何使用Wowedit。任务设计师对编辑器可以说是了如指掌，以至于负责内容的制作人卡洛斯·格雷罗经常找他们帮忙，好尽快修复其他部门的BUG。

通过Wowedit的一系列对话框，任务设计师可以定义任务的大量参数，有些参数要比别的复杂得多。设计师为玩家提供了触发游戏新机制的对象，让他们能够创作更多的游戏玩法。还有一些他们发现的有趣小游戏和机制，后来被地下城脚本设计师融入到了BOSS战中。任务设计师是团队中最能推动《魔兽世界》发展的角色，所以就算他们的某些发明有问题（有时甚至是难以置信的大问题），也只是必要的代价。

《魔兽世界》的任务系统和天赋系统一样，也是从非常基础的想法演变出强大的功能特色，为玩家提供了多种多样的体验。这并不是刻意设计出来的，而是任务设计师在自由使用设计工具的过程中不断创造的。任务设计师也许是团队中最具创造力的角色，这不仅体现在发明临时游戏机制方面，还体现在背景故事和文案方面。

他们花费大量时间编写脚本、解决BUG，让任务正常运行，并不断测试任务，直到他们觉得合适并且不会被玩家滥用。心满意足后，他们会将任务提交到每日的构建版本更新中，让任务可以玩。

魔兽世界开发日记 | 一款电脑游戏的开发手记

2002年10月，任务创建对话框。这是用于定义任务众多参数的一系列对话框中的第一个。（图片由暴雪娱乐公司提供。）

约翰·斯塔茨

2003年10月，任务测试。测试和调试一直都是创建任务过程中最耗时的部分。在这张截图中，杰夫·卡普兰为了测试一个多段任务，正在跟任务线中所有的NPC交谈。当任务正常运行后，他会将NPC放回原位进行游戏内测试。（图片由暴雪娱乐公司提供。）

每个设计师平均每天能完成两个任务（这在很大程度上取决于任务的复杂程度），因此一个有30个任务的区域大约需要三周时间才能完成。帕特·纳格尔在卡拉赞塔顶的象棋事件是最复杂的任务之一，用了好几周的时间实施和调试。

只要小故事的感觉和区域整体相符，任务设计师就可以相对自主地创作，内容制作人卡洛斯·格雷罗对这些部分管得很宽松。只要他们能按时完成并且不给程序员和美术师增加工作，管理层就没意见。任务设计师的工作和其他人一样，也需要等待新功能或美术资源整合，但除此之外，他们使用的都是已有的东西。

克里斯汀·布劳内尔设计任务时，经常将空建筑作为背景故事的元素。她有时会找关卡设计师（他们总是乐意帮忙）添加场景或小道具来充实某个区域。例如，马特·桑德斯在费伍德森林扩充了一片区域，用来容纳某只小猫喝下腐化污水后变成老虎的任务。

任务设计师会搞些突破第四面墙的把戏，其中一个就是在叙事里加梗，就像个人彩蛋一样。虽然粉丝们也编写了流行文化梗的详尽清单，但这些只是冰山一角。NPC名字的由来通常是内部笑话和个人梗，从宠物到大学室友，再到生僻的文学人物。除非有人问起，否则任务设计师很少会透露角色名字的由来。

任务设计师很喜欢小兔子，因为按字母排序的话，排在最前面的生物就是"critter_bunny"（小动物_兔子）。小兔子成了最容易选中的法术目标。谁都没有发觉《魔兽世界》中有成千上万只看不见的小兔子。如果怪物朝某个地方射闪电箭，那么施法目标很可能就是隐形的兔子。从熔火之心的深处到暴风城的节庆活动，任务设计师和怪物脚本设计师都用小兔子当默认目标。

11月 | 2002年
内部 Alpha 测试 2.0

值得庆幸的是，《战地1942》总算在团队中失宠了，他们停不下来的热情让给了《魔兽世界》内部Alpha测试的第二个版本。从这个版本开始，游戏从有趣变成彻底令人上瘾。原本该忙着制作《星际争霸2》和《魔兽争霸3》首个资料片的开发一组成员也不例外，他们收到了电子邮件，警告他们别在工作时间玩Alpha测试版本。北方暴雪也祝贺我们赋予了游戏令人敬畏、惊奇的氛围。

艾伦·阿德汗整理了公司测试人员的电子邮件（超过100页），还表示收到不少好想法和批评意见。和每款暴雪游戏一样，他认为没有什么是理所当然或一成不变的。艾伦仔细地研究了一切东西，从大家的游戏方式、沟通方式、战利品互动、界面到每时每刻的体验。反馈意见指出了一些漏洞和崩溃问题，帮助游戏变得更完善。

首个Alpha测试版本在10级左右结束，第二个Alpha测试版本则是在20级结束，还包含大量新功能。它有两百多个任务和1500多件物品，能玩到所有的职业及其技能（到20级为止），还采用了专业技能的新界面。现在玩家学习法术要找职业训练师而不是商人了，而且还能召唤和控制宠物。我们把怪物的生命值、护甲和伤害降低了三分之一，好加快玩家升级的速度。怪物也变得更聪明，它们会施法、求救、躲闪和格挡攻击。我们为更多的区域生成了怪物，设计了任务及战利品。游戏里有了艾尔文森林、西部荒野、赤脊山、暮色森林、荆棘谷、死亡矿井和悲伤沼泽。许多区域依然空空如也，掉落物品表也不平衡，但在40个区域中，有七个已经取得了很大进展。寻路代码在进行另一项大修改，因此某些区域的生物无法移动。我们在最初的三个区域——西部荒野、艾尔文森林和赤脊山实装了

2002年10月，用户界面再次更新。我们缩小了角色界面，压缩了玩家的信息并将其挪到一边，避免遮挡游戏角色。因为我们希望玩家能够享受乐趣而不要只顾升级，所以还讨论过需不需要经验条。（图片由暴雪娱乐公司提供。）

空中出租车（飞行点）。如果被水淹没75%的高度，角色就不再站立或奔跑，而是会切换到游泳模式。

在设计师抓紧时间调整Alpha测试版本的同时，其他部门也在不断增加功能。程序员完成了副本功能，不过还需要服务器支持才能进行适当的测试。蒂姆·特鲁斯代尔再次对水流和岩浆进行了处理，增加了Wowedit的控制功能，以便外部的关卡设计师可以调整水流的大小和高度及河流的位置。与此同时，我们的网络程序员依靠头脑风暴，解决了让员工在家玩《魔兽世界》可能带来的安全问题。

美术团队有一些外部项目。贾斯汀·萨维拉特还在处理《魔兽争霸3》资料片的美术工作。罗曼·肯尼和卡洛·阿雷亚诺在帮助开发一组完成纳迦的概念设计工作。《魔兽世界》开发人员偶尔也会和其他团队交叉合作，包括过场动画部门。我们预计纳迦会先在《魔兽争霸3》的资料片中出现，比《魔兽世界》更早。我们希望美术师能给纳迦一种适合部件化、可以穿戴盔甲的体形（这是所有玩家种族都需要的）。然而，这看起来不太现实。纳迦非人类的体形难以匹配可定制的盔甲或常见的玩家动画。团队找不到办法解决这个问题，因此纳迦无法成为玩家可选种族，只能继续作为怪物存在了。

同时，主要负责角色设计的美术师布兰登·伊多尔制作了不同的皮肤版本，并创作了女性的一些新发型。多样的发型有助于将人类与其他种族区分开来，其他种族可能有更蓬乱、狂野或朋克的外观。

关卡设计师和纹理美术师暂时停止了城市的设计。如果没有小地图的帮助，暴风城太容易让人迷路。测试者们都不喜欢进去，因为很难找到出口。游戏设计师开始担心暴风城会变得过大，所以我们打算等到更多导航功能实现，再制作其他城市，但由吉米·洛绘制纹理的藏宝海湾（最初叫作黑水湾）除外。

吉米立刻适应了色彩饱和的《魔兽世界》绘画风格，而这种风格即便是经验丰富的美术师也要花好几周，甚至好几个月的时间才能掌握。我们简直不敢相信他刚毕业。

亚伦·凯勒停下了城市的工作，开始制作影牙城堡，为其绘制纹理的是我们另一位新来的纹理美术师布莱恩·莫里斯罗。亚伦以前在另一家公司与他共事过，所以认出了布莱恩画在地板上的小石头。这些鹅卵石能增加地面的立体感和变化感。"老兄，这些是布莱恩的专利石子儿！"亚伦大喊，"我去哪里都认得出来！"有布莱恩和吉米为地下城团队绘制纹理让我们松了一大口气，因为地下城纹理美术师就是项目缺少的最后一类重要人员。

魔兽世界开发日记 | 一款电脑游戏的开发手记

2002年11月，《魔兽世界》中假天际线的前后差别。在斯科特·哈廷为山脉实装新的细节层次系统之前，绘制远处的风景需要过多三角形。导致玩家只要看到地平线就会掉帧。斯科特用代码创建了一个低分辨率的天际线（基于地形），轮廓无缝地融入地平线迷雾中。在迫切需要的地标物建立后，西部荒野等开阔地带的方向感得到了大大的改善。（图片由暴雪娱乐公司提供。）

12月 | 2002年
暴雪看向亚洲

在12月的淡季里，程序员山姆·兰迪加用名叫"Lua"的轻量编程语言实现了用户界面的可自定义。尽管山姆多次向美术师解释过，但他们并不理解用户可控制的界面有何意义。设计师和程序员拍胸脯说肯定很棒，但我们大多数人都不理解默认界面有什么问题，以至于要将控制权交给用户。为什么要让用户控制界面？他们能做得更好吗？难道界面还不够简洁？

游戏设计师利用这安静的一个月调整了战斗公式、制作了新的法术。他们还重新捡起了一些旧想法，开会讨论，讨论的内容从抽象层面转移到实际的可行性。最终95%的想法都被否决了，通常是因为需要额外的代码或美术资源。虽然没有开过玩家间交流的会议，但走廊里还是会有自发的讨论。PvP和副本地下城一样，仍然是备受争议的话题，卷入讨论中的设计师似乎更愿意讨论别的东西。PvP的问题在于在玩家之间挑起冲突的方法多种多样，而每个人都想先尝试自己的想法。

在团队欣赏斯科特·哈廷新做的地平线时，动画师们在制作（法术的）视觉效果，并为最后一个玩家种族天灾（抱歉，克里斯，但当时我们依然管亡灵叫"天灾"）制作动画。蒂姆·特鲁斯代尔为游戏新增了镜面高光视觉效果。蒂姆没有用凹凸贴图这种耗费资源的技术，而是使用一种更便宜的光泽来区分表面光滑程度，让地面纹理有了更多深度。不少美术师担心这种真实感和游戏其他部分的插图、绘画风格不协调，但布兰登·伊多尔在几个测试区域中用了这种技术，即便是挑剔的美术师也喜欢这种巧妙的运用，主要是因为表现效果并没有太过头（不像别的游戏那样）。这种保守方法是暴雪对创新持谨慎态度的典型例子：其他游戏纷纷加入镜面高光的行列，把所有东西都做成闪着金属光泽的"次世代"风格，但我们却很少使用这种技术。

制作人对他的更新迭代也表现出了忧虑，他们担心重新设计地面纹理可能会让时间很紧。虽然他们批准了加入镜面高光，但是把这件事的实施放在次要位置。这项行政决定导致布兰登只好在周末利用自己的时间做这件事。

一楼（开发二组办公空间的下方）正在施工。一家互联网公司搬出了我们的大楼，为了即将上任的GM和支持人员，暴雪对一楼进行了翻新。这给了我们更大的压力，因为需要雇100多人支持这款游戏，意味着延迟上市的代价可能会很高昂。我们一边听着楼下钻孔和锯木的声音，一边进行《魔兽世界》的开发工作。公司准备在2003年游戏发售后大展拳脚，我记忆犹新。

图片由暴雪娱乐公司提供。

2002年年底，我们在"用餐区"开了一次团队会议，那是大厅里摆满会议桌的一块空地。这些桌子是开发二组办公区域里唯一闲置的空间，也是地毯上有许多污渍的主要原因。当马克·科恩告诉团队，暴雪希望改变《魔兽世界》的商业模式时，我们刚吃完意大利面和比萨。他说，我们是唯一一家成功进军韩国市场的美国开发商（作品是《星际争霸》和《暗黑破坏神2》），而公司里没有人知道是怎么做到的。两年前，暴雪管理层聘请了两位人士研究亚洲市场。两人在商业和游戏方面都有丰富的经验，因此读过他们的深入分析（长达200页幻灯片）后，公司决定推迟《魔兽世界》的发售，改为在韩国和美国市场同时推出《魔兽世界》。光是韩国的统计数据就引起了暴雪的注意：韩国有一半家庭接入了宽带，三分之一人口是游戏玩家。而且，大型多人在线游戏在韩国非常流行。韩国有60多款流行的网络游戏，月收费高达20美元。但是大多数美国公司无法进入这一市场，我们想弄清楚背后的原因。

韩国看上去很诱人，而中国却比较特殊。相关部门要求游戏制作和发行的一切相关工作都必须在国内完成，否则将面临高昂的进口费，并且当时不追究国外软件的盗版行为。据估计，在游戏发售后，《暗黑破坏神2》立即卖出了800万份非法拷贝，而《魔兽争霸3》卖出了200万份。我们得删掉暴露的骨头，也不能提及骷髅。多年后，我听小道消息说，骨头审查是竞争对手耍的花招，他们想拖慢《魔兽世界》在中国推出的速度。我们当时对此毫不知情，所以费了好大劲来剔除游戏中的骸骨。

我们的亚洲顾问在报告中提出，美国游戏不成功的原因是亚洲人讨厌被人当作二手市场，尤其是在他们自己的游戏文化更主流的情况下。美国公司很少为东方国家提供测试、访谈和前瞻，也很少将服务器放在亚洲，导致游戏表现不佳。

除了语言障碍，西方的大型多人在线游戏还需要会讲亚洲语言的支持人员。并且，亚洲的游戏产业有更先进的商业模式：实体游戏盘是免费的，玩家通过话费来付费进行游戏。他们使用身份证号码（相当于美国的社会安全号码），而不是信用卡来追踪账户。

但也有些法律方面的考虑。比如中国禁止血腥和暴力，如果游戏中可以随意攻击其他玩家，则会被评为"成人"游戏。在韩国，现实中的警察会对游戏中的恶意行为出手，而且由于法律规定，游戏必须有代表店铺，玩家可以从全国各地飞过去，排着长队亲自向游戏代表投诉。在中国，公众对网游中的黑客攻击十分担心。在亚洲推广《魔兽世界》，想要简简单单把游戏发售就等着赚钱是行不通的。

根据这份报告显示，在《魔兽世界》受到很高的期待的同时，也有许多亚洲人对我们的游戏配置要求表示怀疑。他们好像和E3的记者有着同样的怀疑，没人相信低端系统可以运行我们的游戏。他们大多不知道，就算是过时的TNT2显卡也能运行游戏，而且帧率还过得去。我们预计在推出游戏时，玩家们会用上更好的显卡。

马克解释说，因为我们更了解全球市场，所以接下来的几个月里，我们会和亚洲顾问一起，为推出《魔兽世界》制定新的商业计划。这会涉及到在韩国（至少）进行测试，并和另一家游戏公司合作处理非英语玩家的问题。我们还需要对游戏管理员工具、计费和账户跟踪软件进行本地化。这些加在一起，最终结果就是马克正式将《魔兽世界》的发售时间从2003年年底推迟到2004年年初。不过我们本来也还需要几个月来完成游戏，所以大家并不惊讶。当然也有些人（包括我）甚至怀疑推出时间会是2005年。

开完会后，我问马克，准备游戏的发售是不是让他压力很大。

马克疲惫地笑笑，问我有没有意识到现在有多危险。"粉丝们被MMO骗过那么多回，这种类型的游戏名声已经有点臭了，而且愿意按月付费的也只有那么多人。要是发售初期表现不佳遭到负面报道，我们可担不起这种风险，所以不惜一切代价也要避免这种情况。如果能够在服务器稳定性方面脱颖而出，那就很有可能吸引休闲玩家尝试订阅游戏。"

约翰·斯塔茨

1月 | 2003年

MMO 评价堪忧

在经历了三周的周中假期、聚会和休假后，团队重新确立了开发节奏，但可以说大家都对游戏开发感到疲倦。项目的公关活动依然很少，保密工作对团队的影响很大。感觉就像《魔兽世界》不在 MMO 赛道一样，我们仿佛什么事情都没做成，但也有部分原因是项目规模太大了。待办列表中新增的项目比已完成的还要多，就像在冰面上跑步一样。

不过最让我们担心的是，这个月的 MMO 表现都很糟糕。《模拟人生 Online》销量惨淡，《星球大战：银河》也遭到批评，这让我们的情绪很低落。《模拟人生 Online》承诺说要用在线付费游戏模式吸引新用户，但最后依然反响平平，说明市场普遍还是拒绝订阅制游戏。MMO 泡沫的名声实在太糟，让我们担心用户会对我们的产品望而却步。为了炒热氛围，制作人又发布了一段游戏视频，展示我们目前取得的成就，但没有展示新界面、狮鹫骑乘和城市等主要功能。我们希望大家在看到几个新区域和 PvP 的暗示后，能明白我们做出的努力。

尽管 1 月份并不是官方规定的加班月，但许多开发二组的员工每周还是自愿工作 60 到 100 小时。

我们习惯了加班，习惯了花很多时间待在一起（不论是上班，还是下班），以至于奥兰治县的餐馆也习惯了招待一群穿着暴雪 T 恤的人。老款暴雪 T 恤地位更高，因为它说明你的资历更老。熟悉我们游戏的服务员会问我们是不是一天工作 16 个小时，或者问我们做了哪些项目。经常有服务员说喜欢我们的游戏，或者闲聊自己的《暗黑破坏神》角色。

2003年1月，悄悄出现在《魔兽世界》里的《战地1942》。凯尔·哈里森用一辆矮人蒸汽坦克替换了他角色的身体。凯尔的角色不管外形还是移动方式跟坦克一个样，他甚至放了个火球术假装"载具"在开炮。他还能让坦克跳起来轰击。这种未经许可的测试能让队伍团结起来，支持各种想法或功能。我们都是《战地1942》的铁杆粉丝，这个演示很大程度地激发了大家的想象力，大家对载具的可能性有了更多想法。（图片由暴雪娱乐公司提供。）

迈克·巴克斯、杰夫·古德曼（Geoff Goodman）、安迪·科顿、乔希·库尔茨和史蒂夫·皮尔斯几位刷怪设计师稍作休息，尝试了一下玩家之间的互动。他们的PvP战斗使用最基础的原理实现：玩家用游戏控制台输入作弊指令，把其他玩家列入仇恨名单，好让他们能够互相攻击。大家已经很久没有玩过PvP了，因为美术制作人谢恩·达比里要拍《魔兽世界》的第二部宣传片，所以我们把这项功能关了。这一次他没有低估要花费的时间，而且只请了刷怪设计师来帮忙拍摄。调怪物刷新点的速度比大家预期的更快，所以他们的

约翰·斯塔茨

时间很充裕。整整一周里，谢恩都在用喇叭指挥这些"演员"。他录好了大量素材，然后把最精彩的镜头剪成好几部三分钟的微电影，打算陆续发布。

负责视频背景音乐的是为暴雪作曲的维克多·克鲁斯。那时候还没有高效的视频压缩技术，多亏了过场动画部门的乔伊雷·霍尔，他帮助打磨编辑了低技术、低分辨率的视频素材。

2003年，暮色森林的怪物刷新图，作者博·贝尔。区域由室外关卡设计师完成后，需要得到美术师的批准才能交付设计团队。获得批准后，区域就可以放置怪物了，并且会开一个刷怪概览来决定怪物数量。区域怪物表有三个要素，分别是适当、多样和避免过度使用。用几周时间放置和测试怪物刷新点后，暮色森林也准备好了任务和NPC。如果一切顺利，我们就会把这个区域放到下次的Alpha测试里。（图片由暴雪娱乐公司提供。）

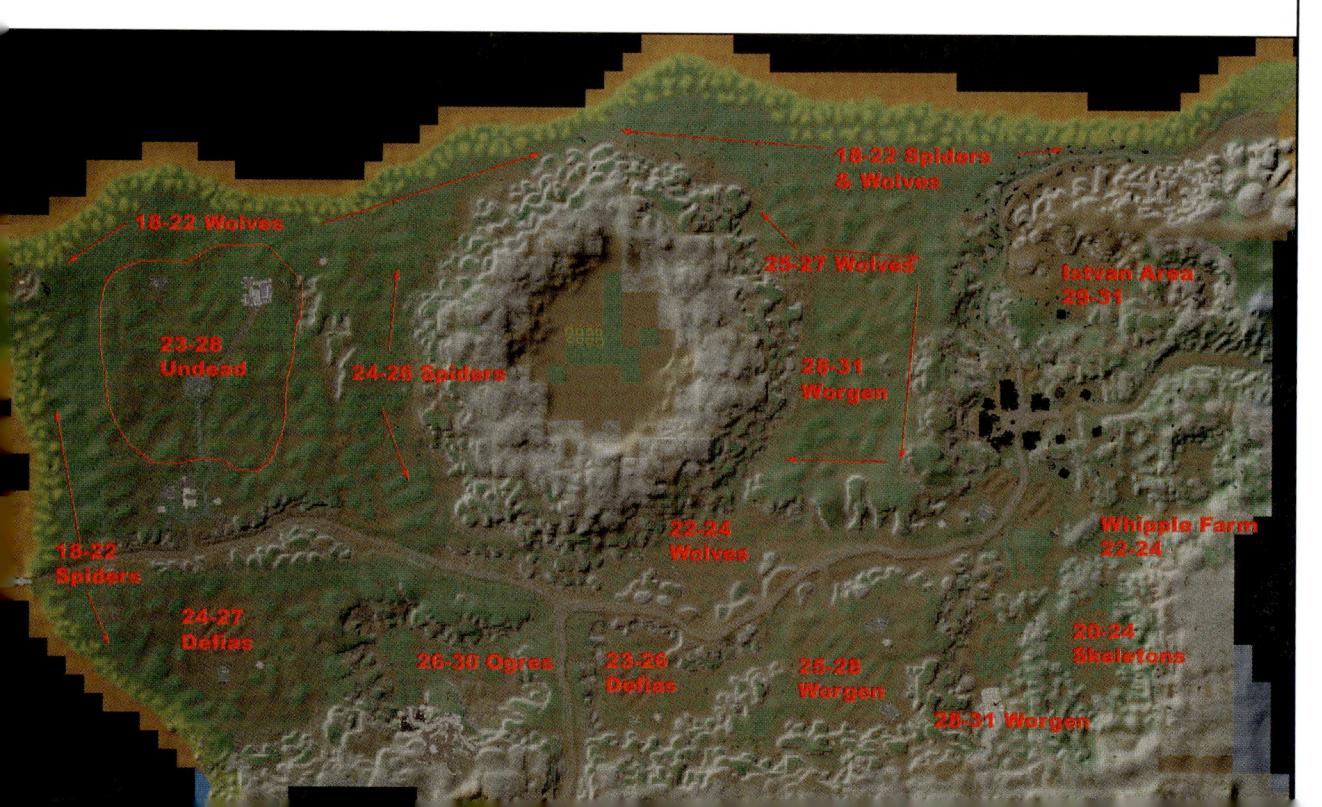

2003年2月，谢恩·达比里制作的游戏预告片。谢恩用喇叭喊道："好了，都别动……马特，你的枪呢？枪拔出来，然后听我指令开枪。博，你那个头盔看着很傻气。换个帅头盔戴上。都别施法，放增益也不行。好了，安迪，听我指令——不，别装备剑，指着就行了……我叫射，你们就开火，我没叫停就别停……"制作预告片非常耗费精力，要拍出最好看的镜头需要大家的协调，而这一点和游戏本身就没有关系了。（图片由暴雪娱乐公司提供。）

约翰·斯塔茨

2月 | 2003年

对人工智能的合理恐惧

2月又是一个加班月,开发二组加紧准备着第三次公司内部Alpha测试,大量内容以前所未有的速度加到游戏里。游戏终于实装了暗夜精灵的建筑,我们又一次重新设计了天灾种族,尽管克里斯·梅森还在重申,希望我们把亡灵称作"被遗忘者"。他解释说,他们并不是什么亡灵恶灵,而是为生存而战斗的人类,只是遭到了瘟疫的诅咒。他还强调,"天灾"这个词只能用在野外肆虐的憎恶、食尸鬼和不死怪物身上。虽然这段遭人误解、抛弃的故事情节很吸引人,但艾伦·阿德汗(和其他人)还是想说服克里斯,扮演邪恶、暴力的怪物可能会更有趣。

在这样的混乱和争论中,3D关卡设计师达纳·杨耐心地等待着批准,好开始为亡灵设计初始区域的建筑。大家最后决定,被遗忘者的建筑不像《魔兽争霸3》里的通灵塔那样奇妙魔幻,他们应该住在烧毁的人类住宅里。这让制作过程省了不少功夫,因为我们可以借鉴亚伦·凯勒的人类建筑。开发有时就是这样,有些美术素材做起来要比别的更容易,最终的决定往往就是最简单的路线。例如,牛头人建筑里的帐篷和小木屋、木材和帆布的纹理都是相同的。这些做起来都很容易,所以主城雷霆崖只用几周就建好了,而洛丹伦和幽暗城的废墟却让何塞·艾约和达纳·杨花了好几个月。总之,被遗忘者的初始区域新手村建筑是清单上最后的室外建筑,我们的首要任务很快就会转为地下城。

因为工作时间较长,我们在新版中增加了许多功能。用户界面完成了向Lua/XML的转换。山姆·兰迪加的XML代码能让用户操作用户界面,实现自己想要的界面功能。尽管后来粉丝们特别喜欢,

2003年3月,马克·唐尼制作的莫高雷地区边界。这时候我们几乎已经做完了整个艾泽拉斯,室外关卡设计师也初步完成了卡利姆多区域。马克已经把牛头人的主城雷霆崖加到了游戏里,只剩暗夜精灵和亡灵主城还没做好。至此,差不多一半的景观设计都已经做完了。(图片由暴雪娱乐公司提供。)

但最开始并不是我们所有人都欣赏这项功能。同时，我们新的"推送"功能可以自动更新客户端内容，游戏内置了一个上传BUG和建议的用户界面，这对Alpha测试的反馈很有帮助。蒂姆·特鲁斯代尔完成了控制水流的代码，并在游戏中顺利运行。

我们采用了更先进的人工智能。在测试时，山姆·兰迪加让一队30级的玩家在竞技场里跟20级的机器人对战，尽管开发者比机器人高了10级，但想打赢它们还是很难。通常充当实验小白鼠的是世界设计团队（刷怪设计师）。当杰夫·古德曼的角色向荆棘谷竞技场另一边走去，靠近站在那里的机器人时，他吓得往后一跳。

当杰夫接近时，机器人就开始给自己上增益，转过头来对着他，但没有发动攻击。它们这种怪异的反应令人不寒而栗。机器人会依据和敌人的距离来采取行动。程序员解释说，想写程序把机器人变成完美的斗士很容易，因为它们从不会犹豫，而且会用效率最高的方式来战斗。

3月 | 2003年

内部Alpha测试3.0

到2003年2月底，最新的公司Alpha测试版本上线，玩家职业感觉比较平衡，或者说没有那么糟糕了。开发一组的首席设计师罗布·帕尔多设计了每种职业的玩法。他坚持认为，重中之重是每种职业都要让人感觉与众不同，利用独特的游戏机制发挥独特作用，例如战士的怒气条和潜行者的终结技。数据显示没有哪个职业很冷门，所以设计师要在20级技能的基础上继续让职业特色变得明确。被遗忘者是可以玩到的，但所有种族最开始的地方还是限制在安威玛尔或闪金镇。初版专业技能得到了正面反馈，而且令人惊讶的是，埃里克·多茨的制造系统几乎没做过什么重大变化。大家只想玩到更多内容。

多亏了新的许可允许开发人员在家玩游戏，我们的服务器代码变得更强大，玩家负载创下了新纪录，最多时有超过200名用户同时在线。我们还给自己的家人发了验证光盘。尽管保密了这么久，泄密的可能性还是很大，但游戏确实需要更多人来测试。《魔兽世界》在大家的爱人中的反响特别好，甚至连不怎么玩游戏的另一半也觉得上瘾。他们打来问"今晚什么时候回家？"的电话越来越少，反而经常问起"裁缝技能怎么升？"。这些反馈给了我们信心，感觉这款游戏对非核心受众也有吸引力。

由于大受好评，马克·科恩开始研究北美服务器数百万美元的硬件订单，并怀疑这些估值会不会太少。美国的休闲玩家真的会付费订阅吗？我们在亚洲的前景也是未知数。出什么情况都可以，但我们不可以误判北美市场。我们的游戏看着还不错，但MMO市场似乎彻底变成了毒潭。

我们原本觉得EA（美国艺电公司）的《模拟人生Online》的销量肯定不错，这是板上钉钉的事，但最后的数字却给我们泼了盆冷水。尽管《模拟人生》的单机游戏卖得很好，但订阅制的多人在线游戏却销量惨淡。我们原本指望它能够扩大市场。而《星球大战：银河》的测试反响也不温不火。

我们不由得担心起了自己"板上钉钉"的事。《星球大战：银河》泄露的截图和杂志上漂亮的视觉效果预览截然不同。游戏的发售日期定在4月，看来他们会在游戏完成之前就进行发售，所以我们担心这可能会导致MMO的潜在客户望而却步。

在MMO受到这些负面评论的情况下，我们发布了《魔兽世界》的预告片，粉丝们的反响鼓舞了团队的士气。因为我们忘了说录视频的机器配置中规中矩，所以还有人在猜测配置要求。许多粉丝以为我们还需要很多年才能把游戏做完。尽管如此，反馈几乎都是积极的。"新"视频里最取巧的一点是，对游戏内容透露得很少，没有出现任何新功能或种族。有个简短的镜头展示了一艘水下的沉船，粉丝们很担心游泳这个概念，然而我们对游泳早已习以为常，都忘了这在MMO界还算一件新鲜事。

我们还给暴雪的宣发人员一份发布功能信息的时间表。他们向我们保证会有一本杂志每月报道《魔兽世界》，包含关于新种族、地区、主城、地下城、功能和玩法细节的独家报道，一直到9月推出Beta测试版本。为了提高游戏知名度，我们的公关部门和各种杂志、网站一起做好所有的安排，希望能在5月的E3上一鸣惊人。我们应该会拿现在的内部Alpha测试3.1版本进行演示，这样上E3的准备工作就不会花费太多时间。

马克·科恩去中国、韩国首尔访问了十天，和亚洲经销商磋商合作事宜。当马克准备去亚洲出差时，谢恩·达比里从GDC回来了。不过会议内容通常和暴雪项目无关，主题似乎是韩国和MMO，看来其他开发商对待亚洲市场也很认真。与此同时，公司首席发言人比尔·罗珀正在中国、韩国和日本的亚洲媒体做巡展，他给开发二组发了一封电子邮件：

> 我想给大家简单介绍下《魔兽世界》巡展收到的反响。虽然我们只展示了一点点内容，但依然深深地吸引了大家。从现在到Beta测试期间计划发布的大量宣传，肯定能让孩子们馋得流口水。只要我们做对了（完善的本地化、同步发售等），亚洲会是个巨大的市场。我到的每个地方都在说网游（他们对MMORPG的称呼，差不多是指只能在线玩的所有游戏）会成为亚洲的下一件大事，而且预计未来三四年的增长速度会很惊人。这显然是亚洲市场的发展方向，他们非常需要高质量的内容。

3月初，我们又开了一次会，这还是从1月份以来我们第一次展望未来。艾伦·阿德汗认为订阅量突破100万也不是没可能，这能让《魔兽世界》成为第一个在预期的五年生命周期里赚足十亿美元的游戏。许多开发者认为这款游戏的寿命会比这还长，而我个人预测能持续运营二十年。这次会议也标志着最后一个开发年的开始。我们预计游戏发售时间是2004年3月，所以在5月份的E3后，团队得火力全开地埋头苦干到游戏发售。火力全开的意思是每周至少有四天工作到晚上10点至午夜，来应对预期中的10个月的紧张工作，这是游戏业赶工时的常见节奏。

令人鼓舞的是，Alpha测试版本的报告中提到，大家很喜欢PvP，而且热衷于团队约战。楼下的质量保证部门的技术支持团队向开发团队的世界设计师们发出战书，让对方在午饭时间来荆棘谷竞技场碰头。为了争夺炫耀的资本，10名20级玩家在PvP区一决高下。开发者（我们的刷怪设计师们）顶住了技术支持部的冲锋（冲在前面的

约翰·斯塔茨

2003年3月14日，第一次有组织的PvP挑战。技术支持组向开发者发出战书，然后我们应战了。技术支持组的选手有索尔·比亚弗雷（Thor Biafore）、杰森·斯蒂尔韦尔（Jason Stillwell）、约翰·施瓦茨（John Schwartz）、特雷沃·罗斯曼（Trevor Rothman）和内森·罗斯托克（Nathan Lutsock）。开发二组的选手是史蒂文·皮尔斯（Steven Pierce）、迈克尔·巴克斯、安迪·科顿、谢恩·达比里和杰夫·古德曼。因为还有很多人想玩，所以其他员工也组织了一场天梯竞技团战。（图片由暴雪娱乐公司提供。）

是一个牛头人，他第一个遭到反击，没过五秒就死了）。刷怪设计师队放了个冰霜新星，对技术支持全队造成了伤害。在解决最后一个挑战者前，刷怪设计师队伍中只有一名选手倒下。

> **地下城再大都没问题。如果有疑问，就再做大点。**
>
> ——杰夫·卡普兰，曾经担心制作的内容不够丰富

哀嚎洞穴的成长之痛

克里斯·梅森说哀嚎洞穴是"一个恐龙遍地跑的洞穴"。在我开始建造前，真正需要知道的背景故事只有这些。我很喜欢洞穴，迫不及待地想做一个，正好之前我全家在俄亥俄和肯塔基度假时去洞穴玩过，所以就借用了这段经历。我的目标是在电脑游戏里做出第一个能让人感觉真实的洞穴。一个一个地制作钟乳石和石笋的过程很乏味，但在斯图·罗斯为它们绘制纹理后，大家都很满意。艾伦·阿德汗很喜欢哀嚎洞穴的外观，但他却把地下城放在"最后"大房间的尽头而不是入口那里，这让我觉得很惊讶。我简直不敢相信，做了好几个月的工作，可副本的部分竟然还没开始！"我们为什么不把副本入口放在最前面，好让玩家进地下城？"

艾伦解释说："我希望让他们进入副本之前能先体验一下。想组队的人就可以去那里，在副本入口外的'公共大房间'里杀怪，等凑齐五个人，他们就可以进去了。"他说的是《无尽的任务》里的做法，这种设计在他们游戏里似乎效果不错。

那时候，我们不知道杀怪要花多长时间，我们不知道每个服务器会有多少人，所以不清楚需要多少内容才不至于让寻找组队的玩家闲着没事做。我们甚至不知道通关一个地下城需要多长时间，也不知道玩家愿不愿意一路杀到关底头目面前去。因为没有这些答案，我们只能试着先把东西做出来，再看看对不对。每个地下城都经历

2002 原始尺寸

十月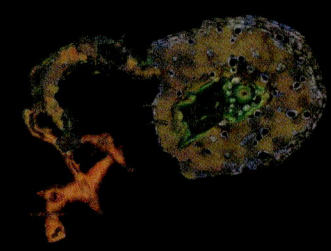

2003 副本入口移动

一月

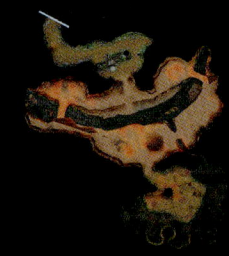

2003 增加两侧

四月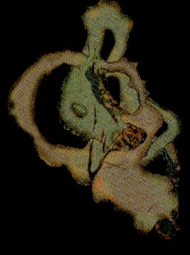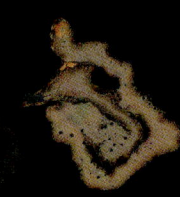

2003 增加迷宫部分

五月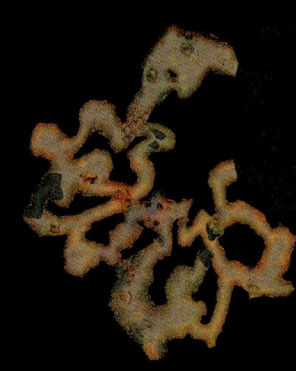

了这么一套流程，有些更艰难。

达纳·杨的奥达曼不是线性的（游戏设计师无法判断线性布局好不好），所以它的任务会要求玩家多次来访。在非开发者玩过完全建好、安排好脚本的地下城后，我们才知道玩家不喜欢中途离开地下城去交任务——他们想要一次就彻底打通关。

之后看来，我们早期的地下城显然太大了，但以前的MMO地下城都是这种史诗般的体验，只有最硬核的玩家才能接受。《无尽的任务》副本外的可玩空间算是大型地下城的经典做法，这里能容纳服务器里所有想去对应副本的人。

不仅如此，我们也不希望用户玩得太快，不然《魔兽世界》的内容他们只用几个月就玩完了。我们那时还没意识到，"私人"可玩空间（副本）很大程度地缩减了所需的可玩空间。

那时候，MMO里还没有一小时的短流程地下城这种概念。亚伦·凯勒的血色修道院的侧翼是最接近一小时地下城的东西。我们在推出《魔兽世界》后才知道，玩家喜欢流程短的地下城，所以血色修道院的"旁侧通道"成了后续扩展的方向。

我们又开了一次会，讨论怎么扩展哀嚎洞穴。会上克里斯说："就把BOSS房做得像《终极奇兵》里面的老巫婆房间一样吧。"我喜欢这个主意，于是把房间建在了被淹没的山涧洞穴上面。

游戏设计师看过第二次迭代版本后，让我把洞穴做得更大一些，我很乐意满足他们的要求。那时候寻路代码还没做完，所以没办法测试真正打起怪来是什么感觉。我在整体布局中加了两个巨大的旁侧通道。

但我还是担心这样不够"大得多"，所以又加入了第四个分区：迷宫。我想看看迷宫能不能增强游戏体验。一年后，在我们发现迷宫并不好玩后，我重新审视了一遍哀嚎洞穴，花了很大功夫在弯弯曲曲的小路上摆满各种小道具和物件。我用蘑菇摆了一条小道，玩家沿着蘑菇走就是最短寻路，这样就不怕迷路了，但从效果来看，蘑菇只是不起眼地和杂乱的环境混在了一起。

4月 | 2003年
稍稍高调

马克·科恩从亚洲回来后告诉大家《魔兽世界》可能会在亚洲大受欢迎。服务提供商已经把《魔兽世界》当作必不可少的产品，会竭尽全力提供运营服务。马克参观了客户服务店面（受理投诉的部门和顾客之间隔了一道防弹窗），还去参观了网吧。他亲眼看到了中国数百万用户究竟需要多少服务器硬件。虽然《魔兽世界》的服务器架构比其他任何亚洲游戏都要昂贵，而且也复杂得多，但那边的企业想接手的意愿都很强烈。马克也认识到，要为超过一百万的订阅者提供服务，究竟需要多大的在线团队。简单来说，不管我们的游戏运营商是谁，他们都需要在硬件和客户支持方面做好充分准备。

与此同时，国内的协调也取得了进展。团队发了一份E3杂志的售前样书，封面就是《魔兽世界》。里面有篇文章列出了最受期待的游戏，这还是第一次有人把《魔兽世界》排在《星球大战：银河》前面。为了将我们的游戏和其他MMO区分开来，我们在E3上宣布了空中出租车的功能。

最后需要微调的依然是E3的游戏播片，过场动画部门帮助我们剪辑了影片，给动作配上了后期音效。我们游戏里的声音素材并不多，原因是声音很好做，所以就推迟到项目的最后阶段。这也没什么，毕竟E3现场太嘈杂，根本听不见游戏的声音。

虽然团队加了更多地区、法术和专业技能的功能，但地下城还不能正常工作，可我们的开发时间只剩一年（或者说我们是这么以为的）。至少有更多地下城的纹理在逐步完成绘制（哀嚎洞穴、影牙城堡、血色修道院、死亡矿井和一些小型地下城），但我们还是不知道该把这些地下城做多大。在寻路代码完成之前，怪物无法正常

2003年4月，比尔·佩特拉斯绘制的E3墙画。暴雪展台背后的巨幅图画宣传着我们最喜欢的功能，也暗示出这是一款史诗级的游戏。最初场景描绘的是冒险者在逆风小径和食尸鬼战斗的场面，但比尔·佩特拉斯还担任着游戏的美术指导，无法制作复杂的宣传图，所以在截稿之前，他只花了两天的时间进行绘画。他选了一个简单的场景。虽然大战食尸鬼是个很不错的想法，但细节会被展台和人群挡住。比尔创作了一幅单角色、强大形象的画面，不用花很长时间就能完成。（图片由暴雪娱乐公司提供。）

走动，所以地下城还是没办法测试。在即将完成的E3版本中，唯一的大压力就是让寻路代码正常工作，我们的引擎专家斯科特·哈廷正在努力解决这个问题。斯科特有几种可行的寻路解决方案（到目前为止，他已经试了差不多十种方法），但没有一种方法——既简洁又高效——能够满足他的要求。斯科特经常在周末加班，所以不需要谁给他施加压力。他就是自己最好的激励者，也是最严格的批评者。因为他做的其他引擎运转情况良好，大家都不怀疑他的能力。

不过就算斯科特做好了寻路代码，我们角色的等级也不够高，大多数地下城都测试不了。游戏设计师只做了20级的角色技能，所以没办法测试30级的地下城，这说明地下城推迟测试不仅仅是因为引擎问题。

5月 | 2003年

卖得简单，
背后辛酸

到4月底，参与Alpha测试的人越来越少。热心玩家的等级都已经达到上限，不能继续玩了。《魔兽争霸3》的资料片"冰封王座"让开发一组忙得不可开交，公司里所有人都在帮他们测试。因为太多人完不成工作，北方暴雪再一次全面禁止工作时间玩《魔兽世界》，开发二组再一次为了E3加班赶工。开发者反复玩着同样的人类新手区，深感厌倦。玩家反馈说，升到20级后，游戏的乐趣就减少了。由于升级变慢，想单人玩也不容易。大家担心职业缺少独特的技能，各职业的区别不明显。游戏设计师解释说，到达一定等级后，升级速度必须放慢。同时还向大家保证，等级越高，职业的区别越明显。

E3构建版本的工作进展并不顺利。各种BUG困扰着我们，构建版本无法正常运作。比如说，有些物件所在的轴线会出错（在游戏中旋转时），这个问题简直让科林·穆雷抓狂。他好不容易给出一个修复方案，把出问题的小道具调到正确方向，结果其他小道具又莫名其妙地歪了90度。这个BUG科林修了快一年，甚至周末都在修，因为他也是个周末加班人。饱受折磨的他没有以前那么幽默了。

很多证据证明游戏还没做完。在内容方面，会出现纹理和物件消失的问题（于是出现了很多谢恩立方体）。游戏确实还没做完，但来E3的玩家总会把还没做完的游戏当成已经完善的游戏。不过，即便是玩家不合理的期望，我们也希望能够满足。经过几周熬到深夜的加班，程序员们终于完成了所有的设计工作，美术团队也把空缺的美术素材填上了。我们展示了实机内容中的界面、专业技能和任务系统。因为主城又大又漂亮，所以我们觉得只要不展示地下城，也算不上完蛋。制作人安排好我们的E3展位，并交代清楚哪些信息可以透露，哪些不能。

魔兽世界开发日记 | 一款电脑游戏的开发手记

E3 2003

　　事实证明，今年在E3上宣传游戏比前一年更容易，因为游戏已经快做好了。由于我们为公开测试版本做了准备（尽管还有半年时间），所以我们可以展示《魔兽世界》的所有功能，大方明确地谈论游戏内容。

　　上午10点，大门打开，数万人涌入展会现场。我戴上标准的暴雪徽章，我的朋友史蒂夫·格里克（Steve Glicker）给了我一张媒体后台通行证。史蒂夫运营着一个叫gamessteve.com的网站，我跟着他一起去看了内部的新闻活动。听完后，作为游戏开发者，我也跟他聊了聊自己的看法。从九几年开始，我就蹭史蒂夫的新闻证件，和他一起去参加E3展会，这样可以提前看到展出。在去VIP入口的路上，我和一些排队等着开门的同事擦肩而过。他们嫉妒地攥紧了拳头，龇牙咧嘴地看着我提前入场。我装模作样地耸了耸肩，假装为享受特权感到惭愧。

　　在人群涌入活动现场前，我和史蒂夫先去了几个热门展位。他知道我会在暴雪展台待上一整天，所以我们就在清单上划掉了一些必看的游戏。几个小时后，我们来到暴雪展区看看情况。我首先听见的是一个《无尽的任务》设计师（我能从他的徽章看出来）的骂声。他对我们的空中出租车反应很大。"该死，之前我们的程序员说要做空中出租车根本就不可能！我们本来可以抢先搞出来的！"他是真的发火了，我只好别过脸去偷笑。其实，空中出租车给《魔兽世界》

暴雪展台的上层是我们最好的演示台，那里的噪音水平已经降到了"刺耳的轰鸣声"，而其他区域的噪音已经超过了100分贝。（图片由IGN提供。）

带来了严重的帧率问题，但我们有应对策略，就是把飞行寻路限制在帧率下降不明显的区域。

在跟着史蒂夫逛E3的这些年里，我弄清楚了大多数公司的展位是怎么管理的。他们在展台结构中设有暗门，通往更安静的区域，在那边说话不用扯着嗓子大喊。在这些小会议室或者储藏室里，摆满了一箱箱的T恤、宣传资料袋、衣帽架、包装设备、垃圾桶（总是满满当当）和甜甜圈盒（总是空空如也）。其他公司的公关主管偶尔会邀请史蒂夫和我进入这些秘密区域，然后我发现他们在里面储存了重要的资源——水。维旺迪游戏公司在秘密区域里堆满了瓶装水，因为我也有暴雪徽章，所以随时可以进去，不过他们很多人看到我之后好像都很惊讶，我则表现出一副大模大样的姿态。

我一整天都躲在屋里，抱着大堆瓶装水发给队友们（就是我早早溜进会场时嘲笑的同事）。他们瞬间眼睛一亮，虽然喊声很沙哑，但毫不掩饰地表达感激："你从哪里弄来的水？！真是救了命了！"我很自豪地说，在整个活动期间，团队里大多数人都是靠我才喝上了水，给他们提供必需品的感觉很不错。

斯科特·哈廷和《无尽的任务2》团队的一些工程师认识，于是招手叫我去跟他们聊聊。他先介绍了每个人，然后让我给他们做游戏展示。因为现场太吵，他吼得嗓子都哑了。"我讲不了了，给他们展示所有内容，他们有问题你就全部回答。"我盯着他，想看看他是不是认真的。本来跟陌生人谈论游戏的具体细节就很奇怪，更别说是竞争对手了。斯科特在一旁看着我向六名程序员解释我们游戏的运行原理，我可以看出他心里充满了作为引擎开发者的自豪。布莱恩·胡克（Brian Hook）也是id Software出身，曾经告诉约翰·卡什他很欣赏《魔兽世界》的引擎。他知道这不是杂志上登过的那个引擎，因为它没有最新的图形功能，却能在低端系统上实现令人惊奇的效果，而欣赏它的布莱恩·胡克也很懂行。

我向斯科特的程序员朋友们详细介绍了我们游戏提供的内容，重点讲了讲技术方面的数据，例如我们在各类屏幕元素上的多边形预算。我向他们解释多边形去了哪里，还一起讨论了我们的工具和生产流程。他们问了些问题，我也尽量做出回答。当他们问起我们怎么减少"批次计数"等技术问题时，斯科特插了进来。我向他们展示了假地平线、场景使用了多少纹理，以及每种功能每秒需要多少帧。他们对此大加赞赏，同时也对我们深入的介绍表示感谢。

《无尽的任务》的开发者们也想展示自己的游戏，所以打算带我们去参观他们的展位（这个展位并不对公众开放），可惜被索尼的管理人员发现，最后我们被人赶走了。

整整三天，我们一直在喧闹声中扯着嗓子说话，只要有人感兴趣，我们就向其介绍《魔兽世界》的内容。我和热情的网站管理员、粉丝和开发人员聊过，他们都认识到了《魔兽世界》的潜力。当我展示功能时，有些粉丝甚至兴奋地蹦了起来，这种反馈让我感觉周末加的班都是值得的。只有经销商和管理人员没有表现出热情。他们也许在理智上知道《魔兽世界》会大受欢迎，但好像并不关心玩家印象深刻的那些玩法。因为他们不是游戏玩家，为了赢得他们的支持，我只好讲了讲我们的游戏翻译成多少种语言（六种）、全世界的合作伙伴是怎么排着队支持《魔兽世界》的，这确实引起了他们的注意。我甚至还分享了一些个人看法，说我认为这款游戏可以持续运营20年，而且我们有很多想法还没实现。对方仔细观察我的脸色，看我是不是在开玩笑——但我不是。所有人都能在MMO中找到自己的快乐，而我觉得我们可以在这款作品中加入无数种小游戏。

我甚至还为《万智牌》的设计师理查德·加菲尔德做过演示。我向他介绍了专业技能是怎么运作的，我觉得他应该会欣赏战利品系统和装备、制造系统的结合方式。很难说他喜不喜欢我介绍的内容，虽然他十分亲切，但表情难以捉摸。

我们让大家试玩游戏，并愉快地回答问题。通过试玩，《魔兽世界》的可信度达到了之前没有也不该有的高度。我们凭借游戏出色的帧率和（基本上）稳定的构建版本，打消了大家的疑虑。由于内存泄漏，系统每隔几个小时就必须重启一次，不过这不重要。

约翰·斯塔茨

我们展示的地区看起来很精美，完成度很高，大家都问出同一个问题："你们什么时候发售？"我们照例告诉他们"准备好了就发售"，因为我们自己也不清楚。许多人用责备的眼神看着我，他们以为我故意含糊其词，认为游戏已经准备好发售了。只有听到我说还有更多地区和地下城要做，他们才相信我们还有很长的路要走。我们告诉他们，我们计划今年晚些时候公开测试，就算是没完没了盘问我们的玩家，听到这句话后也消停了。

在2003年的E3后，我们再也没有收到过完全正面的反馈。如果说《魔兽世界》开发中的亮点是游戏公布之时，那么在2003年E3上谈论这款游戏算是在那之后最令人满意的时刻了。公开测试结束后，粉丝们进入"抱怨阶段"。我想在游戏失去人气前，他们很可能会一直处在这个阶段。

2003年3月，程序员岛。这片区域是熔浆等特效的实验场地。想去程序员岛永远都有风险，因为残留的破损代码经常导致客户端崩溃。大多数程序员知道有问题的地方在哪里，所以会避开这些地方。（图片由暴雪娱乐公司提供。）

魔兽世界开发日记 | 一款电脑游戏的开发手记

程序员岛

在《魔兽世界》里，没有哪里比程序员岛的游客更少。除了开发二组的程序员，没人知道这个地方，我们也希望保持这种状态，因为那里经常做一些疯狂的实验，很容易发生崩溃。

但如果有人能到达（16000,16000）坐标处，即便是按照《魔兽争霸》的标准来看，他们也会觉得自己所处的地方十分奇异。在这片荒凉的土地上，我们进行了各种碰撞测试和帧率记录。通过测试，又放弃了许多任务、功能、漏洞和占位素材。不管是什么东西，只要还没确认对其他地方来说是"安全"的，程序员们就会在世界的这个"边缘"进行尝试。这块纸板上全是碰撞区和没有树也没有小道具的巨型空地，也有"死人洞"（Dead Man's Hole）和"糟透顶"（FUBAR）这样的景点。有些开发人员还会在景观上涂鸦，留下巨大的字条（用地面纹理书写），上面是一些和工作相关的信息，比如"周是我的宠物猴子"，这是在讽刺杰夫·周，他是我们的程序员。

程序员岛上的死人洞。这里可能是一座休眠已久的火山口，也可能是远古时期陨石留下的撞击坑。没人记得死人洞是谁建造的，也没人知道为什么死人洞中间会有一栋房子。（图片由暴雪娱乐公司提供。）

约翰·斯塔茨

6月 | 2003年

万分紧迫

开发团队继续在E3前就开始赶工。我们每周还是有四天加班到深夜，大多数人都把几个月后的亲友版（F&F）Alpha测试当作初步截止时间。53名员工每天工作12小时可以完成很多工作，但要在2004年2月之前发售游戏也已经是最理想的预估了。6月份，我们最担心能不能为F&F测试准备好稳定的Alpha测试版本。

马克·科恩给团队发了一份评估报告：

> 这是团队每周定期更新的第一份代码报告：
>
> 我们已经/正在完成的一些工作：
> - 寻路系统方面的大量工作（辛苦了，斯科特）。新系统应该很快就能投入使用，但还需继续完善。寻路将包括新的外部直线寻路，大幅改进的内部寻路，以及从内部到外部的转化。
> - 韩语的每日构建版本，带有韩语UI和完全本地化的安威玛尔测试区域。
> - 针对不同语言的本地化工具。
> - 大量技能、法术、训练师的调整。
> - 服务器的事件日志（用于游戏管理者工具和设计师警报）。
> - 更快的加载速度（当前速度的10倍），让狮鹫飞行更加愉悦。
> - 新的法术图形效果（程序式闪电链）。
> - NPC和物品编辑器（做了好几个月，能轻松创建NPC和物品，还能预览在游戏中的效果）。
> - 解决WMO文件中物件出现的问题。
> - 新UI功能和完善工作。

- 新的网络层。
- 为Alpha测试和Beta测试订购新硬件。

我们还需要做的工作：
- 更多寻路工作，包括在物件上方和水下寻路。
- 新补丁程序，包括补丁说明、登录和最终用户许可协议。
- 新的、小尺寸的填充补丁。
- Wowedit中的法术效果预览器（具有基本功能）。
- 新的天赋系统。
- 支持CD-Key账户（用于测试）。

马克在韩国推动了同步测试（这是以前从来没有谁做过的事情），为了跟他保持步调一致，德里克·坂本和杰雷米·伍德扩展了UI来适应亚洲文字。几位翻译对韩语版游戏做了本地化（在走廊的办公桌上工作）。Wowedit可以导出和读取文本文件，让本地化工作更加容易。所以在游戏做完后，翻译人员也已经完成了游戏中大部分的转换工作。在几周的初步工作后（本地化是一项长期工作），因为韩国分公司开始招韩国的游戏管理员，开发团队就和本地化人员一起回到了韩国。

尽管本地化有所进展，但我们依然有理由担心《魔兽世界》没办法在2004年2月的最后期限前发售。在游戏完成前，我们还得管理亲友版的Alpha、Beta测试版本，其中的玩家数量也是远超以前。很多人觉得想在九个月内实现这个计划不现实，但公司给项目投了大量资金，我们需要收入。

在网络泡沫破灭后，我们的母公司维旺迪环球的资金很紧张。维旺迪的亏损达到11位数，股价跌了80%。公司首席执行官被巴黎狗仔队爆出丑闻被迫辞职，最后锒铛入狱。在这种情况下，母公司的资金当然是只进不出。出乎我们意料的是，暴雪为我们的服务器借来了足够的资金，还无限期延长了开发周期，这也是我们要按时发售游戏的原因之一。这一切都多亏了迈克·莫汉、弗兰克·皮尔斯、艾伦·阿德汗和保罗·萨姆斯几位高层管理者（开发人员称他们为"四骑士"）。多亏他们，维旺迪才会继续提供支持，同时团队没有受到公司的预算压力影响。

除了几百名员工和他们的直系亲属外，我们计划在下个Alpha测试中让每位员工叫上几个私人朋友，这样可能会给服务器增加五百名用户。我们要做的工作实在太多，所以没有人会去估计完成日期，也没有人计划休假。

设计师重新考虑了战斗中的怪物强度。凯文·乔丹解释说，打怪时的等待时间过长，而且感觉太像《无尽的任务》了。在《无尽的任务》中，级别相近的单个怪物就能打掉大多数角色一半多的生命值。我们最不想看到的就是在每场战斗之间还得冥想。冥想是《无尽的任务》里的一种游戏机制，玩家只要坐上几分钟，什么都不做，就能恢复生命和魔法值。"我们要削减伤害，好给小怪配上宠物，让它们结队出现。这样的话，玩家多引来一群怪物加入战斗也不会死。"降低怪物伤害加快了战斗节奏。玩家不需要那么多耐心就能高效练级，单人游戏整体的吸引力也得到了提升。怪物更容易对付，战斗也更方便多借鉴些《暗黑破坏神》的内容，因为后者就是单个角色对付多个敌人。

我们觉得这能让单人战斗变得更有趣，因为这样怪物就可以相互治疗、提供增益和保护。缺点是会大大增加世界中怪物的数量，可能会降低帧率。

除了对战斗进行全面改动，设计师还增加了升级奖励（天赋）。新升级的角色不需要再给属性加点。新方法能让角色学习通用技能

魔兽世界开发日记 | 一款电脑游戏的开发手记

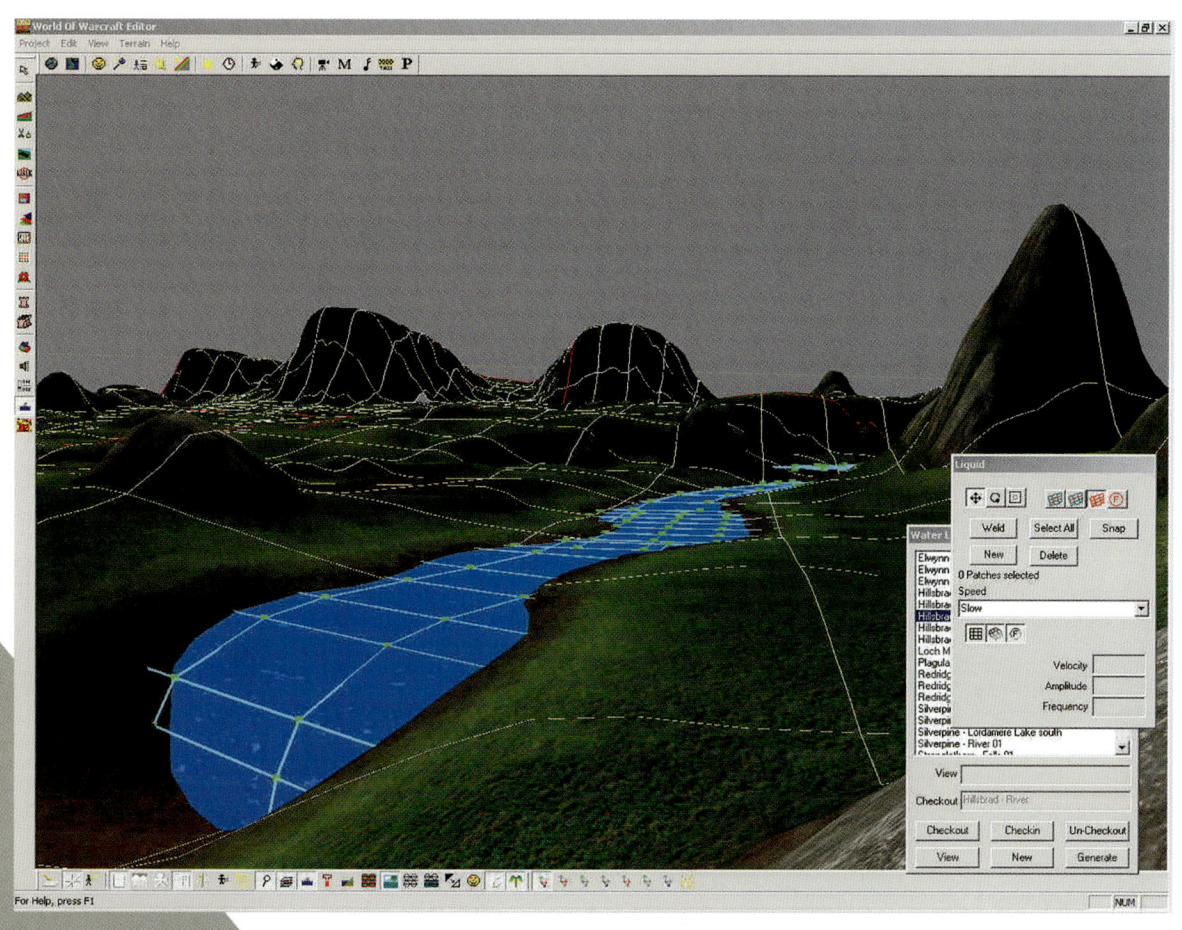

河流，由蒂姆·特鲁斯代尔制作。蒂姆创建了水流系统，并添加了Wowedit功能，让设计师能够控制水流。上图是补丁编辑器，可以控制水的高度和流向。（图片由暴雪娱乐公司提供。）

来强化战斗，让角色更加与众不同。我们觉得比起提高一点力量，提高对某种怪物的伤害这样的技能更有价值。设计师创造了更多独特的职业技能，甚至下一个Alpha测试版本玩起来简直像是个新游戏。

我们最后打算为《魔兽世界》做一部影片来树立游戏世界观，让玩家了解不同的种族和职业。当时距离发售日只剩九个月，所以我们缩短了影片时间，分镜也特别少。克里斯·梅森想像《创世纪》那样，描绘泰坦创造世界的过程，由此展现魔兽宇宙的世界观。团队几乎是一致反对。我们希望把重点放在大家制作的世界和角色上，而不是走克里斯那套故事驱动的路子。我们也考虑了包装盒封面的各种设计方案，其中一个新方案是请韩国美术师来设计亚洲包装……但到目前为止，我们还没有敲定任何事。

经过一年断断续续的工作，斯科特·哈廷总算实现了高效稳定的内部寻路功能。这个代码能让怪物在室内空间里追逐玩家并穿越障碍物。在他实装代码后，游戏设计师在地下城和剧情脚本战斗中生成了怪物。团队终于能在室内测试团队战斗了，这也许会重新定义地下城的设计方式。地下城也受到了更多的喜爱。

多亏了蒂姆·特鲁斯代尔，室内空间终于也能用小地图了，这一直是项目开始以来的首要任务之一。小地图能避免玩家在地下城里迷路。给我们当定向测试小白鼠的是比尔·佩特拉斯，他是出了名的路痴，能代表方向感最差的用户。他宣称在没有战斗干扰的情况下，自己在最容易迷路的地下城（何塞·艾约的对称地下城沉没的神庙）里顺利找到了方向，因此小地图系统通过了验收。现在玩家们在主城里迷路后，不会再怪室内关卡设计师亚伦·凯勒了。

设计更新是团队每月开会时最受期待的议程项目。艾伦·阿德汗用他独门的"绝地控心术"吸引了所有人的注意，详细介绍着《魔兽世界》的主要改动和新增的小内容。艾伦说话时轻声细语，房间里必须安静下来才能听得清。从他嘴里说出来的主意总会让人觉得很棒。他的想法大部分都很新颖,而且他的表达很有说服力,团队基本不会反对——开发团队通常并不会这样。他有一个不太成功的主意是取消战斗中的冷却计时,用重复动作的收益递减来阻止玩家滥用法术。根据他的推测,收益递减能让玩家选择重复释放弱化的法术,而不是像冷却系统那样限制重复施法。这能在战斗中提供更多选择。此外,他还把短暂的施法时间缩短为零。由于玩家不再需要等待冷却时间,从直观感觉上来说效果应该会更好。但没过多久,玩家们就怀念起视觉上的冷却提醒。人们不喜欢猜测怎样才能提高效率,因此在刷怪设计师测试了新的战斗模型后,艾伦就放弃了他的新方法。

技能编辑器让这些测试成为可能。有了它,过程中无须编程支持,对AI遭遇战进行创建和平衡都会变得更容易。时机、效率和策略问题变得很重要,游戏测试人员调整着角色和行动来适应越来越复杂的游戏机制。

艾伦在测试中注意到了一些新情况。他静静地听刷怪设计师讨论,他们在一次艰难的遭遇战中全军覆没,正在分析战术和表现。艾伦咧嘴笑着问大家:"你们意识到现在发生了什么吗?"

大家好奇地你看看我,我看看你,房间里顿时安静下来。"这是玩家们第一次谈论策略。我们刚刚跨越了一块设计上的里程碑。"讨论的人和围观的人都跟着笑了,细细品味着这一刻。

在团队会议上,设计师们讨论了新的天赋系统、工程专业技能,以及使用副本地下城的决定。副本可以提供更稳定的单人游戏体验,包括解密、剧情脚本动作和通常在MMO副本外看不到的事件。艾伦用他的绝地控心术平息了争论。正反两方都认可一件事,那就是副本化的决定是一场战争。最后,反对者们让步,游戏设计师有了测试这种私人地下城模式的机会。

实行PvP则是另一个问题。因为PvP和恶意破坏体验的行为密切相关,我们不知道这个度在哪里。要给玩家多大的自由度?许多开发者(和一些设计师)不想要任何PvP服务器,因为这样可能会让

约翰·斯塔茨

风气变得很糟糕。还有个让人头疼的设计问题是骑乘战斗。我们为玩家提供了可骑乘的坐骑后,很多人开始幻想骑着骏马战斗会有多酷炫——不然坐骑就是单纯的速度增益,而有些开发者希望马匹能更像宠物。可惜的是,没有人能想出骑乘战斗的可行机制,所以大家对这件事的热情渐渐消退了。

到2003年6月时,安迪·科顿和史蒂夫·皮尔斯成了仅剩的刷怪设计师,其他人都去了别的岗位。迈克尔·巴克斯加入到帕特·纳格尔和杰夫·卡普兰他们之中,成了任务设计师。乔希·库尔茨从刷怪设计师转为世界设计师。杰夫·古德曼成了另一位世界设计师,不过他对游戏机制的理解很深刻。很快,卡普兰和古德曼就成了地下城脚本和头目战方面的领军人。

当杰夫·古德曼从质量保证部来到团队时,众人推举他加冕"怪物沙皇"(他觉得这个头衔听起来很傻)。这是因为他创造并平衡了这个世界中大部分的基础生物。他逐渐成长为《魔兽世界》首席地下城脚本设计师,负责大部分复杂战斗。

马特·桑德斯设计的黑海岸外景。这个基本视图展示了室外关卡设计师的工作方式。纹理和物件的调色板似乎会一直保持打开状态,可以通过按钮控制水、光线、阴影和迷雾的环境设置。

Wowedit能让室外关卡设计师塑造地形,但纹理绘制才是开发区域时最耗时的部分。绘制完成后,室外关卡设计师就可以放置物件了。(图片由暴雪娱乐公司提供。)

魔兽世界开发日记 | 一款电脑游戏的开发手记

Wowedit

Wowedit是将所有东西整合在一起的程序。这软件太基本、无处不在，到处都会用到它，所以我们内部从来不将它的名字大写。它能用一整套工具和功能将陆地、生物和游戏机制相结合，组成一个可以玩的世界。一开始斯科特·哈廷只是把Wowedit作为地形编辑器制作，之后几乎所有程序员都对这套工具做出了贡献。除了与世界相关的怪物刷新、迷雾和光照设置外，它还设置了许多专门用来创建法术、NPC、怪物和物品的对话框。

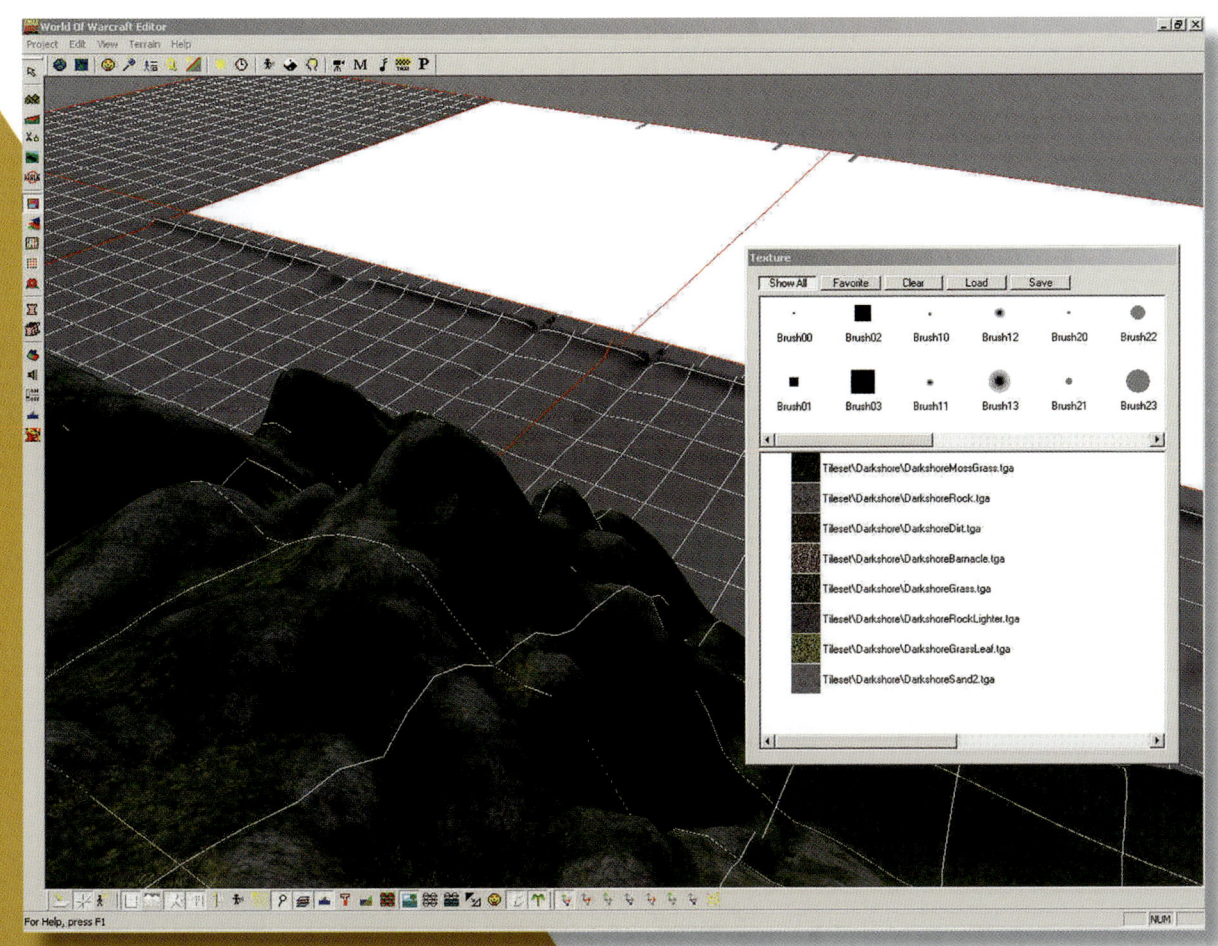

程序员大卫·雷负责编写游戏逻辑的控制工具，这样就算没有更多工程方面的支持，设计师也能编辑世界。乔·拉姆齐制作了初版的大型技能编辑器，让开发人员能够创建所有的游戏机制。之后大卫再次接过接力棒，创建了编辑器的大部分控制工具。

例如，当设计师需要用某种方法创建出租车路径（用于狮鹫）时，大卫就添加了一个绘制路径点的界面。他还经常和世界设计师乔希·库尔茨合作测试新功能。

编写怪物脚本

制作一只怪物需要很多人合作。先让美术家画草稿、建模上色，接着找动画师绑动作，游戏设计师杰夫·古德曼再结合美术部分，给怪物配置法术和技能。几乎所有的基础技能都是凯文·乔丹创造的（《暗黑破坏神》的乔丹法杖就是以他的名字命名的）。杰夫经常把法术编辑到玩家们认不出是用哪个法术改的。他还用Lua脚本来编写复杂的战斗机制，比如奥妮克希亚的飞行动作。

游戏中99%的技能是设计师创造的。对于引擎来说，法术和物理攻击本质上是一样的。挥剑是播放挥剑动画的近距离法术，射箭也只是一种需要弓箭作为构成元素的法术。设计师可以把它们设置成不同类型的游戏效果，并添加视觉特效（VFX）、声音和动画等元素作为装饰。只有少数技能（例如战士的冲锋）需要额外的程序员代码。想提要求让程序员为技能编写代码的话，必须先经过制作人的严格审查。杰夫·卡普兰开玩笑说，熔火之心副本里基本上每场头目战都用到了击退（一种特效，通过让玩家沿着抛物线弧线弹跳来模拟物理效果），但他还是得求制作人把击退效果加到程序工单里——程序员就是这么稀缺。

首席动画师凯文·比尔兹利在没有预览器的情况下完成了所有的法术视觉特效。他看不到纹理、透明度或粒子大小，只能先从3D Studio Max导出线框，接着导入Wowedit，然后跟某个功能绑上，最后才能在游戏里看到效果。

　　Wowedit的每个对话框里都是各种输入框和勾选框，大量对话框将法术和美术素材的游戏逻辑连在了一起。任何设计师都能在不需要程序支持的情况下，创建或编辑火球术、睡眠等技能。从长远来看，这让创建怪物和角色变得非常高效。Wowedit的参数也能控制物品、任务和NPC的创建。

■ **编辑生物**　这是银松森林里某个头目的生物编辑器对话框。点击按钮能打开更多对话框来进一步编辑"图勒·鸦爪"和它的技能。点击右上角的"Spells/Mana"（法术/法力值）按钮会打开一个新对话框（见下页），显示图勒的所有法术。（图片由暴雪娱乐公司提供。）

约翰·斯塔茨

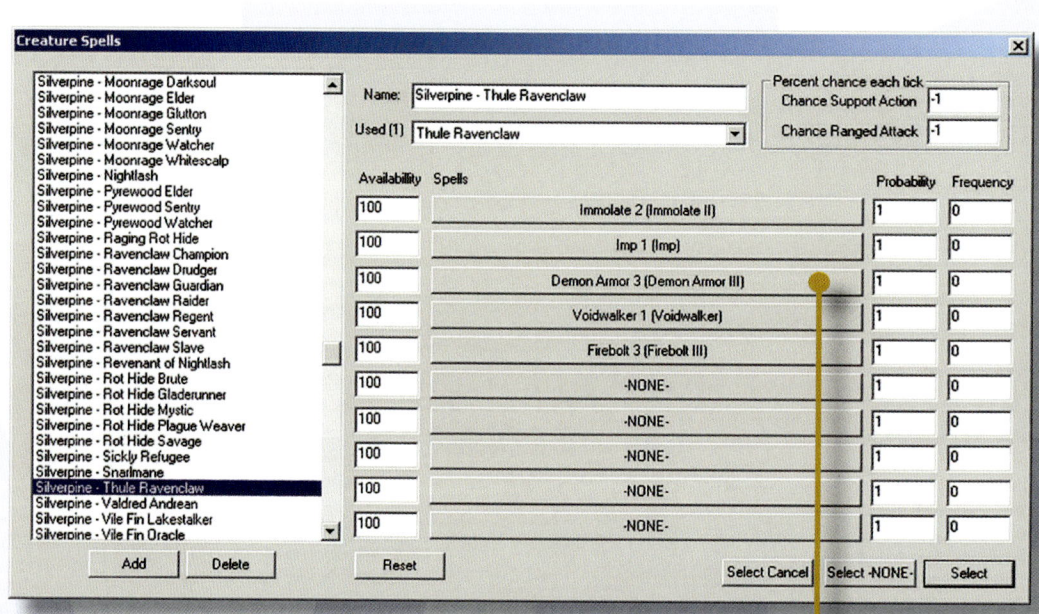

■ **编辑法术列表** 我们为《魔兽世界》中的每个生物都定义调整了法术集。从模板开始做要更容易些,因为创建新法术需要凯文·乔丹工作整整一天。通过点击图勒的法术按钮"Demon Armor III"(三级魔甲术),设计师可以编辑游戏逻辑、视觉特效和声音(见下一页)。(图片由暴雪娱乐公司提供。)

■ 编辑法术和技能 图勒拥有三级魔甲术，下面的对话框会显示对应的法术属性。法术视觉特效（如火花和条带的粒子效果）是凯文·比尔兹利提前做好的。设计师需要先点击"Visuals"（视觉）下的"Edit"（编辑）按钮（在左边中间），然后在五个额外的对话框中修改特效参数来激活和修改这些特效，这些参数决定了法术特效的播放时间、大小、位置和速度。左上角的下拉菜单能让设计师选择法术的作用效果。第一个效果是光环，详细信息会在下一页描述。（图片由暴雪娱乐公司提供。）

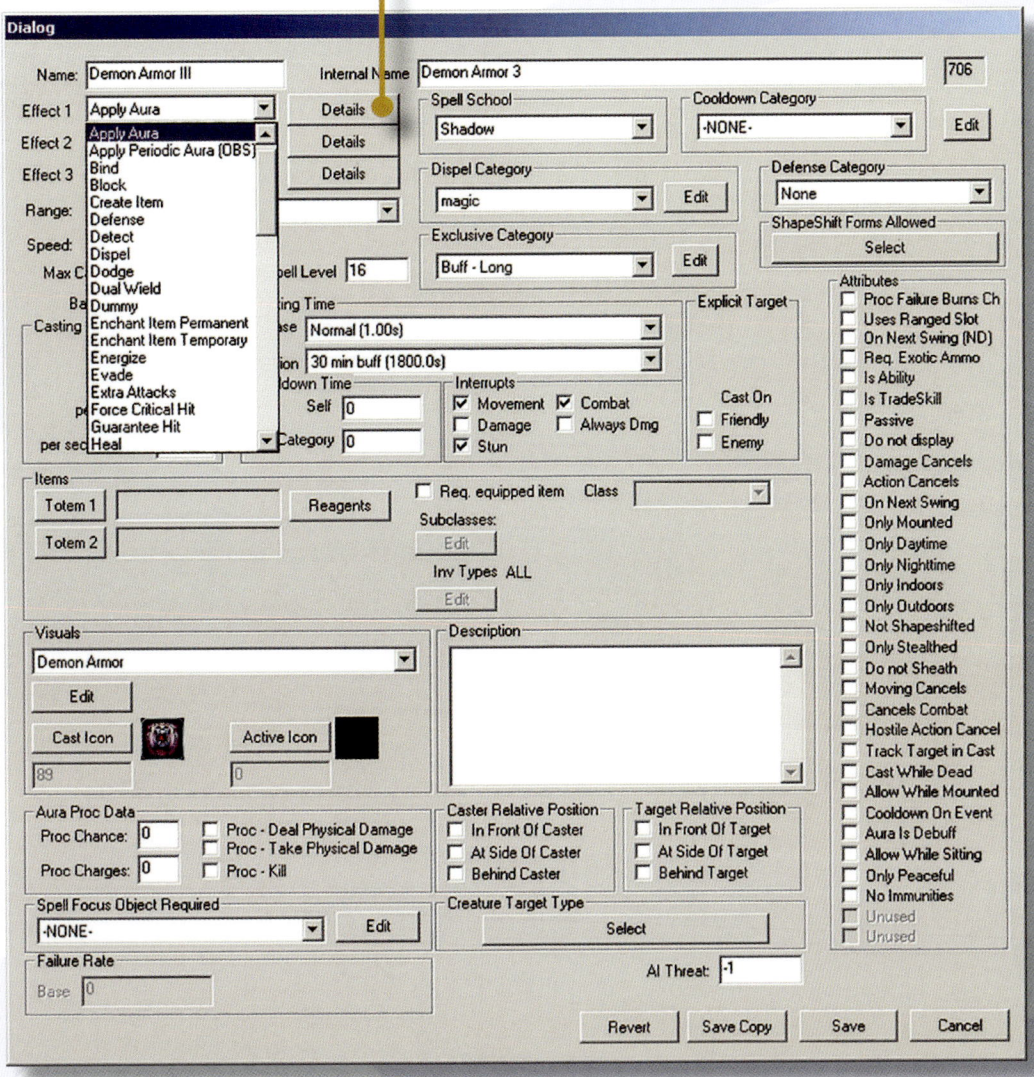

约翰·斯塔茨

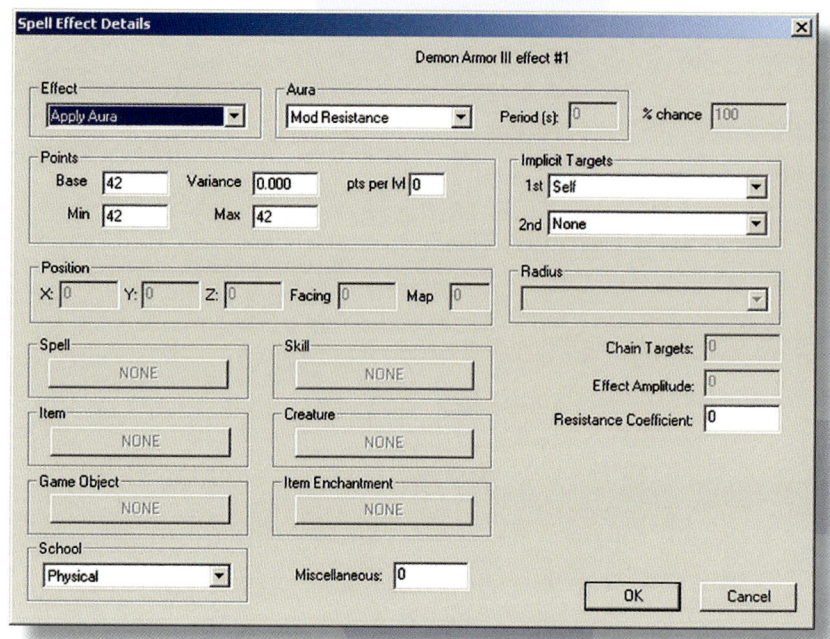

■ **编辑法术和技能** 这些是三级魔甲术的效果。Wowedit 拥有数百个独特的对话框，可以通过各种字段、下拉菜单、按钮和复选框为成千上万种法术提供支持。随着开发人员添加功能，必要的对话框在不断增加。而程序生成的用作警告、提醒和进度条的弹出框超过五百种。（图片由暴雪娱乐公司提供。）

Wowedit 不用手动输入就能解析技能效果并创建技能描述（黄色字体）。在设计者修改法术参数时，可以最大限度地减少错误。（图片由暴雪娱乐公司提供。）

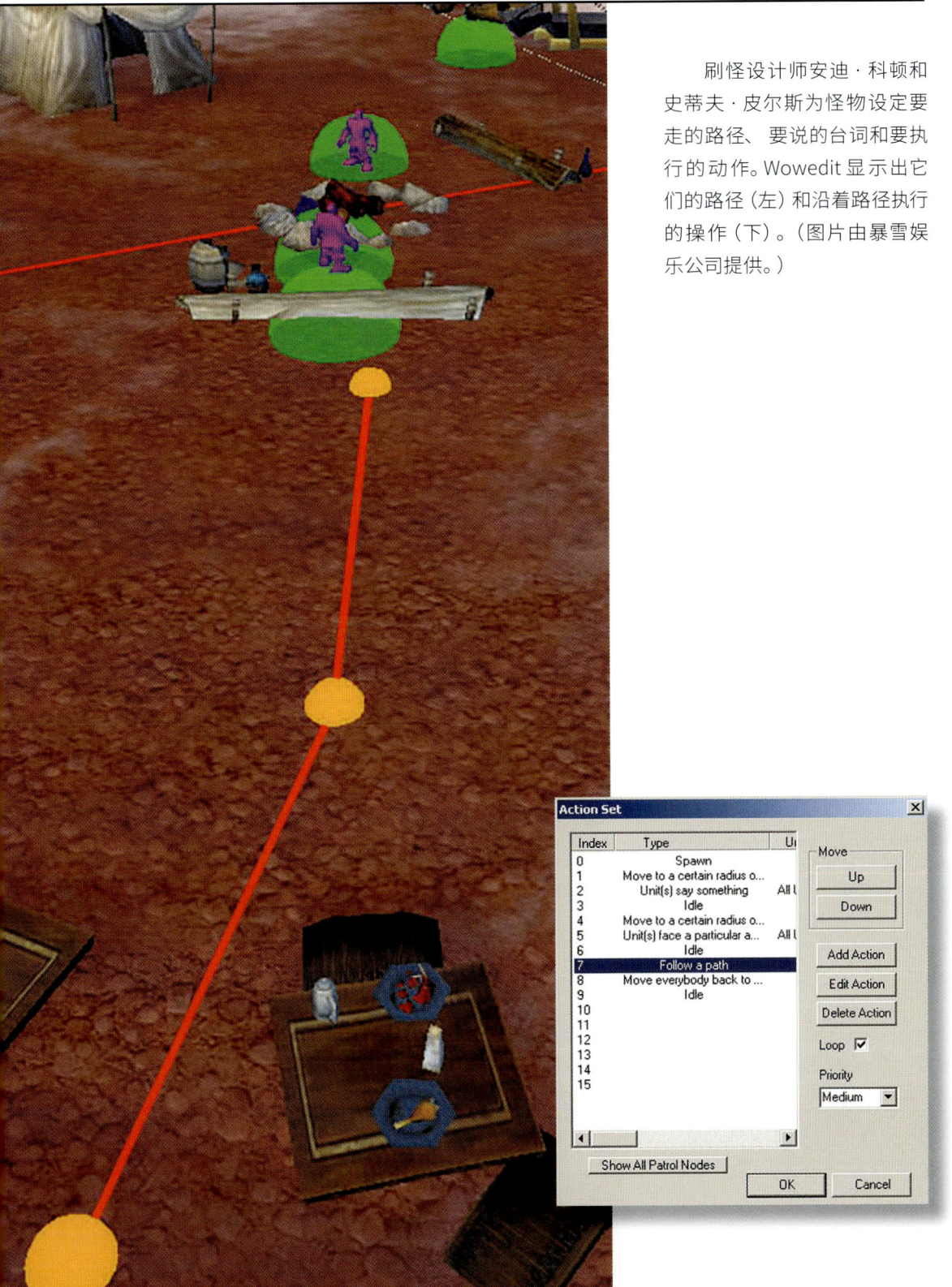

刷怪设计师安迪·科顿和史蒂夫·皮尔斯为怪物设定要走的路径、要说的台词和要执行的动作。Wowedit 显示出它们的路径（左）和沿着路径执行的操作（下）。（图片由暴雪娱乐公司提供。）

约翰·斯塔茨

7月 | 2003年

意料外的巨人

2003年7月,卡洛·阿雷亚诺绘制的封面图。我们的游戏再一次登上了CGW的封面,因为这次有提前通知,所以美术师绘制了一幅更紧凑的封面插图。(图片由暴雪娱乐公司提供。)

我们基本见不到制作人坐在办公桌前。因为产品临近上线需要做准备工作,所以马克忙着跟亚欧的合作伙伴建立业务关系,大部分时间都在跟对方高层开会。谢恩和卡洛斯得经常去开会,不开会的时候也不在工位前。公司给开发二组换了个更大的地方,制作人搬出走廊,挪到了正中心的办公室,算是有了些私人空间,方便和外部的合作伙伴商谈。制作人已经不会随时坐在走廊里了,但团队中的每个人都清楚自己该做什么,并不需要一直有人监督。不过,也不是完全不监督,制作人还是要管理未经批准的功能和内容,避免开发团队的工作出现偏差。

我们还遇到了另一个问题,那就是暴雪该如何处理信用卡信息。要是暴雪的粉丝们在同一时间注册信用卡账户,那么大多数方案都行不通,我们想找一个可靠的软件包来记录数据,这项任务十分艰巨。唯一可行的解决方案又实在太贵,在评估完所有能用的商用软件包后,技术人员放弃了。尽管我们很不情愿,不想再接一项重大的编程任务,但还是决定自己编写信用卡处理软件。

因为《魔兽世界》已经宣传过一阵子了,公布亡灵属于玩家种族算不上多么劲爆,撑不起新一期CGW的封面故事,所以我们透露了可以玩到的巨魔、侏儒种族和其他一些消息。我们还邀请杂志的工作人员到开发区玩了几天《魔兽世界》。在他们体验不同的职业、区域和种族时，杰夫·卡普兰就坐在一旁回答问题。杰夫是做代表的最佳人选。他在博客上发过一篇文章，讲的是《无尽的任务》满级后的游戏体验不佳，所以大家对MMO的担心他也深有同感。他能轻松回答从游戏理念到游戏细节的各种问题。访客们对游戏充满了热情，这让我们备受鼓舞，所以让他们参观了几个未完成的地区。

我们实装了室内的小地图功能，这样大家就能找到离开暴风城和奥格瑞玛的路了。刷怪设计师帮艾伦·阿德汗测试了新的战斗系统，并平衡了职业能力。设计师们终于打通了死亡矿井，这是我们唯一一个脚本化的可玩地下城。死亡矿井的特色是爆破大门，这是游戏内首次出现的物理障碍。锁住的门是第一人称射击游戏的经典机制，可以让非线性布局变得更有意思。

我们宣布天赋系统已经完成（剧透一下：并没有），还给游戏加入了更多专业技能和能力。随着能力编辑器的大部分完成，理论上设计师们已经可以随心所欲地创造法术了。对于设计师们来说，漫长的技术时代总算过去，现在的Wowedit已经强大到能让他们放开手脚创造内容。在游戏发售前，设计师们一直处在疯狂填数据的加班模式。

NPC纸娃娃制作工具（见第279页）是我们最新的设计工具，它大大简化了NPC的创建流程。任务设计师和刷怪设计师可以通过混搭，用不同的服装、面孔和发型组合起来创建新的NPC，让游戏看上去不再是相同素材的复制粘贴。在有纸娃娃制作工具之前，设计师们用的是Wowedit的各种对话框，但这种做法很费时间，就像从头开始缝新衣服，而不是从衣橱里挑衣服。

在游戏开发中，为开发人员提供高效的工具往往是一种奢侈。虽然计算机擅长重复性的工作，但要求员工来完成这些工作的话，就会又贵又慢。他们很容易在工作中出错，变得士气低落。自动化可以让员工专注于决策，提高内容的整体质量……前提是项目有时间打磨工具。

还有一个鼓舞人心的进步是飞龙的动画。飞龙的模型是我们目

约翰·斯塔茨

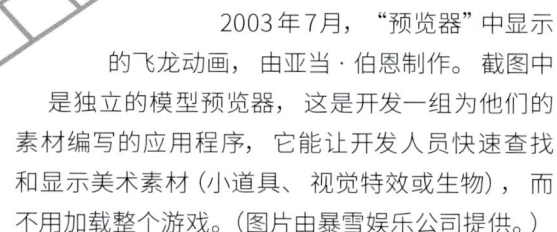

2003年7月,"预览器"中显示的飞龙动画,由亚当·伯恩制作。截图中是独立的模型预览器,这是开发一组为他们的素材编写的应用程序,它能让开发人员快速查找和显示美术素材(小道具、视觉特效或生物),而不用加载整个游戏。(图片由暴雪娱乐公司提供。)

前遇到最复杂的模型,亚当·伯恩花了几个星期的时间才做好动画。我们一直有点担心游戏中会没有飞龙。就算是在预览窗口里看到一头走动、咆哮的飞龙,也让团队中的许多老前辈感到欣慰,我们都觉得离成品又近了一步。飞龙能给人留下如此深刻的印象,还有一个原因是许多开发人员(即使是在后期阶段)也没想过会有巨型怪物的存在。我们大多数人都没见过大型团队副本。

大家又开了一次会讨论玩家住宅,设计师、程序员和美术师达成了一致,大家都认为最初的版本中不应该包括玩家住宅。虽然其他MMO也有玩家住宅,但这个玩法似乎并没有提供长期的游戏性,而且就像一个死胡同系统,性价比太低。我们认为,在想出如何让玩家住宅变得好玩之前,暂时搁置这项功能并不丢人。

角色设计

2003年，距离项目启动已经过去四年，我们请了些美术师对角色设计进行修改。只要有人觉得还能改进，他们就会去做，并征求大家的意见。开发一组对《魔兽争霸3》中的单位进行重制，重新画了至少六七遍纹理。角色设计对RPG来说很关键，所以我们也不敢懈怠。直到现在，还没有人说"已经够好了"。实际上，我们的角色并没有正式定稿。只有美术师不改了，我们才会把最后的结果发出去。

一开始，我们打算在《魔兽世界》中推出九个种族。除了已经通过的六个玩家种族外，我们还计划加入恶魔、地精和纳迦。不过动画师们表示，想要给这些外形奇特的种族适配护甲部件的话，工作量非常大，我们这才打消了念头。给牛头人（长着牛角）戴上头盔已经够困难了，如果不大幅减少角色可穿戴物品的数量，想为长翅膀或者没有腿的生物重做护甲部件是不可能的。

地精需求的工作量也特别大，因为我们想让他们成为工程师，用机械填满他们的世界。这种蒸汽朋克的氛围需要火车头宠物、重工业武器之类的装置。这些素材跟地精区域以外的地方格格不入，也就是说重复利用率不高。想做一个有真实感的地精起始区域需要太多资源，这种投入并不划算。

纳迦是一种滑行的水生种族，他们用尾巴代替双腿，所以穿不了护腿、靴子和披风这些护甲部件。克里斯·梅森希望恶魔可以变形，但这需要的工作量实在太大。

这三个种族听起来很酷，但相比于其他六个长着两条腿的种族来说，他们需要的工作量甚至有其他种族总和的三倍那么多。有段时间，我们考虑过把食人魔作为玩家种族。厄运之槌中的戈多克食人魔装就是来自一个玩家模型的废案。因为它有许多玩家动画,所以我们把它保留下来当作一件道具。但因为部落这边已经有了牛高马大的牛头人,而且将女食人魔打造成有吸引力的角色也是件难办的差事,谁都不愿意接,所以我们绕开这个问题,放弃了把食人魔变成可玩种族的想法。

 每个人都有绘画的能力。

——美术师汤姆·庄和卡洛·阿雷亚诺
解释道,练习量是美术师和一般人的唯一区别。

  角色设计实在很重要,因此我们反复修改每一个种族,直到团队中大部分人觉得满意。2003年夏天,根据比尔·佩特拉斯的美术指导及其他六位美术师的草图,布兰登·伊多尔再一次对人类进行了重新设计。尽管布兰登的工作是以其他美术师的概念草图为基础,但他仍是团队中最优秀的角色设计师之一。布兰登在一开始制作牛头人和亡灵角色模型时就取得了出色的成果,但在多年的开发过程中,他和其他美术师一直在不断调整角色模型,我们差不多每隔半年就能拿到新一版的玩家角色。为了让不同种族之间保持一致性,我们付出了巨大的努力。美术师对所有东西都进行了调整,包括发型、调色板、渲染技术、绘画风格、对比度和明暗值。
  剪影是角色设计时一个主要考虑的因素,因为玩家需要通过整体形状和大小快速识别敌人和盟友。在游戏中,玩家的视野常常会被文字、界面元素和法术效果所占据,所以快速识别敌我双方的种族十分重要。在我们决定将玩家分成两个阵营后,这一点就更关键了,而这种观念首次得到体现是在《卡米洛黑暗时代》中。

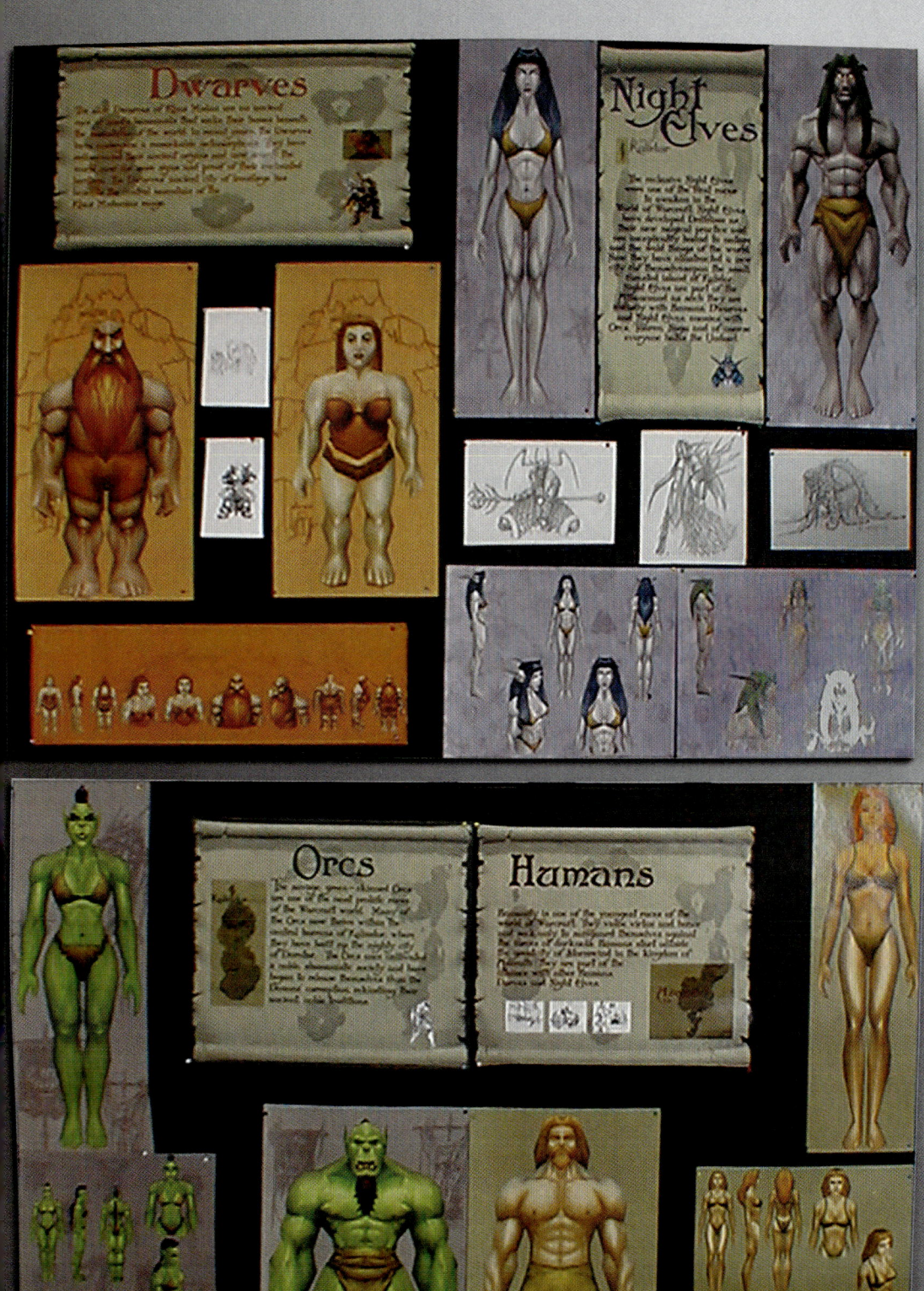

2000年9月，德里克·西蒙斯整理的《魔兽世界》早期角色种族。《魔兽争霸3》团队请质量保证经理德里克·西蒙斯（他后来成为《魔兽世界》的助理游戏设计师）整理一些《魔兽争霸3》的种族。在我们把美术概念图数字化之前，德里克就把它们挂在走廊的板子上作为预览展示了。谢恩·达比里也请他整理了开发二组展示的前四个种族的美术作品。在德里克制作这些展示板时，我们还没有敲定要把牛头人和天灾作为玩家种族。（图片由暴雪娱乐公司提供。）

约翰·斯塔茨

2003年1月，矮人男性的角色设计。部分美术师调整了人类女性的身体组件，与此同时，其他美术师创作出人类男性和矮人男性。大部分角色的设计都由布兰登·伊多尔和罗曼·肯尼负责，他们会互相完善对方的作品。布兰登先给角色"亮绿灯"，然后再轮到罗曼，就这样来来回回，直到结果让两人都满意为止。只要我们确定了美术方向，作品就不会像人们想象的那么主观。经验丰富的开发人员知道如何拆分美术元素，也能解释作品的优缺点。两位资深美术师可以尊重对方的风格，并在此基础上继续绘制，而不是打拉锯战。在完成矮人女性的设计后，他们又开始了天灾（呃，我是说被遗忘者）的设计。（图片由暴雪娱乐公司提供。）

8月 | 2003年

内部 Alpha 测试 4.0

我们取消了熬夜加班，让大家下班后休息，玩玩新的Alpha测试版本。从大家玩部落种族的反馈来看，战斗改动的新方向是正确的。在低等级时，所有职业都很平衡、独特，而且有趣。有些玩家甚至进入（基本没做完的）哀嚎洞穴冒险。虽然公司对最新的内部测试评价不错，但现实中积压的工作还是让部分开发人员有些沮丧，要做的东西实在太多了。

在体验过矮人的领地后，大家迫切想让巨魔和地精动起来，把它们作为玩家种族融入游戏。程序员修复了Alpha测试版本中的BUG，设计师继续充实专业技能、物品、职业能力和任务。最后的两个主城——铁炉堡和幽暗城，是亲友测试版本的重中之重，这次测试不出意外应该会在11月开始。亚伦·凯勒已经做好了铁炉堡，马特·摩卡斯基为矮人主城绘制的纹理看上去很华丽，亚伦也十分满意。

幽暗城是唯一一座并非出自亚伦之手的主城。这项任务由何塞·艾约和达纳·杨共同完成，作为受排挤种族的主城，幽暗城的主题风格是亡灵占领的废城下水道，但他们却做出了不可思议的卡通风格和异域风情。他们主动请缨倒是让我暗暗松了一口气，因为我完全想不出来这座主城该怎么做。幽暗城成了克里斯·梅森和概念美术师激烈争论的焦点。卡洛·阿雷亚诺画了一份布局的草图，通常这并不是概念美术师的工作。他设想了一个枢纽中心，很多东西都设置在这里，方便人们使用。卡洛还记得在《暗黑破坏神2》的库拉斯特找不着路有多痛苦，所以他想避免不必要的旅行时间。但很可惜，克里斯想要的就是迷宫一般的设计。卡洛、达纳和汤姆三人跟克里斯吵了起来，克里斯离开办公室时明显很不高兴。但后面他还是回来了，说："大家听着，我很抱歉，刚才是我犯浑了。我现在想明白了，你们不是要破坏我对《魔兽世界》的设想，你们是想把东西做得更漂亮，应该打开思维去接受的人是我。"最后他们把幽暗城打造成一个枢纽之地，最大限度地减少了赶路的时间。

我们加入了非常实用的小地图和世界地图，这大大改进了寻路体验，这两项功能也是本次版本最受欢迎的新功能。我们用它们在矮人的新手区丹莫罗找路，因为每个人都玩腻了人类地区。

虽然内部 Alpha 测试 4.0 版本有些新功能，但对即将进行的亲友测试（没有员工在场的情况下进行游戏）来说，似乎还是过于粗糙。听说同一个冰洞在丹莫罗重复使用了四次后，我作为关卡设计师感到特别沮丧，但制作人向我保证，没人会在意重复的布局。我欲言又止，最后还是相信了他们。《魔兽世界》是我的第一款游戏，所以我觉得自己可能有些太敏感了。于是我决定先把这件事放在一边，除非有其他人证实了我的担忧。

场所感

9月 | 2003年

为准备亲友Alpha测试，暴雪购买了更多的服务器设备。服务器机架满是金属和芯片，大小跟一台冰箱差不多，我们在上面装了八台机器共同运行。运行硬件的设施距离洛杉矶只有一小时车程，不过里面没有窗户，安全措施简直跟《碟中谍》里的一样，有压敏地板垫、自锁门、警报器和带锁的笼子。在仓库似的大房间里摆着一排排服务器，其中有1000平方米专门存放我们西海岸的服务器。

一位新的物件美术师加入，帮助我们制作地下城小道具。马特·米利齐亚的美术能力和他的热情不相上下，他能加入真是太好了。在看到我们的第一个PvP区变得有多大后，马特带头制作了战歌峡谷战场。为了协助他，我拿出自己之前做的《雷神之锤》关卡"洛基的爪牙夺旗战"（Loki's Minions Capture the Flag）中的场景，转换成兽人和暗夜精灵基地。

在山姆·兰迪加做了许多道具物件后，《魔兽世界》迎来了新的繁荣。他管这些物件叫"小花生"（goober）。这些东西让美术师和设计师很高兴，但不知为何却惹恼了工程师们。小花生能让设计师赋予任何物件游戏逻辑，增加了对任务来说特别重要的功能。最复杂的例子就是奥达曼的门。我们的资源够不够做出更多像开门这样的过场动画还不清楚（剧透：不够），但美术师还是为地下城事件设计了概念图。

熬夜加班和工作负荷让团队疲惫不堪。我每晚都工作到凌晨，然后早上10点前又得拖着疲惫的身体去上班。我在周末会多睡一会儿——意思是"只需要"从早上11点工作到晚上9点。在看到大家玩了几个地下城之后，我意识到我们做的游戏空间会实打实地为游戏提供内容（不会因为技术或设计限制，最后重做或废弃）。

　　对我来说，暴雪更像是赞助商而不是雇主老板，建造地下城与其说是工作，不如说是一种自我的陶醉。我是个书呆子，比起玩游戏，我更爱制作地下城。我从小就开始制作地下城，为我的星球大战模型制作各种环境场景。那些手办很适合八岁的孩子，因为用小手握持很方便，比例既真实又一致。我用木棍、石头、木块和书本搭建了各种圣殿布局。我的整个童年都在建造战壕、监狱、防御工事和生活区。有一天，一个建筑工人问我妈，他们需要用到一个土堆（土堆的延展性很好，就像一大团雕塑用的黏土），但上面有我建造的小小前哨站，不知道可不可以推倒。土堆里的洞错综复杂，足足有拳头那么大，修路工人因不得不破坏它而事先表达歉意。但我并不在意，因为我建好东西后，会专注于下一个目标。长大后，我玩到了《龙与地下城》，还为我的伙伴们写一些自创模块。甚至我的学期论文都有城堡建造或古代建筑剖析的相关内容。

　　作为关卡设计师，我不喜欢在地图中出现重复的小型地下城（如前所述，"小型"是我们对副本外的地下城的称呼）。团队里有很多人认为，玩家看到相同的布局也不会在乎，他们关注的是战利品和任务。我当然没有资格反驳，但我怀疑玩家会厌倦认得出来的布局，就像我们厌倦 *Anarchy Online* 的随机房间那样。

　　这是我在每周玩桌游的晚上形成的理论。一小群员工在聚会上一边吃晚饭，一边玩桌游，这是埃里克·多茨多年前加入质量保证部后一直坚持的传统。

　　桌游之夜的参与者能代表公司的各个部门，包括凯文·乔丹（我们的能力设计师）、蒂姆·坎贝尔（Tim Campbell）（开发一组的关卡设计师，他曾经私自为《魔兽争霸3》做了一个前后地图相连的兽人战役，尽管制作人劝过他不值得这样做）、杰夫·古德曼（我们的怪物和地下城脚本设计师）、约翰·谢（John Hsieh）（技术支持经理兼电话安装工）和迈克·谢弗（Mike Schaefer）（IT人员，负责安装和支持《魔兽世界》服务器）。在附近的一家餐馆简单吃过晚饭后，我们就霸占了公司的一间空会议室。我们经常聊桌游机制，讨论好不好玩或该怎么改进。

谈到小型地下城时，约翰·谢说，他在最近的内部Alpha测试版本里没有进丹莫罗的冰巨魔洞穴。当他发现外面的布局和别的洞穴一模一样时，立马就放弃了。其他人也表达了类似的观点，这让我更加坚定了想法，一定要在游戏里加入独特的小型地下城。丹莫罗有四个完全相同的冰山洞穴。在几个周末后，我通过复用纹理和图案做出了些独特的变化，这种方法跟罗曼·肯尼的很像，他会在现有动画中利用新图形和纹理来创造新怪物。制作一个怪物的动画通常需要一周时间，但罗曼不用按照计划走，用自己的时间就能做出各种变化，我们把它们叫作"罗曼特色怪"。在摆脱束缚的情况下，罗曼和我的工作变得更有价值——更确切地说，我们在完成计划任务的同时，创作了额外的内容。

现在最大的障碍是将地下城加到游戏里。其他开发人员团结起来支持我，这说明定制化小型地下城是个可行的提议。设计师们从不拒绝新的美术素材，而且从桌游之夜的意见来看，不少人都希望有差异化的小型地下城，这足以影响决策的天平。杰夫·卡普兰帮忙说服了制作人，为我更改重复布局亮绿灯。要定制这么多的小型地下城，制作人还是表示怀疑，不过游戏设计师都支持我，确认新的布局只会给他们增加很少的工作。

外部关卡设计师把地下城放置在世界中，没有人敢碰他们的区域。我无法在地下城中生成生物、任务物品和采矿点，因为我用不了这些工具，所以只能等其他开发人员根据我的新布局重做。

在得到外部关卡设计师、刷怪设计师、任务设计师和埃里克·多茨（负责放置草药和矿石等采集点）的支持后，我向制作人提出这个方案。卡洛斯和谢恩向每个部门仔细问了一遍，确保我不会给他们带来更多工作，好在他们都很热情，尤其是外部关卡设计师。要制作新洞穴的话，我还得制作新的洞穴入口，这能让它们的外部区域变得独一无二，所以外部设计师特别支持我的提案。他们基本都没让制作人参与讨论。制作人没有继续为难我。只要用周末和自己的时间，我就可以创作自己想要的一切内容，但是我还得明白，这样做出来的东西不一定会用到。结果，只有卡拉赞里几个没做完的地下墓穴和酒窖没有用到。

定制化的小型地下城对探索的改善非常明显，于是谢恩让程序员输出一个文本文件，把所有重复的小型地下城按名称和位置列出来，方便查找和替换。我们之前只有三种洞穴和两种金矿，而现在洞穴和金矿都有整整15种不同的类型。不过，有些地方太大了。莫高雷的矿洞特别大，玩家在到达洞穴尽头前就已经升到5级！我还没见过有人通关我在诅咒之地设计的末日神庙（Temple of Doom）矿井。我试过好几种入口设计，还通过通道把小型地下城连接在一起，例如暮色森林地下墓穴之间的秘密通道。为了实现这种效果，我先用黑色纹理的几何体盖住连接通道，再把它在黑色小地图里藏起来。

10月 | 2003年

免费比萨和其他困难

在下一次全体设计会议上，我们讨论了最近的创新设计理念。艾伦提了个想法，他希望慢慢显示任务文本，这样能逼着玩家看剧情。虽然有人表示怀疑，但他要求每个人都尝试一下，试过之后再给出反馈。我们试着调整了公会人数的上限和玩家升到满级的时间。我们不希望游戏变得不健康，让大家与现实世界失去联系，于是做了改动。现在游戏时间达到六小时左右后，获得的经验值会变少，这样玩家就有了休息一下的理由。我们的物品设计理念发生了变化。怪物掉落的战利品感觉太过重复和有限，于是我们借鉴《暗黑破坏神》的半随机物品生成方式。考虑到玩家很少找商人去买东西，所以我们给商人提供了更好的物品。有证据表明，玩家总体上需要更多的奖励和更大的掉落物品表。

对这些问题和想法，团队的反应算不上热烈。一般来说，我们对艾伦的提议都很热情，所以这次要么是他的绝地控心术失效了，要么就是我们太疲惫烦躁，拿不出什么精神。因为大家早就知道了大部分计划功能和设计方案，所以对最新的设计调整没太大反应。

制作人说我们肯定能赶上2月份的发售日期，但这也遭到怀疑。很遗憾，他们在估算后承认，发售的初版游戏不会包含成就、玩家住宅和玩家对抗的玩法。团队中的部分人认为，在不支持PvP的情况下发售游戏是一种失败，尽管我们明白再继续推迟发售的代价极大。PvP需要PvP奖励和天梯的支持，还需要平衡等级、装备和职业差异的机制，而在概念阶段并没有这些东西。

艾伦看我们很失望，解释说如果我们要做，那就一定要做得很酷，但这样的话，我们的工期可能并不允许。没有谁能反驳他的话。

他觉得我们的PvP可以采用《魔兽争霸3》那套玩法，有小兵、金矿和基地。这样的愿景让大家缓解了些焦虑。埃里克·多茨说，有人做了一个《魔兽争霸3》的模组，叫作DOTA，它的玩法跟这一套很类似。

 我们基本上完成了大部分工作。

——特温·马丁，数据库程序员

  团队又开始熬夜加班，而我已经对比萨忍无可忍了。对我来说，比萨已经不仅仅是不好吃，它早就味同嚼蜡。比萨已经让我厌恶，到了无法下咽的地步。晚饭一般在七点左右开始，但那熟悉的臭味让我反胃，所以我一直待在键盘前，只有饿得不行了才起身离开座位。我拿起一个纸盘，站在打开的比萨盒前，感觉又没那么饿了。没了胃口，我就把纸盘放回纸盘堆上，回到办公桌前继续工作。还有一些晚上，我会离开办公楼，去当地的快餐店找吃的。不是只有我一个人这么做。多年来，我们的团队已经把配送范围内的每家比萨店都点了个遍，但我们每周还是会吃两次比萨。看到晚饭送餐车经过办公室，我们也不再急着跑到会议桌前了。就餐队伍变得越来越短，已经见不到饿着肚子扎堆的开发人员，只有几个冷漠的食客。

  我们累到没心情说自己很累。因为大家士气太过低落，就没再继续加班了。美术师不用开会来修改作品，因为每个人都很熟悉魔兽的外观和风格。他们只是埋着头，一项接一项地完成任务。程序员像鼹鼠一样慢慢地向前走，只担心眼下的任务。想在2月份发售游戏看起来不太可能。准时发售意味着要花更多的时间加班和修复漏洞，基本没谁乐意这样。虽然Wowedit的工具有游戏设计师需要的功能，但还没做精简处理，因为马克·科恩派大卫·雷去开发"上帝工具"了，这是游戏管理员用于游戏内支持的应用程序。

  设计师忙着再次调整职业和战斗，完全没时间社交，而且重新讨论物品系统（程序生成的物品）意味着亲友Alpha测试将会推迟。

所有人都厌倦了跟自己最亲近的人说，"游戏还没准备好，等好了我一定第一时间告诉你"！

很快，制作人决定把2004年第一季度的发售日期推迟。因为存在稳定性问题，没有可玩的版本，游戏设计人员就没办法测试数据。没有谁指责程序员，因为他们已经很憔悴了，而且周末还在加班。即便如此，游戏崩溃时，大家还是会明显感觉不安。我们已经把发售日期推到6月，不过还是有人怀疑究竟能不能顺利完成。

再回头看看好的方面，游戏里有了NPC的服装，给世界增加了不少真实感。每个NPC看上去都与众不同，这多亏了两位刚从质量保证部转来的世界设计师——埃里克·马卢夫（Eric Maloof）和詹妮弗·鲍威尔（Jennifer Powell）。这两位都是我在桌游之夜认识的，看到他们加入开发团队，我特别高兴。他们负责在地区之间放置飞行点等内容。

韩美Beta测试版本公布

亚洲的氛围很不错。虽然在电脑游戏史上，这还是第一次有游戏在北美和亚洲同步上线，不过美国的游戏新闻网站似乎并不怎么在意，但韩国新闻却很关注。克里斯·梅森去首尔宣布在两个市场同步推出测试版时，受到了热烈欢迎。

韩国的热情有多高呢? 想理解这一点，需要先了解一些韩国游戏业的情况。暴雪就像不开主题公园的迪士尼，战网成了互联网的同义词——就像施乐和QTips两个品牌名在英语里成了代指各自产品的名词一样。在韩国，《星际争霸》的顶级玩家是能够为护发产品和服装品牌代言的明星。暴雪的名气比可口可乐还大，《星际争霸》是韩国最受欢迎的职业运动游戏。2003年，韩国有四家电视台只播电脑游戏。韩国的网咖（他们称作网吧）比美国的快餐店还常见（一片街区就有几十家网吧）。首尔有数千家网吧，这些网吧是情侣约会、玩游戏和社交的社区场所。虽然韩国高达三分之二的家庭都已接入宽带（全球最高的比例），但出于方便和社区的需要，网吧依然得以存在。甚至有组织的犯罪集团也融入MMO，向玩家勒索金币，控制游戏内的不动产，他们基本上就像是人们想象中的网络犯罪集团一样。

韩国人和美国人在文化和心态上有着巨大的差异，他们不像美国人那样讲究个人主义。韩国的真人秀节目不会让选手相互对抗，而是采取团队合作的形式。

在电竞赛事期间，暴雪有时会在座无虚席的体育场馆里发布公告。克里斯跟团队讲过自己在《星际争霸》锦标赛上颁奖的事。冠军会避开视线、略微低头来表示尊重。克里斯想向锦标赛冠军表示尊重，所以只好也把头低下来，试着保持目光接触。结果冠军又把头埋得更低。很快两个人就弯下了膝盖，蹲在地上，在啦啦队、烟花和成千上万名尖叫的粉丝面前，他们一个努力地看着对方的眼

2003年，魔兽穹顶展（The Warcraft Dome）。在《魔兽世界》韩国见面会开幕式上，暴雪韩国的代表回答了媒体的提问。（图片由暴雪娱乐公司提供。）

克里斯·梅森收到了迷你模型剑礼物。他第一眼看到这些模型剑时,大喊:"天呐!天呐!我的天呐!"后来韩国新闻网站一字不差地把他的话记了下来,这把我们都逗乐了。(图片由暴雪娱乐公司提供。)

睛,而另一个则努力地躲开视线。

对于美韩同步推出《魔兽世界》的消息,韩国既充满热情也特别认真。韩国股市因为这个利好消息而大幅上涨。我们原本预计会有负面报道(有韩国公司会雇记者写文章攻击竞争对手),但什么也没发生。

与此同时,暴雪的员工在办公室里忙碌,只是隐隐觉得我们在做一个"名气很大的东西"。我们要么是习惯了,要么就是忘了我们在全世界的知名度。对我们来说,游戏开发仍然是一份工作,也是个人爱好。此时我们专注于生活中的一些蠢事,比如制作人会给我们订哪家店的晚饭。

约翰·斯塔茨

专业技能

　　专业技能是由一系列配方组成的网络，通过掉落、采集和购买原料互相关联。玩家可以找附近的专业技能对象或NPC激活专业技能。埃里克·多茨作为团队的第一位设计师，花了好几年时间为装备制作系统，规划最基础的功能。埃里克总是充分利用资源，提出的需求都是有多种用途的功能或界面元素。这种方法最大限度地减少了编程需求，同时增加了设计师能够制作的内容。

　　唯一需要特殊功能的例外是钓鱼，不过山姆·兰迪加只花几天时间就写完了代码。埃里克对钓鱼特别谨慎，因为这是游戏中玩家唯一可以无风险进行的活动，如果有人作弊破解，有可能会让经济崩溃。所以，他认为钓鱼不该产生任何有价值的东西，尤其是在主城这样的安全地区。埃里克把钓鱼变成需要手动操作的互动点击小游戏，他希望这样能让玩家更难作弊实现自动钓鱼。除了钓鱼，专业技能还重复利用了商人窗口和采集点（如草药和矿石）等功能。裁缝和锻造只有外观上的区别，实际机制完全相同。

　　很多人以为游戏设计师是坐在办公桌前，幻想怎么玩游戏的空想家。虽然这确实也是一部分工作，但只是很小的一部分。设计师大部分时间都花在写永远没人读的设计文档上。他们得听制作人和程序员列举哪些功能实现不了。他们要输入令人头疼的数据，还要花很长时间修复错误。游戏设计师需要成为外交家、推销员和沟通者，因为他们依赖外部资源（代码、美术等）。

　　在做出试玩的原型游戏之前，设计师的策划内容要获得同事们的全力支持。有时候，想在创意工作环境里做到这一点很困难，尤其是当别人想做其他东西的时候。在其他人完成大部分工作之前，游戏设计师都没办法评估自己的系统或想法。

可以玩到游戏后，设计师大部分时间又得往各种入口点输入数据和测试功能，直到确信一切都能按预期运行为止。如果他们忘了勾选某个复选框或打错数值，游戏就无法按预期运行。这时候他们又得一步步查找，搞清楚是哪里的问题。如果数据正确，复选框也没漏掉，那就说明游戏或编辑器有漏洞，引擎达到了极限，或者需要新功能来适应这些数据。这种时候，他们通常会想方设法解决问题，要不就是找合适的程序员来帮忙解决，而在这之前他们只能干坐着。

约翰·柳（John Yoo）是从质量保证部转来的《魔兽世界》物品设计师。他曾经感叹自己只是个填数据的机器，因为Wowedit没办法从Excel里导入物品数值，只能交给他来做。

"每天，我都得花大把时间来输入新的伤害值。这就是我的全部工作。我得让伤害值与程序员前一天调整好的战斗公式匹配。第二天，他们又调公式，我就必须重新把每种武器的数据全都再输一遍。已经连着好几个星期都这样了。我甚至没时间去做些什么酷炫的东西，也没时间去考虑平衡性。如果游戏能从Excel中读取数据的话，每次改动战斗方程式就不会浪费我几周的时间来填数值了。"所以没错，在游戏开发过程中，有些地方既没有创造性，也不好玩。

约翰·柳还有一项任务是给物品命名，埃里克对这项苦差事也很熟练。匕首和药水这两个词有多少同义词？因为好几十种类似的物品都需要不同的名称，所以就算能把词典背得滚瓜烂熟，也很难给护肩等装备命名。尽管如此，在制作物品时还是会有不少自主权和发挥创意的地方，所以这也不算是完全没有回报的职位。

但有时候Wowedit没有自动保存、撤销和复制粘贴等功能。为了说明物品制作中一些比较重复的环节，这里附上埃里克为《魔兽世界》制作一种药水的分步指南：

如何制作药水

1. 在炼金术专业技能进度电子表格中添加一个条目。
2. 制作法术效果。
   - 确保法术效果不与其他职业或专业技能的能力重复。
   - 确保效果与预期的效果等级平衡。
3. 创建药水物品。
   - 为物品定价，避免玩家制作药水时损失过多金钱。
   - 选择一个图标。
   - 将物品的冷却时间设置为相应的冷却类别。
   - 按照检索规则给它起一个内部名称。
4. 创建"制作药水"的配方。
   - 确保商人贩卖的原料成本合理。
   - 确保玩家使用这份配方制作时不能赚太多钱。
5. 创建"让玩家习得配方"的效果。
   - 复制粘贴另一个习得配方的法术，然后更改学习内容。
6. 在炼金术技能栏中添加药水配方。
   - 设置每次制作药水时炼金术技能提升的几率。
7. 创建有"习得配方效果"的物品。
   - 为配方物品进行适当定价。
   - 设置玩家学习该效果所需的最低技能等级。
8. 创建带有习得配方物品的商人表。
   - 设置补货时间和发现物品的几率。
9. 在世界里找一个合适的商人，让他们出售这份配方。

150种炼金术物品的创建过程都很类似，这也是一种比较容易实现的专业技能。通常我们没有复制和粘贴这样的奢侈功能，而且因为没有自动保存，程序崩溃的话会更加痛苦。

11月 | 2003年

亲友Alpha测试

在经历多次推迟和数周的版本构建失败后，2003年11月11日，亲友Alpha测试终于顺利开启。大约有500位幸运的亲朋好友下载了2G大小的测试版，并进入游戏。他们只能玩到人类的三种职业，等级上限为15级。到月底，我们开放了矮人地区，并将等级上限提高到25级。我们过去几年一直在努力，如今总算能让朋友们看到这份成果了。服务器的平均同时在线人数约为200人，并发率接近50%，远超我们的预期，这让我们误以为亲朋好友对游戏的热情远超普通的暴雪用户。

亲友Alpha测试带来了100多页的建议和BUG，在测试过程中及结束后，开发人员仔细研究了这些建议和BUG。整体反响非常好，这鼓舞了团队士气。到目前为止，游戏还没有出现大问题，大多数建议都与游戏计划的方向一致，玩家只想玩到更多内容。

虽然发售时间还遥遥无期，但工作量已经没那么吓人了——感觉这款游戏已经能玩了。开发人员开始感觉我们完成了一件很特别的事。从理智上讲，我们从一开始就知道《魔兽世界》很特别，但现在它已经看得见摸得着了。团队的情绪越来越高涨，这种士气似乎会一直持续到游戏发售（剧透：并不会）。大家注意到，白板上的编程任务并不是为Alpha测试安排的，而是为公开测试安排的。

反馈意见中最有趣的一点是，玩家发现了在游戏中作弊，以及破坏别人游戏体验的方法。玩家在摸索和揣测游戏设计者想法的过程中获得了某种快感。参加者自豪地报告了他们的探索成果，因为他们感觉自己也参与了游戏的打磨过程。由于能玩到的内容有限，所以有些玩家甚至专门花时间来找BUG！

约翰·斯塔茨

测试玩家想尽一切方法，越过高耸入云的空气墙和无法战胜的强大守卫，前往他们本不该去的地区，然后还兴高采烈地报告了这些未完成地区的"错误"。有些人去深海探索，不是被淹死，就是疲劳致死，而另一些人则环游了大陆海岸线。当测试玩家报告滥用、作弊和漏洞时，我们就会卷起袖子努力工作，把问题消灭在萌芽之中。无论从哪个方面来看，亲友Alpha测试都取得了巨大成功。

2003年11月，亲友Alpha测试网站页面。网站网页包括新闻和论坛，开启了《魔兽世界》社区的雏形。（图片由暴雪娱乐公司提供。）

魔兽世界开发日记 | 一款电脑游戏的开发手记

2003年11月，亚伦·凯勒制作的登录界面。直到亲友Alpha测试已经迫在眉睫，我们才意识到还没做登录界面。亚伦·凯勒的3D Studio Max水平是团队中最优秀的，所以我们把机会给了他，让他来创作游戏的门面。每个人都主动为他提供各种创意，很快，这桩美差就成了他的负担。亚伦人特别好，不会说"请让我一个人静一静"，所以连着好几个星期，他每天都在倾听大家的建议。美术师提交草图，比尔会做出决策指导。有些美术师提交了十多份草图。就连克里斯·梅森（他很少会强调细节）也来到我们的办公室，向我们介绍泰坦的历史。克里斯比任何人都关心泰坦，因为他在《魔兽争霸》的世界观电影化的论战中败下阵来，所以急切地想把魔兽宇宙的起源作为登录界面的重点。（图片由暴雪娱乐公司提供。）

12月 | 2003年
惹事精

　　一般来说，开发人员在12月都没什么干劲，但亲友Alpha测试带来的兴奋感让团队充满了活力。因为回家过节的人比较少，我们就比往常更进一步推进了开发进度。虽然取得了进展，但没有哪个部门完成了公开测试版本的任务。程序设计的工作量还是很大，好像永远都有做不完的内容。永远有怪物和小道具等着美术师和动画师来制作。设计师还是在埋头苦干，用细节充实游戏玩法，而地下城团队则是信心满满地建造着游戏空间。

　　随着亲友Alpha测试把重点转移到亡灵地区，玩家测试了更多的功能，比如附魔和钓鱼。当创建完角色后，玩家随着实时演算的种族介绍动画开始游戏旅程。在玩家玩到死亡矿井后，我们才知道刷一次地下城的时间要多久才合适。地下城部门需要扩大游戏中的地下城，大小至少要和死亡矿井差不多。更高级别的地下城还需要进一步扩大。

　　随着暴雪员工邀请更多朋友加入游戏，亲友Alpha测试同时在线玩家创下316人的新高。我们计划在完成测试版的编程任务前，先对所有内容进行评估，然后再开始邀请普通粉丝。

　　对于公开测试版本，我们希望能让玩家感觉游戏的完成度很高，至少要达到亚洲玩家习惯的高标准。他们的要求对于暴雪来说是一种基准。根据Alpha测试的反馈和团队的工作速度，我们推测想要发售游戏的话，至少还要花六个月的时间进行打磨。这意味着我们赶不上2月的发售日期，于是又把日期推迟到6月。

　　现在Alpha测试人员可以远程访问游戏，我们正好借此对游戏带宽进行测量与优化，削减带宽消耗。这一点很重要，因为服务器发送给客户端的带宽产生的费用都得由暴雪支付。除了客户服务成本，带宽费用可能是游戏上线后公司的最大开支。我们每秒只发送1.7KB，不到其他MMO的十分之一。

> **我是个程序员，我可以对制作人指手画脚，但关卡设计师根本不听我的。**
>
> ——杰雷米·伍德

对于我们聘用的大学应届毕业生杰雷米·伍德，资深程序员科林·穆雷是这样评价的："作为一个没有工作经验的人，他的洞察力非常惊人。"

杰雷米这句话提到了团队的共同看法，也就是关卡设计师不听别人意见——我们想怎么做就怎么做，完全不考虑程序员设置的限制。但请允许我趁这个机会，为我们关卡设计师辩护一下：我们会听意见，但我们有其他考虑。我们是开发过程里最中心的交集。我们的工作是让场景能够顺利渲染，同时讲好一个故事，还得让世界变得更漂亮、有沉浸感，并且提供适合游戏的地区。服务于各种各样的目的时，我们有时会忘记自身的局限性。我们往往会发现一些很酷的东西，却不得不做出让步。有时，我们的创意会给其他部门增加工作量，而这些部门会帮助我们实现这些创意。这是一种"拆东墙补西墙"的平衡。

比如，我有一次因为透明水的问题与程序员起了争执。美术团队不喜欢不透明水，这种水体让我没办法在黑暗深渊里展示淹没的神庙。我多次要求进行透明水测试，但程序员的优先级更高，他们没时间去处理排序问题。当多个透明物体出现重叠，图形就会出现问题。

法术效果使用的是透明纹理，当在透明的水面上施放时，它们会出现在水面下。这肯定不行，对吧? 修复排序很麻烦，因为这个问题涉及到显卡，而各种显卡的工作方式五花八门，想解决问题看起来非常麻烦。

但是，我偏不信邪。我按比例放大了一个使用透明纹理的平面道具，用它来模拟水面，想看看排序效果，结果还不错。只有从海岸线进入水中时，排序问题才会变得明显——条带特效在与水重叠时会有点小问题，但在激烈的战斗中不怎么看得出来。透明水让地下城团队非常兴奋，于是我们向制作人进行展示，然后谢恩和我说了说他的想法。

"约翰，我知道你很兴奋，但这件事必须交给我们处理。"他说道。现在的情况比较微妙，谢恩想亲自告诉程序员，他们搞错了。大家都工作到很晚，他不想让任何人难过。他接着说："我向你保证，我们一定实装透明水，但可能还需要一点时间。请别告诉其他人。"谢恩会对我说这些，是因为大家都知道，我经常会把还没批准或者任务工单上没有的东西偷偷放进游戏里。

我经常会比别人工作更长的时间，用这种方法来赢得自主权，我在暴雪工作的时候也不例外。我和制作人约法三章，只要先完成任务，我就可以在周末或下班后制作额外的地下城。这样的信任对我来说是种解放，同时还锻炼了我的能力，我的工作时间也变得更加舒适。由于我做的内容非常多，游戏设计师都劝制作人让我放手去做。因为我想做什么就做什么，所以如果有人需要做大改进或偷偷加些东西，就经常会来找我。制作人很清楚我的情况，所以他们一直盯着我，免得我给其他人做东西。

但透明水的问题不一样。这一次，程序员坚持他们没时间解决排序问题，但我之后背着他们进行了测试。其实程序员是对的，确实存在排序问题，但他们没意识到（我的测试也证明了这一点），排序错误基本看不出来。除了我之外，程序员的工作时间是团队里最长的，所以要推翻他们的否决意见特别困难。

谢恩希望这件事由他本人来说，让一个关卡设计师来说容易引起争执，这也合情合理。我当然也不想惹火上身，所以我让他自己把这项任务加到程序员的工作里，我保证闭上自己的大嘴巴。

但谢恩没告诉其他关卡设计师，很快大半个办公室的人就知道了这件事。那天晚些时候，一帮美术师来找我，非要我给他们看看透明水的奇迹。我提出抗议，但他们不同意。他们说整个团队都知道了，然后双手叉腰，说不给看就不走了。为了赶走他们，我只好从了。没想到，就在这个时候谢恩走了进来。我还没来得及解释发生了什么事，他就气呼呼地摇头走了。

这能说明和关卡设计师一起工作的感受。我们就是天生的惹事精。我们在某一个文件或地区上花费了太多的时间，以至于有时会有点硬来。

我总是会发现，挨个解决问题比领导层的命令效果更好，因为部门领导还没有完全认识到"拆东墙补西墙"的道理。例如，我在给剃刀沼泽地下城做荆棘顶棚时忽略了物体大小的限制。在斯科特·哈廷告诉我为什么引擎处理不了巨型顶棚后，我又换了一种方法，但他又给我否决了。在几个星期的时间里，我们反反复复，最终一起解决了这个问题（斯科特修改了代码，把巨型顶棚设置成例外）。这样就实现了克里斯·梅森让玩家在巨型荆棘丛中战斗的设想。

不是只有我在惹事。虽然程序员告诉亚伦·凯勒，因为寻路代码很复杂，所以不能在地形上直接放置独立的建筑，但他还是在雷霆崖放置了帐篷。然后我们发现寻路问题并没有最初担心的那么严重。达纳·杨建造的死亡矿井超出了我们引擎的"最远视野范围"，程序员只好增加视野范围。不过我们发现房间变大也不会产生性能问题，这为创建"史诗"区域提供了宝贵的经验。

地下城设计师的脾气确实有点糟，但室外关卡的设计师会更糟一些（至少我们听说是这样）。某些地区堆放的小道具太多，程序员感到很不高兴——因为这会降低引擎的性能。当一位程序员抱怨完后，制作人就禁止了他与室外团队交谈，于是程序员们转而向制作人抱怨。争吵是件好事。充满激情的员工可以发现新事物，然后把自己的项目推向更酷的新极限。

约翰·斯塔茨

2001年1月，最初的地下城计划。早在游戏里实装地下城之前，我就写下了克里斯·梅森的地下城愿望清单。原来的计划要求每个种族都有独特的剧情路线。地图上的橙色X表示非任务地下城，用于高等级冒险，这是我们决定采用副本化之前的计划。等级从1级到25级，地下城的名称也随之变化。最终决定地下城数量的是内容的多少，好在我们做出的第一个MMO内容非常扎实。（图片由暴雪娱乐公司提供。）

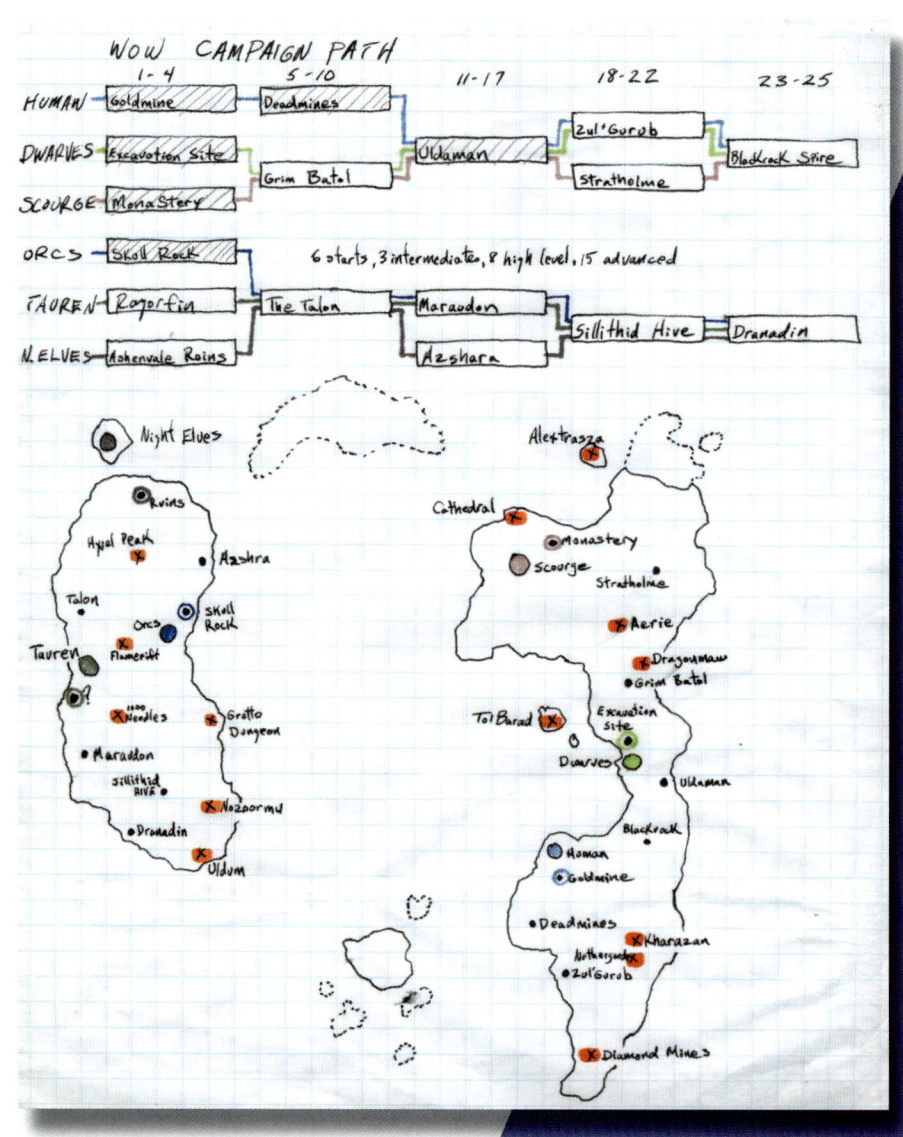

地下城：
最后的障碍

地下城一直是开发二组的难题。暴雪公司并不擅长构建3D环境，因此为这个项目招兵买马成了一大难题。尽管3D关卡设计师和纹理美术师的职位常年挂在网上，但候选人的数量很少，资质也不能令人满意。为了寻找更多关卡设计师，我遍览了FPS模组社区中的地图。每周我都会给德里克·西蒙斯介绍十多位能力出众的地图作者。当时，德里克以"杰克·斯特林"的名义在总部担任招聘人员，这也是我们内部猎头目前所使用的化名。德里克向至少60位关卡设计师发出了邀请，但感兴趣的却没有几个。很多人在其他地方从事游戏行业的工作，薪水也高得多。另外那些人要么是不想搬到奥兰治县，要么就是来自国外——根据联邦法律规定，我们很难雇用美国人以外的员工。暴雪公司似乎并不是3D关卡设计师心目中理想的办公地点。更难的是为3D关卡寻找纹理美术师。3D关卡设计师的薪水比其他公司少，因为公司将其削减到了2D关卡设计师的薪资水平。而让2D和3D关卡设计师的薪水保持一致是个错误的决定，因为制作2D即时战略关卡会用到脚本，但不需要付出长年累月的努力掌握专门的3D美术技巧。

这种错误在不会对待关卡设计师的游戏公司里很常见。罗布·帕尔多和埃里克·多茨面试我的时候，我们围绕游戏设计展开讨论，但暴雪公司还是把我放进了美术团队。《魔兽世界》发售后，他们将我调到设计部门，但几年后我又被调回了美术团队。虽然有美术方面的需求，但我认为3D关卡设计应该属于设计的范畴。然而，地下城设计团队对关卡布局不感兴趣，甚至几乎不怎么玩地下城，这让我感觉自己是环境美术团队里唯一的设计师，也让我在评估地下城的时候倍感沮丧。由于地下城无法在游戏内评估，因此美术和设计部门都没法轻松了解地下城部门员工的工作进展。遗憾的是，有些地下城在设计完成后被驳回，几个月的努力付诸东流。

在卡拉赞上白费的功夫就更多了。我们曾经每周工作80小时，花费六个月用Radiant打造出卡拉赞，后来程序员们却告诉我们需要用另一款编辑器3D Studio Max来制作几何图形。我只能放弃之前所有的成果。

一年后，何塞·艾约重新设计了卡拉赞，还认真考虑了克里斯·梅森的建议，将塔楼设计得又高又窄，把近一半的空间用于建造楼梯。工作几个月后，他向游戏设计师们展示了贴好完整纹理的版本。没能早点见到，是因为设计师们之前无法将它实装进游戏里。对卡拉赞的评价是房间太小不适合战斗，而且楼梯太多，会对玩法造成负面影响。由于缺少可玩空间，我们再次将项目推倒重做。

又过了一年，我们重启了这座塔楼的设计，在概念会议上提出让独立的塔楼围绕中心尖塔飘浮在空中的想法。经过一上午的会议，程序员们否定了这个想法，他们说路径数据无法支撑复杂的移动结构，当时船只和飞艇这些功能都还没有出现。会议结束后，美术师们沮丧地回到了自己的办公室。

几个月后，卡拉赞重新交由我来设计，但这次游戏设计师们明确表示需要大量空间，看起来要有"黑石塔上下层加起来那么大"，他们想将其打造成地下城副本。遗憾的是，他们提出这个需求时，我们还没打过任何副本，所以我草拟了一个大得过头的地下城。我把平面图设计得非常大，甚至请来亚伦·凯勒（我们的城市建造者）负责室内构建，而我负责室外。我在塔顶设计了另一个团队副本，玩家可以从这里被传送到一个恶魔盘踞的浮空天体上。亚伦则对塔楼下方进行了扩展，添加了被淹没的底层区域。

除了塔楼之外，我还在城镇周围建造了亡灵墓穴和酒窖，但最后都未能完工和实装。当杰夫看到这个地下城的大小（尤其是那巨大的图书馆）时，他告诉我们要削减整体尺寸，因为实在是太大了。我们删掉了亚伦设计的被淹没的底层、塔顶的副本，以及建筑物周围尚未完工的小型地下城。这一切都发生在《魔兽世界》开发末期，在发现马拉松式的副本不够有趣后，我们头一回说出了"太大"这个词。

虽然在设计卡拉赞时遇到了困难，但环境团队的最终版本做得非常出色。布莱恩·莫里斯罗和吉米·洛为室外提供了纹理和概念图，马特·摩卡斯基则用纹理使室内变得更完整。

然而，当卡拉赞被放置到逆风小径中时，更多的问题出现了。这片区域由关卡设计师马特·桑德斯负责，当把塔楼放置在地面上时，他发现塔顶超出了游戏的视距，从而导致顶端在画面中消失。通过将塔楼沉入山谷，抬高通往建筑中心的路径，也就是把玩家和建筑末端的距离减半，马特顺利解决了这个问题。从这个地方还可以欣赏到周围城镇的美景。

打造漂亮的景观对室内关卡设计师来说非常重要。一有机会，我们就会寻找有趣的全景构图，并且经常重新排列景观布局来实现这些构图。我们的天花板上有华丽的拱券、飞流直下的瀑布和从穹

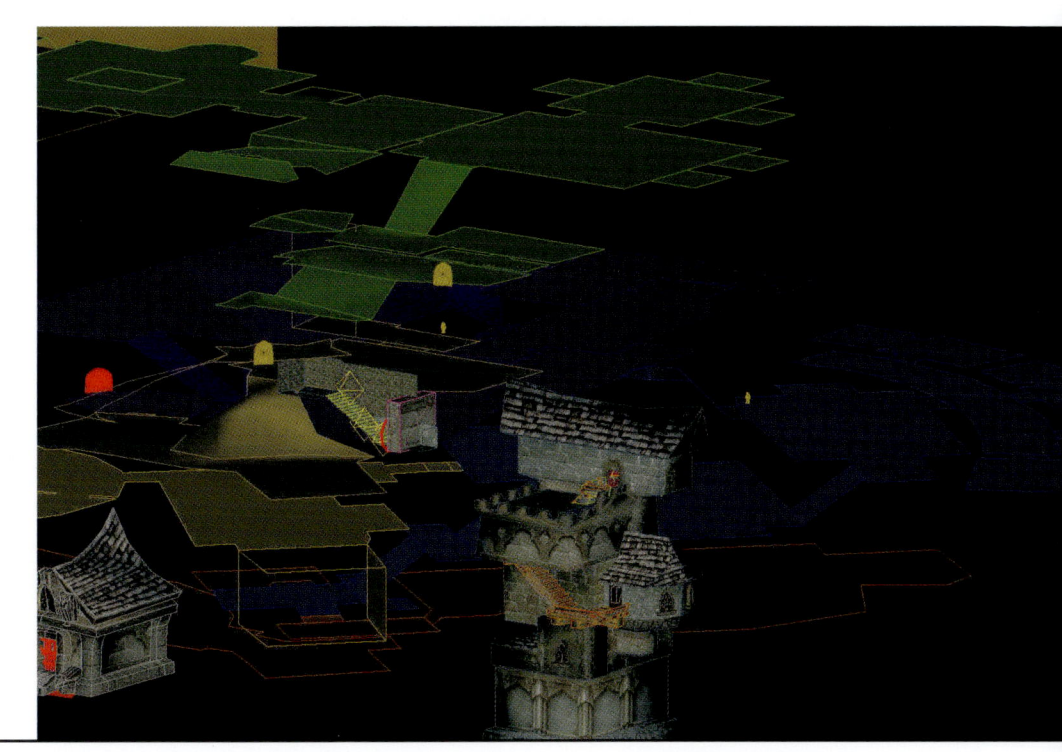

2004年11月，卡拉赞的布局设计。这份粗略的3D草图展示了该地下城的连通性和大小（尽管在两年多之后的《燃烧的远征》发售之前，我们对其进行了大幅度缩小）。我们移除了不止一处地下城。几乎所有地下城在实装进游戏前都经历了重大调整。（图片由暴雪娱乐公司提供。）

顶的圆孔投下的光柱。出于游戏性方面的考虑，地面必须平整干净，所以只能在天花板上大做文章。每当室内设计师展示自己设计的漂亮建筑时，我们会开玩笑地说这不重要，因为没人会在游戏里抬头看天花板。

地下城美术师出色地完成工作后只能沾沾自喜，因为论坛里很少有人对景观发表评论。玩家很少会说"在影牙城堡上能看见下面的城镇，这太酷了""铁炉堡那高高的天花板就像一座地下城市"，或者"死亡矿井尽头的食人魔战船是个很棒的惊喜"。大家的讨论不可避免地集中在BOSS掉落的战利品上，但这些东西制作起来只要几个小时就完事了。

构建完地下城的3D模型后，我们把它交给纹理美术师。根据主题的不同，有时绘制纹理花的时间不亚于构建模型。纹理绘制完后，我们会给地下城添加光源，并加入一些物件，这通常会花几天时间。地下城都是根据具体情况建造的，耗时从两个月到九个月不等。每处地下城都有各自的难题需要解决：有的涉及技术，有的则是美术方面。但每次建造地下城时，我们的目标都是让它具有史诗感，这也是整个《魔兽世界》项目的目的所在。

室外关卡设计师将做好的地下城放进游戏世界中，游戏设计师为怪物编写脚本。杰夫·卡普兰和杰夫·古德曼召开了BOSS战会议，刷怪设计师和游戏设计师发明了各种BOSS机制，并决定怪物的数量构成。刷怪设计师放置好怪物后，任务设计师就会为该地点赋予一些背景故事和历史。

2003年12月，游戏的世界地图。在泰德·帕克为游戏绘制世界地图之前，我们是用Mapstitcher工具生成的区域截图来凑出整片大陆的。虽然这种渲染图很实用，但看起来是一副卫星地图的风格，不是很适合奇幻世界。Mapstitcher为泰德提供了创作的模板，所以他最终的手绘成品比例十分精准。请注意，左侧卡利姆多大陆的底部尚未完成，构成那里的世界区块还没有制作出来。（图片由暴雪娱乐公司提供。）

| 1月 | 2004年 |

还剩一年

为了让我们了解游戏的最新进展,制作人把大家聚在一起,召开了新年的首场团队会议。马克·科恩重申,玩家住宅系统已经被推迟到游戏发售之后,但设计师致力于打造一个大规模的PvP战场,他们希望这不难实现。他们和室外关卡设计师詹姆斯·查德威克(James Chadwick)合作,对名为奥特兰克山谷的PvP区域进行了大小测试。这个区域为《魔兽世界》加入了新玩法。这个方案需要多样化的游戏机制,不想与敌人对抗的玩家可以通过刷怪为战争做出贡献,解锁强大的NPC盟友,帮助玩家在40对40的战斗中扭转局势。

会议中，谢恩·达比里对团队取得的进展表示了祝贺。他提到了我们的诸多成就和里程碑，其中很多是公开 Beta 测试前的内容。这些成就包括各种各样的数据：

- 150 个独立的怪物模型/动画，还有十几个待完成；加上纹理换皮，该数字会上升至 500 以上。
- 制作 200 款独立玩家套装的目标已经完成一半多，每套都有不同颜色的版本。
- 227 件独特武器，每件都有不同颜色和附魔效果。
- 300 种独特的法术图形效果和上百种法术音效。
- 一个多小时的音乐和 62 种不同的环境音，324 种战斗音效，以及 1000 多种怪物音效。
- 游戏世界由 200 多种纹理和 4200 种物件（或小道具）构成。
- 由 5000 种纹理制作的 400 件地下城物体（包括楼房、桥梁、大型建筑）。
- 包括界面设计在内的 1500 种图标。
- 2600 件独特的 NPC 套装。

不出所料，假期延迟了我们的下一次 Alpha 测试，并将卡利姆多新手村的制作延后了几周。公司的 Alpha 测试比我们想象中更有帮助，仅交易技能方面的漏洞和建议日志就用 7 号字体写了 70 多页（每页约 20 条修改建议/漏洞）。这还只涵盖了 12 月内几百名用户的反馈，任务方面的反馈甚至更多。六个月的测试看起来没什么必要，我们也没有拒绝制作人调整日程安排的建议。

我们集中精神，努力工作，6 月发售游戏似乎成为可能……直到我们收到两条令人不安的消息。

年初，《魔兽世界》首次传出泄露的消息。亲友 Alpha 测试里有人违背保密协议，将《魔兽世界》的客户端传播了出去。玩家在游戏中跑来跑去的截图和视频开始在网上疯传。虽然我们对此有所准备，但寻找和解雇罪魁祸首（质量保证部门的某位员工）还是分散了编程人员的注意力。我们一直对大部分地区严格保密，而这次泄露无疑冲淡了我们公布游戏内容所能带给玩家的惊喜，就这么随手将我们五年来的努力扔到了公众面前。

让团队震惊的第二个消息是，我们的首席设计师艾伦·阿德汗因个人原因离开了公司。经历了多年的游戏开发生涯，艾伦的热情逐渐消退。他很少来上班，大家不得不在没有他的情况下做出各种决策。《魔兽争霸3》的首席设计师罗布·帕尔多接替了艾伦的职位。罗布在《魔兽世界》日常设计的过程中非常活跃，主要体现在午餐闲聊、电子邮件，以及和艾伦的会议中。他帮忙确定了《魔兽世界》的发展方向。罗布调到开发二组影响了计划，因此我们不太可能在6月发售游戏了。

我们在一次测试中同时推出了三个部落种族，吸引到超过500名玩家参加。我们的服务器很稳定，这是个好消息，因为经过预测，每个服务器平均会有约两千名玩家同时在线。暴雪公司将韩国和北美地区的实体版游戏发行量限制在40万份，因为我们在每个大陆的硬件设备只能支持12万5000名玩家同时在线。

对开发团队来说，这个数字并不大，但销售保守一点远比服务器过载要好。另外，《魔兽世界》是款以订阅制为基础的游戏，我们认为它不会像《暗黑破坏神》这类买断制游戏那么热门。作为游戏热度的风向标，预购销量也恰好印证了这一想法。《魔兽世界》的预购销量远低于暴雪公司以前的游戏，意味着游戏发售时的玩家并不是很多。

暴雪公司的制作人经常提到"双倍计划"，用来应对登录游戏的人数高于预期的情况。双倍计划可支持的并发率是当时任何大型多人在线游戏最大并发率（用户基数的15%）的两倍，这意味着我们理论上可以支持30%的并发率。（剧透警告：游戏推出时并发率高达90%，并且从未跌至50%以下。）

乔·拉姆齐为优化性能修改服务器代码的同时，还在《魔兽世界》Alpha测试论坛中解决了稳定性的问题。他解释为了支持一个服务器需要多少个CPU：

> "用户服务器当前所在的单台电脑，在480个客户端登录时的CPU利用率约为10%，而之前在520多名玩家登录时，CPU利用率为80%。整个服务器由八台电脑组成，每台电脑两个CPU，所以总共是16个CPU。其中四个CPU负责运行用户服务器。艾泽拉斯和卡利姆多各需要四个CPU。剩下的四个CPU是为副本准备的。"

Mapstitcher提供的希尔斯布莱德丘陵细节图，展示了公开Beta测试期间第一个"真正的"PvP区域。该地区很受欢迎，因为墓园间的距离很短（跑尸更方便）。部落和联盟玩家在任务区域相互攻击，自然而然地形成了塔伦米尔和南海镇之间的冲突。玩家相互攻击的消息吸引了更多高等级玩家前来守卫己方领地，后来形成了一条全面的战线，数百名玩家在两座城镇间进行拉锯战。事实证明，城镇守卫无法有效地击退攻击者，所以设计师加强了他们。（图片由暴雪娱乐公司提供。）

2月 | 2004年

新的掌舵人

美国和韩国为期一周的Beta测试报名环节很快就结束了。26万6000名美国人和8万8000名韩国人注册并玩了《魔兽世界》Beta测试版。美国的注册人数很可观，但韩国的注册人数出奇地少，尤其是在我们宣布游戏会在两国同时推出以后。我们不知道为什么注册免费Beta测试的人会这么少。然而，其他迹象却表明亚洲市场的活跃度很高，这让我们感到非常困惑。

自1月的团队会议以来，制作人就一直和新任首席设计师罗布·帕尔多沟通，制定出游戏发售时必备的功能列表。他们一周接一周地和所有部门开会，对开发团队的能力有了大致了解，并预估游戏的最新发售时间为9月15日。罗布讨论了很多设计方案，PvP、载具、披风、新的死亡系统、小地图功能、天赋点翻新、重新定义和平衡角色技能、扩展地下城、重新评估经验值分配、英雄和多职业、公会副本内容，以及添加了更多角色自定义选项。对于经历多年开发而疲惫不堪的团队来说，这些功能需求太多了，且不现实，但听上去都是不错的想法。

制作人的日程安排雄心勃勃，但团队还是第一次面临硬性的截止时间（9月15日）……然而，我们尚不清楚目前是离成功只差一步，还是说还有其他的挑战要面对。但有一件事是可以肯定的：我们已经精疲力尽，并且厌倦了《魔兽世界》。除了整天研究这款游戏，周末还要进行测试，午餐和晚餐时也会讨论到它。和公司外部的人交谈时，这款游戏往往是唯一的话题。

制作人决定，团队在2月的最后两周里，每周只用工作40个小时，但到了3月又会加班到深夜。总之，有些人还是会工作到很晚。大部分时候，一半员工的士气很低落。有的人觉得游戏发售后团队依然不会轻松多少，因为玩家会发现很多BUG，让制作新内容变得更有压力。游戏目前尚未完成，而且发售后还要制作资料片，推出实时更新，我们开始怀疑整个开发究竟有没有尽头。设计人员周末会主动加班，他们的热情多多少少鼓舞了整个团队。但是就连这些设计师也认为，今后再也不想制作任何MMO了。这类游戏做起来太难，风险很大，而且太花时间。

  为了协助制作，我们面试了更多任务设计师。在早期开发中，我们预计《魔兽世界》只需一人就能完成所有的任务设计，但编写脚本、测试和调试的过程花了很长时间，所以四个人的任务团队不得不进一步扩展，尤其是我们发现任务要想做得出色就需要花更多时间来设计。

  暴雪公司还为游戏组建了一个支持团队。我们聘请了游戏管理员主管，并准备面试候选人。一些游戏管理员已经采购好必备用品，布置了工作隔间，为3月的Beta测试做好准备。我们为美国和韩国办公地点安排了上百名游戏管理员，每周七天全天候为玩家提供帮助。暴雪公司聘请了票据代表来处理记账工作，扩大了超负荷工作的IT部门的规模，并组建了服务器团队来维护运行游戏所需的硬件。

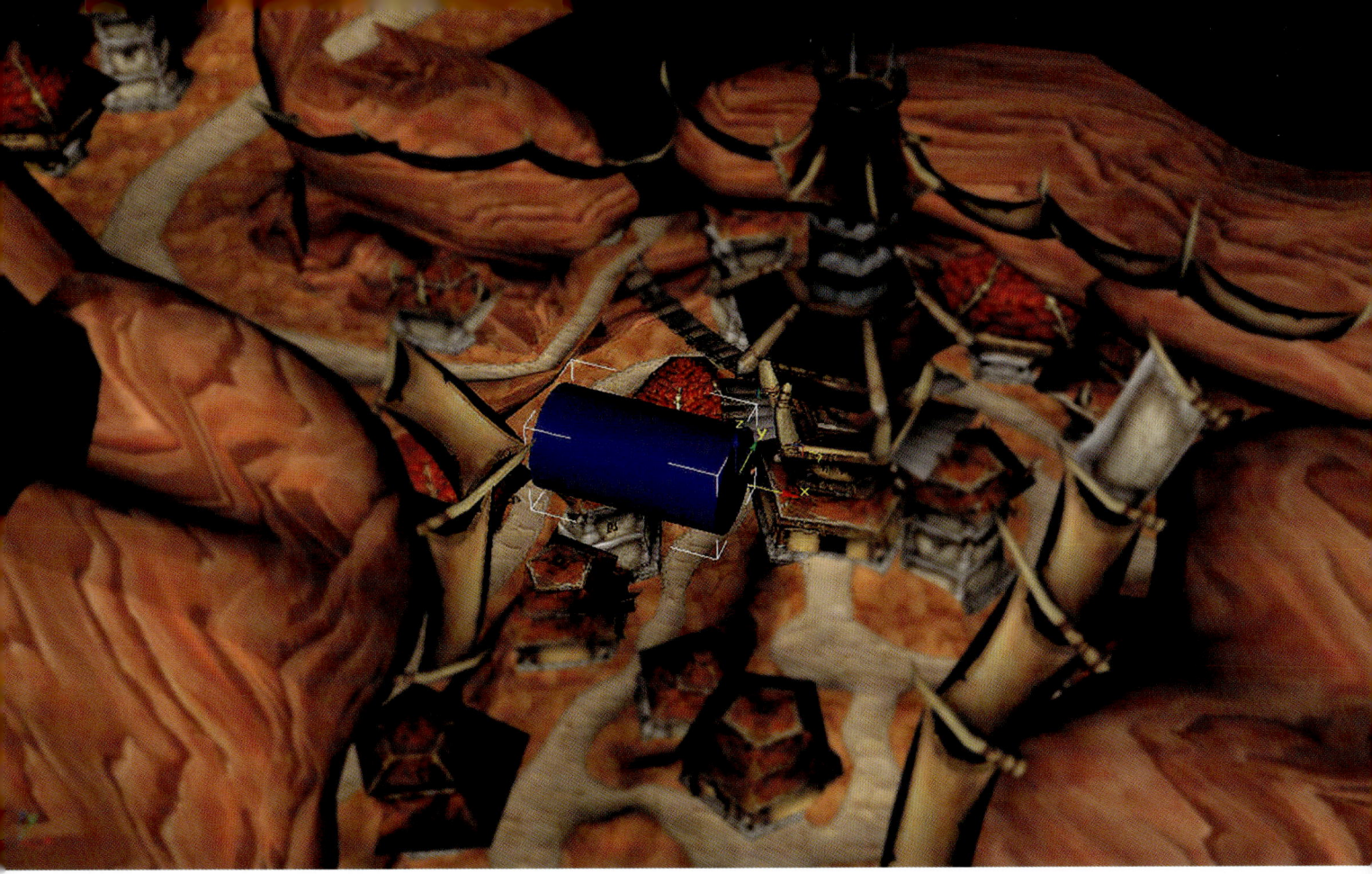

尺寸很关键！游戏里的东西越做越大，成为地下城部门的一个笑料。如果有东西需要更加宏伟，只要把它放大放大再放大就完事儿了。我在3D Studio Max里缩放圆柱形的体积（飞艇的临时占位素材），看亚伦·凯勒的兽人城市能否容纳一艘飞艇。结果它没有足够的行动空间，所以我们把飞艇平台移到了城外。

体积大的东西会带来严重的问题。室内设计师要思考很多内容，比如：假如农场的室外广阔但室内狭小，会不会显得很奇怪？项目早期，这个问题让美术团队颇为烦恼，因为《魔兽争霸3》里玩家大、建筑小，比例和《魔兽世界》正好是反过来的。随着项目的进行，我们渐渐习惯了不成比例的大型建筑和树木，它们成了游戏的外观特色，而不是需要修复的眼中钉。（图片由暴雪娱乐公司提供。）

公开 Beta 测试 1.0

3月 | 2004年

2004年3月16日，所有测试都表明服务器硬件、下载进程和计费系统可以正常运行。Beta测试的准备是程序员和制作人数月努力的结果。由于设计师对战斗和技能系统进行了全面更新，最新的每日构建版本目前无法游戏，所以他们决定用一个月前的版本进行封闭测试。粉丝们的期望很高，因为每篇前瞻文章都对《魔兽世界》的质量赞不绝口，并且测评人员声称这款游戏"完成度很高"，再加上暴雪公司痴迷于推出游戏前精心打磨，让我们觉得发布一个稳定的Beta测试版至关重要。之所以这么看重这次Beta测试的体验，还有个原因是用户终于可以不受保密协议约束，自由地讨论游戏、发布截图，对我们的产品随意褒贬了。Beta测试不加入保密协议这一决定不仅是自信的体现，也同样有实用主义方面的考虑。我们没法阻止玩家泄露消息，所以索性大气一点，顺其自然。内部测试结束后，我们给首批3000名外部测试者发了邮件，邀请他们登录官方的公开Beta测试服务器。邮件发出后，几位制作《无尽的任务2》的索尼开发者联系了我们，想要获得Beta测试账号。由于已经达到最大服务器容量，所以我们告诉这些开发者需要等到下一个测试阶段才行。

经过多年的努力，《魔兽世界》终于向公众开放了……就在我们发出电子邮件后不久，托管我们服务器的AT&T Hawthorn就瘫痪了，具体原因和我们的Beta测试无关，至少对方是这么说的。所有3000名测试者在尝试下载游戏时都看到了"服务器错误"的消息，AT&T里的设备瘫痪了一整天。接下来的一天也是如此。

服务器停机72个小时后，他们终于解决了问题。

魔兽世界开发日记 | 一款电脑游戏的开发手记

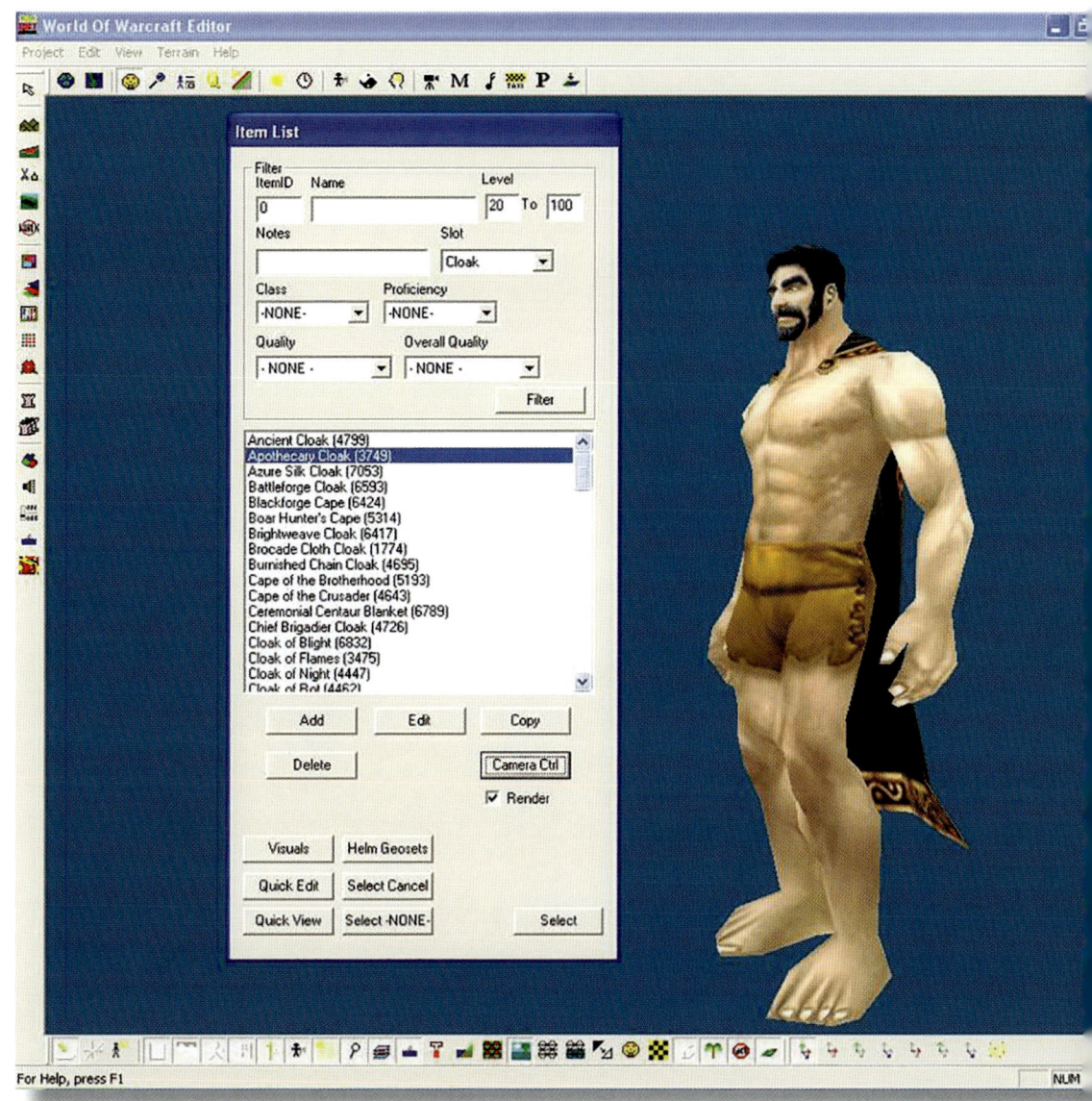

披风、箭袋和小包——2004年3月布兰登·伊多尔的作品。NPC 纸娃娃制作是 Wowedit 里的一项功能，可以让设计师混搭可见的盔甲，并将它们整合成独立的模型。听完玩家和开发者的建议后，我们决定如果披风的动画可以简单套用战袍已有的动画，那么就可以加入到游戏里。小包的渲染也没什么成本，因为所有模型的纹理都是相同的。（图片由暴雪娱乐公司提供。）

约翰·斯塔茨

2004年3月18日，周四下午6点，《魔兽世界》正式进行公开Beta测试。暴雪公司又发了一封服务器开启的邮件，还用平时很少用到的广播系统大声公告："全体注意，《魔兽世界》Beta测试版正式上线。我再说一遍，《魔兽世界》Beta测试版正式上线。首批玩家已经进入游戏了！"开发团队对这则公告毫无准备，因为我们等AT&T修复设备问题已经等了好几天，所以大家几乎没有任何反应，反倒是公司居然有广播系统这件事更让我们吃惊。有些人向办公室门外张望，看有没有什么团队聚会活动，但什么都没发生，于是大家又都回去工作了。我们中的一些人还对团队的热情居然如此之低进行了一番嘲笑。也许我们只是累了，或者对于测试版的发布已经习以为常。有这种倦怠的情绪，可能是因为Beta测试版上线只牵涉到团队里不多的几个人，又或者是因为测试版并非最新版本。

不久之后的晚饭时分，我们聚集在大堂里回忆早期开发的时光，还讨论了各种话题，比如我们的竞争对手、玩家的数量，以及这款游戏会发展成什么样。随后再次聊到是否愿意再做一款MMO，大家的答案是否定的。有些人浏览了论坛，但没有找到能让人开心的评论。第二天，制作人为团队准备了一顿更加丰盛的晚餐，但氛围和平时没什么区别。

而在暴雪公司之外，无保密协议的Beta测试开始引起人们的热烈讨论。由于大量用户涌入我们的论坛，战网的留言板崩溃了，一整晚都处于瘫痪状态。测试者的游戏感受充满了各种网站的版面，不受保密协议约束的他们详细记录着自己看到的一切。有个网站甚至发布了3200张截图。有人在网上实时分享自己的游戏过程，每隔几秒就上传一次截图。韩国在凌晨4点时还有33%的并发连接用户。服务器短暂崩溃过两次，但在Beta测试的头几天都比较稳定。2004年3月20日晚上7点54分，我们达到了1000名玩家同时在线的里程碑，服务器也撑住了。

除了公开Beta测试，3月还发生了几件有意思的事。在美术方面，我们给游戏里的非战斗区域添加了宠物家猫。你可能会想，在为游戏世界实现了这么多精彩的内容后，疲惫的开发团队应该会忘记家猫这种小元素，但游戏里宠物带来的魅力不能被低估，于是我们很快将这些宠物加入到每日构建版本里，看着这些惹人爱的小家伙随处走动。背包、斗篷和箭袋也出现在角色身上。令人惊讶的是，区域的大地图也实装了。新招来的美术师麦克斯·马歇尔（Maxx Marshall）和卡洛·阿雷亚诺为制作各区域地图苦干了好几周，但他们对这个任务的热情不怎么高，因为制作地图并不能很好地发挥他们的美术才华。从事缺乏创意的工作时，概念美术师经常会陷入瓶颈。精确制图工作限制了美术师的自由发挥。

美术师讨厌的不止是地图。在3D美术师制作道具前，需要将概念草图交给制作人审核批准。流程虽然很合理，但涉及到的具体任务往往比较枯燥，比如画把扫帚、画块儿石头之类的。比尔要求画张树桩的草图出来，罗曼·肯尼对此翻了个白眼。概念美术师通常都是无名英雄，因为他们的草图并不是游戏内实际使用的美术素材，功劳基本上都属于3D建模师或纹理美术师。和草图相比，地图就更糟了，不仅数量多，而且看上去都是一个样。卡洛曾为史蒂文·斯皮尔伯格（Steven Spielberg）和蒂姆·伯顿（Tim Burton）的电影设计过角色服装（2001年《猩球崛起》片头出现的盔甲就是他的作品）。

卡洛和麦克斯都很专业，他们花费几周时间将山脉和建筑对应到地图上的正确位置，至少团队对结果很满意——尤其是城市。缺少城市地图一直以来都是测试人员的痛点，他们在城市里迷了多年的路，而向玩家提供城市内的布局可以极大改善引导。玩家一块块解锁地图迷雾的系统也深受团队的青睐。

另一个最终得到解决的问题是从室内到室外的光照过渡。图形工程师蒂姆·特鲁斯代尔放弃了旧的光照贴图系统，而旧光照贴图系统和第一人称射击游戏中用来生成阴影的系统类似。取而代之的是，采用室外使用的细分顶点光照将游戏的光照整合到单一系统中。

约翰·斯塔茨

before 前

after 后

2004年蒂姆·特鲁斯代尔设计的光照过渡。全新的顶点光照从程序上使光照过渡到室内变得更加平滑，为室内和室外之间的几何图形创造了无缝衔接的阴影。（图片由暴雪娱乐公司提供。）

这也为过渡光照提供了一个简单的解决方案，地下城团队为这一改进感到非常高兴。

粉丝们也不甘示弱，开始利用管理UI的XML代码来改进界面效果。《魔兽世界》的界面可深度自定义，公开Beta测试开始的一周内就出现了人们制作的各种模组，其中还有让UI窗口透明化的应用程序。有人做出了井字棋和四子棋，还有人制作了可以追踪队友共享任务的程序，这为大家省下很多麻烦，不用不停地询问接下来该干什么了。这也是我们纳入默认UI的首批功能之一。我们还禁用了我们做的第一个UI模组——一个不停地对自己发送悄悄话阻塞了聊天频道带宽的战斗日志脚本。

我们的最新进展还不止这些玩家自制的功能。暴雪公司一直在不断壮大，游戏管理员部门已经有了十几名员工，看见一大群陌生面孔在大楼里走来走去，感觉还挺奇怪。洛伦·麦奎德（Loren McQuaid）和丹·巴克勒（Dan Buckler）是两名新招进来的程序员，他们在游戏发售前分别负责图形和网络代码的工作。另外还有三名新的设计师。汤姆·奇尔顿（Tom Chilton）从研发《网络创世纪》的公司跳槽到暴雪，参与设计休闲的PvP区域奥特兰克山谷，并协助职业的平衡。杰夫·卡普兰一直在忙着做地下城，没有时间参与任务设计。另外两名任务设计师阿莱克斯·阿弗拉西亚比和肖恩·卡恩斯的加入，使整个任务设计部门的全职员工达到了五人。

这两人并非来自质量保证部门，这让支持团队里的不少人感到失望，因为开发职位被分配给了外部候选人。随着《魔兽世界》开发成本不断增加，招聘理念也变得更加保守。招聘质量保证人员并不总是顺利，而且事关重大，暴雪公司管理层希望寻找更多有经验的人来填补这些职位。尽管如此，我们还是从质量保证部门找来了第六名任务设计师克里斯汀·布劳内尔，代替离职去做《星球大战》游戏的某位员工。

随着我们提拔和聘请的员工越来越多，开发二组从70人增加到80人，其中还包括从开发一组"借来的"十几个人。（我刚加入时，预

约翰·斯塔茨

第九城市是暴雪的中国游戏发行商，他们的客户服务部门由两个大房间组成。等候室有40个座位，供那些想要当面交谈的人使用。当客户的号码被叫到时，他们就会来到另一个看上去很像银行的大房间，里面有柜台，员工和客户之间会用玻璃隔开。不用说，这是亚洲市场的特色，我们在其他地方不会这么做。（图片由暴雪娱乐公司提供。）

算只够支付40名开发者的薪水！）开发一组的很多设计师和程序员帮我们重新设计了战斗系统、世界事件和任务。来自战网、IT部门、服务器团队、质量保证团队、音效团队和本地化团队的数十人出现在开发二组的电子邮件列表里，已经很难判断某人是在开发一组还是二组工作。其他部门也增添了人手：网站团队聘请了人员来支持我们的新网站worldofwarcraft.com。包括韩国的游戏管理员、总部、质量保证、IT和公关人员在内，《魔兽世界》当时已经有超过200名在职员工，我们预计，游戏推出时游戏管理员的人数会涨到五六百名。

项目的新人比大多数老员工更具精力和热情。我们大部分人都爱过这款游戏，但已经对它失去了兴趣。我们厌倦了相互见面，午餐和晚餐时的聊天也经常三心二意。我和团队的其他成员对比萨提出了抗议，制作人因此花了更多的钱来让晚餐变得丰盛。

我们聘请了发行经理来解决多个地点同时发行游戏的任务，因为亚洲国家坚持要引进《魔兽世界》。NCsoft靠《天堂》《天堂2》每月赚4000万美元。像他们这样的对手曾公开声称，这场竞争容不下《魔兽世界》。韩国游戏媒体是否会受负面报道影响而"埋葬《魔兽世界》"，答案不得而知。这一戏剧性事件对开发团队来说似乎难以置信，但对我们来说，这更像是营销主管高估了媒体对粉丝的影响力。我们相信玩家口口相传的评价更有分量，所以没怎么放在心上。

4月 | 2004年

来自国外的趣闻

制作人和游戏管理员与技术人员在棕榈泉召开了为期一周的会议，与来自世界各地的发行代表讨论本地化问题（至少他们自己是这么说的）。他们与欧洲和亚洲市场的暴雪合作伙伴审查后勤工作，并讨论了在全球范围内推出《魔兽世界》的问题。这款游戏有超过100万字需要翻译，而且在韩国和美国同时发售已经很困难。所有人都坚持不仅要引进《魔兽世界》Beta测试版，发售时还得是本地化版本。暴雪并不喜欢惹恼别人，但我们的资源不足，所以没有答应任何可能会导致韩国和美国发售延期的要求。

中国代表是迄今为止安排最有条理的，他们有图表、日程表和如何提供游戏支持的具体细节。他们在推出大型游戏方面有着丰富的经验，并且为预计中的200万名玩家做好了充分的准备。我们遗憾地拒绝了西班牙和意大利的代表，因为暴雪在欧洲服务器上只能支持法语和德语的本地化。甚至日本的维旺迪代表也参加了这次棕榈泉会议，他们提出了一种前所未闻的提议，那就是把美国的订阅型电脑游戏翻译成日语，以前从来没人这么做过，因为日本玩家几乎只玩游戏主机，并且对国外游戏不怎么感兴趣。尽管制作人预料到会有很多协调方面的任务，但这个周末还是让他们看到了《魔兽世界》在全球市场上到底需要多么庞杂的产品支持。每个市场都有各自的后勤和运营问题。

如果你通过国外媒体来了解我们的游戏，你可能会认为《魔兽世界》并没有得到全球性的关注。我们分发了一份有关韩国媒体对《魔兽世界》Beta测试反映的内部报告，他们的主流媒体对美国公司有偏见，而且毫无疑问，我们的竞争对手会塞钱影响他们。不出所

身在亚洲的暴雪员工拜访了NCsoft的韩国总部。图为玩家可以当面交谈（比如投诉）的客户服务中心。随行翻译人员和一位非常谨慎的保安交谈过后，他很不情愿地允许我们拍摄了这张照片（虽然不知为何，这一举动还是让每个人都很紧张）。在我们离开大楼后，翻译人员笑着说自己没有告诉保安我们来自暴雪公司。（图片由暴雪娱乐公司提供。）

料，这些报道没有什么阅读的价值。

韩国的体育娱乐日报Sports Chosun 2004年3月30日报道称："《魔兽世界》比预想中更糟糕。在《魔兽世界》封闭Beta测试进行了十天后，韩国MMO公司都松了口气。大多数参与试玩的粉丝都表示，'这游戏玩起来太难了''哪儿都比不上韩国游戏'。只有少数MMO爱好者称赞这款游戏具有革命性。MMO专家预测《魔兽世界》'最多拥有1万名玩家同时在线'。"

游戏周报Kyung-hyang Games报道称："《魔兽世界》令人大失所望，因为这款游戏的键盘操作对当前的韩国MMO玩家来说很陌生，玩起来非常困难。业内分析师预测，《魔兽世界》的峰值在线人数不会超过两万人。Beta测试人员同样也在抱怨游戏的质量。"

这些评论没有让我们感到失望。我们知道这些文章是用来损害《魔兽世界》声誉的公关手段。其他报道承认了《魔兽世界》的潜力，重要的是，玩家知道这些文章并不真实。由于没有保密协议，粉丝网站和Beta测试的玩家可以公开反驳媒体的说法，韩国人的反

魔兽世界开发日记 | 一款电脑游戏的开发手记

2004年4月,韩国服务器机房。我们会在夏天之前将这里装满韩国服务器。中国服务器机房比这里大五倍。请注意地板上的空调通风口。(图片由暴雪娱乐公司提供。)

馈里出现了很多截图、评论、指南、地图、漫画和电视风格的报道。在看过无数评论后，我们认为唯一合理的批评是：这款游戏里，部落女性"没有吸引力"。

但NCsoft也没闲着，他们在暴雪新闻发布会当天公布了季度财报，热度超过了我们的发布会。财报内容提到NCsoft的"反暴雪资金"预算。为了保护自己在韩国市场里的份额，NCsoft承诺付钱给媒体，让他们在报道中诋毁暴雪，还试图从我们的开发团队中挖走核心员工，并破坏《魔兽世界》的服务器和客户支持。

NCsoft新闻发布会上的消息对我们来说有点奇怪，这意味着他们对自家产品在公平环境中的竞争缺乏信心。当时我们觉得这很有趣，但一年后开发团队里的17名核心员工被挖走时，事情就没那么有趣了。

我们就发售日期开了个简短的团队会议，随后将9月15日定为最终发售日期。正式版（Going gold）是苹果公司创造的行业术语，指的是通过所有测试可进行大规模生产的软件版本。这意味着我们还有五个月的时间来完成《魔兽世界》。我们不会添加新系统或重做功能了。无论如何，游戏都会按时发售。即使没能加入PvP，我们也会按计划行事。如果《魔兽世界》没有发售，暴雪与母公司的关系将受到严峻考验，因为这会是暴雪没有盈利的第一年。

2004年花了这么多钱，是因为我们直接购买了托管游戏所需的昂贵服务器，而非租用它们。这是史上规模最大的单笔服务器硬件采购订单之一（如果不是整体最大的话）。我们没法从母公司获得资金，所以只能通过银行贷款来购买硬件。仅在北美，我们就计划搭建60个游戏服务器，每个都由八台刀片服务器组成。这些机器可以支持50万名玩家。

5月 | 2004年

爱心熊游戏

除了设计职业机制外，罗布·帕尔多还花了很多心血让《魔兽世界》适合休闲玩家。他设计了一种出色的捡尸体系统，缓解了以前MMO中死亡带来的苦闷。他加快了升级速度，并加入"休息系统"，让硬核与休闲玩家之间的等级差距不会太大。罗布没有选择惩罚那些天天泡在游戏里的玩家，而是奖励那些合理休息的休闲玩家。和往常一样，粉丝在论坛里炸开了锅，说这个功能让《魔兽世界》成了一款宝宝玩的"爱心熊游戏"，还强迫用户限制自己的游戏时间。一周后，这种焦虑的情绪才平复下来。公众的反应让我们很恼火，但罗布和设计师都坚持自己的立场，稍微调整数值后，休息状态的经验加成还是保留了下来。

罗布还负责解决另一个饱受争议的问题，也就是集市系统（后来演变成拍卖行）。集市源自一个UI插件，其作者利用《魔兽世界》灵活的UI代码写了一个市场插件，允许玩家离线匿名传输物品。游戏设计师更喜欢人与人之间的物品交换，因为这样可以加强社交互动。这个插件的流行让拍卖行的想法变得更加可行。虽然我们对终端用户的创新并不感到惊讶，但玩家的创作让我们被迫做出调整，还是有点让人不安。接受它，主要是因为我们并没有什么办法阻止玩家自发实现自己的系统。

周末办公室里的人会更多，因为设计师周六要上班，主要是为了完成更高级别的内容。在这剩下的五个月时间里，游戏设计师努力让天赋系统更可靠，而我则开始研究地下城和小型地下城。低级和高级地下城的建造和纹理绘制往往会早于脚本编写，但几个中级地下城（玛拉顿、厄运之槌）的建造进度却落后了。

约翰·斯塔茨

玩家如何寻找团队？如何评估首领战利品？刷副本时会做出哪些行为？游戏的延期让我们难以对这些问题做出回答。把中级地下城推迟到后面的版本会造成游戏内容出现缺漏。即使测试者的等级超过了这些后期地下城的要求，他们也不能玩，因为还没有高级技能，所以我们没法得到自己迫切需要的反馈。中级地下城上线（玛拉顿、厄运之槌）时，大部分玩家的等级都已经超过它们的要求。

魔兽世界开发日记 | 一款电脑游戏的开发手记

2004年5月,E3墙画图。我们用Photoshop把截图拼成了一幅墙画,团队为宣传活动做的努力也就只有这些了,我们对E3的墙画一点都不关心。(图片由暴雪娱乐公司提供。)

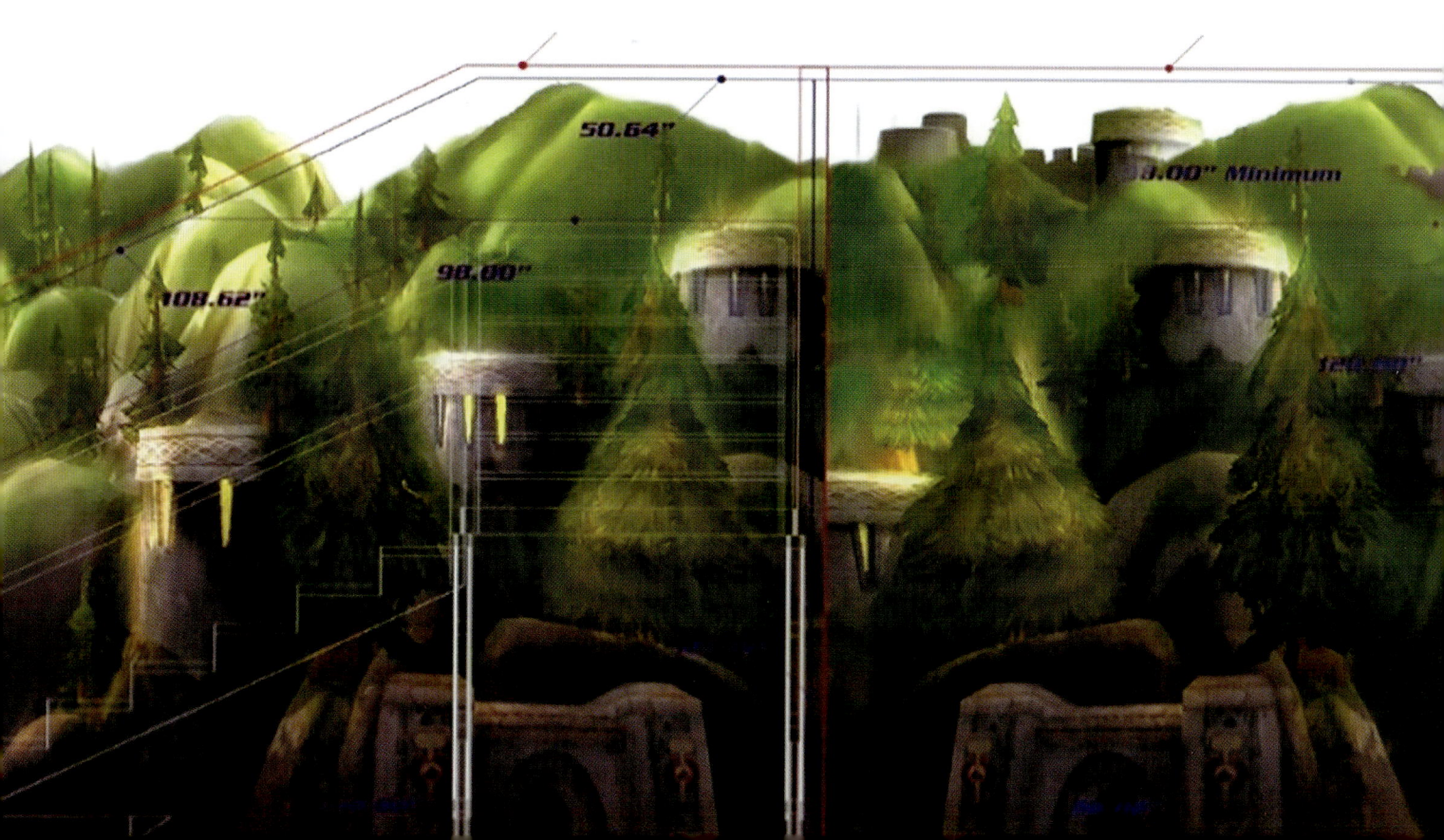

约翰·斯塔茨

放慢脚步

暴雪从不强迫人们熬夜,但同辈压力、截止时间、繁重的工作量和自我激励促使大家多年来进行长时间的工作。如果人们在晚上六点半"早早"回家,公司也不会说什么。制作人通常要求每周加班两次,但如果员工有其他重要的事要做,也不会被指责。不过,随着不满的情绪在团队里蔓延,员工自愿加班的行为在过去几个月里有所减少。很多设计师是中途加入进来的,他们刚接触这个项目,不理解加入项目已有些时日的美术师为什么不接受加班赶工的模式。晚餐一到,有些美术师就出现在餐桌边,吃完后便离开。制作人并不愿看到一半员工工作的时候,另一半已经回家了,但他们对此无能为力,所以团队的凝聚力消失了。

游戏开发这件事本质上对美术师就很不利。程序员和设计师把时间花在输入代码和数据、会议上制定决策,以及修复漏洞上,这些工作都能够立刻看到努力的结果。这比艺术创作带来的成就感高多了,因为美术人员总是有做不完的美术需求,但永远都无从得知自己的创作最后究竟是否会出现在游戏里。由于美术师不能像设计师和程序员那样得到即时满足感和成就感,所以在团队即将完工时他们也感受不到多少鼓舞。另外,玩过网游的美术师也不多,而且对这个看不到头的项目已经厌倦了。

那些不理解美术师的人则厌倦了各种抱怨、偷懒和缺勤。

人们的另外一个不满是钱。在《魔兽世界》发售前,暴雪的薪资只有算上奖金才具有竞争力,但自从公司开始研发这款MMO以来,奖金就被削减了。暴雪总部位于加利福尼亚的尔湾,周围的房价是全国平均值的三倍。搬到奥兰治县的员工很少有人买得起房子,哪怕是一小套公寓。我从纽约城搬过来,习惯了租房,所以对我来说问题不大。但同事们的沮丧我都看在眼里,他们中有很多人想组建家庭。

随着团队不断壮大,大家的士气越来越低。公司的规模让我们日渐疏远。办公室里人人相熟的时代再也回不来了,现在各部门在午餐时间互不往来。另外，对于我们这种规模的团队来说，升级东西太过昂贵，所以暴雪的小型项目往往有着更好的设备、软件和家具。这让开发二组有种被忽视的感觉。

工具更新或优化的请求成了敏感话题，因为我们的工具程序员要忙着处理更重要的事。大卫·雷几乎把所有时间都花在为客户服务编写安全的GM工具上，而开发者对此却并不在意。所以制作人拒绝了开发者提出的大部分和Wowedit相关的工具需求。

我们把大卫的这个作品叫作"上帝工具"，它后来成为业内最强大的客户服务软件，部分原因是大多数公司没有让程序员在GM工具上花太多心血。但拥有完整的GM工具意味着开发团队失去了唯一的全职工具程序员，也意味着用Wowedit进行很多工作时都很笨拙、重复、耗时。这些问题都要归咎于制作人。

虽然责怪制作人是行业内的标准操作，但这些抱怨却在普通员工和中层管理者之间形成了隔阂。管理者努力对种种不满做出回应，但这些尝试只会适得其反，让不满的情绪逐渐蔓延。项目结束时，把员工聚在一起的信任已经不复存在。这让大家神经紧绷，尤其是有些人的工作时间比其他人长。

除了部分成员，团队里的大部分人都不再赶工加班。旷工和缺乏自律困扰着员工。有些员工公开拒绝制作人延长工作时间的要求，理由是反正这游戏永远也做不完——确实有几分道理。我们把很多功能推迟到游戏发售那天，而每个人都知道我们还要做资料片、新大陆、实时内容更新和补丁。我们还有很多工作要做，游戏上线似乎并不能给团队的任务画上句号。很多人认为游戏发售后，内容创作的压力将不减反增。

不过，情况也没有糟糕到那种地步。在2004年9月发售游戏似乎是可行的。更重要的是，团队认为这个日期很合理，而不是管理层闭门造车搞出来的脱离现实的预期。而在一年前，我们中大部分人（包括我）还认为《魔兽世界》2005年才能发售。

马克·科恩反复跟团队讲，我们没有砍掉PvP，只是推迟了。

他强调《魔兽世界》是一款实时更新的游戏，所以缺点儿功能或出现BUG不会让天塌下来。

这也是游戏发售时没有奥特兰克山谷的原因。虽然工作时不怎么有热情，但詹姆斯·查德威克还是完成了这个巨大的PvP区域。他向我表达了自己的担忧："不知道设计师为什么要把PvP区域弄这么大，尤其是它将来会成为一个副本。"它太大了，我们甚至没法进行内部测试（完整测试需要80名玩家）。测试会打乱员工的时间安排，所以我们将其搁置在一旁。游戏发售时便实装的功能之一是扩展后的天赋系统。汤姆·奇尔顿和凯文·乔丹为其花费了很多精力。这个出色的天赋系统是赶在游戏发售前的最后一刻才加入的功能之一。

5月底，《魔兽世界》的美国服务器达到了2000名玩家同时在线的里程碑。这个数据很重要，因为这就是服务器的目标容量。尽管存在未完成的天赋系统、缺少高等级内容、未完工的区域、空荡荡的地下城和遗漏的任务，但Beta测试人员并没有厌倦这款游戏。社交互动和刷装备的追求让这些测试人员乐在其中。

E3 2004

 见鬼，我们不是刚去过 E3 吗？

——克里斯·梅森，在团队会议上活跃气氛（会上讨论了 E3 的准备工作）。

暴雪没有在电子游戏展上收获太多。有人可能会说，这个展会上最有用的东西是多余的宣传雕像、小道具和标志牌——可以拿来装饰我们的办公室。团队很多人惊讶于2004年的E3怎么这么快就来了。直到在网上看到媒体采访，开发者们才意识到这一点。过去我们会花几个月的时间为E3做准备，而今年，这款游戏已经打磨过了，开发团队只有很少几个成员参与了展示版本的工作。游戏演示用的是Beta测试的稳定构建版本，所以只有过场动画部门加了班。展会前一天，疲惫的过场动画员工发布了《魔兽世界》预告片，介绍了游戏里的种族和职业。我们很喜欢这支预告片，并且确信当它在暴雪展位上方大屏幕中循环播放时，一定会引起巨大轰动。

由于制作人不希望团队从重要任务里分心，所以负责《魔兽世界》展位的都是GM员工，团队里没人认识他们。其他部门展示我们的游戏，意味着它已经不单单是我们的作品了。与前几年不同的是，这次很少有开发者来我们展位闲逛。相反，《魔兽世界》的开发者倒是跑去参观了其他公司的游戏。

因为Beta测试没有保密协议，所以公众早就里里外外了解到《魔兽世界》的所有内容，因此除了"2004年年底"这个发售日期外，我们也没有什么新消息可以告诉媒体。

和去年相比，人们对《魔兽世界》的评论和热情缓和了一些。我们不再是"新玩意儿"，粉丝和游戏记者都在往前看，我们对此没有意见。

约翰·斯塔茨

2004年5月，杂志广告样品。比尔·佩特拉斯和贾斯汀·萨维拉特开玩笑说他们成了"《魔兽世界》营销部"。随着项目临近结束，他们将注意力放在了游戏外的美术宣传作品上。

注意图中奥瑞格玛（正确写法为奥格瑞玛）的拼写错误。在没有网页的情况下（内部网页从未保持更新），团队将背景故事里一半的名字都拼错了。没人确定正确的拼法（或愿意检查），所以我们只能按照语音硬拼出文件名。"卡拉赞"很容易拼错，有时搜索和它相关的美术素材就很麻烦。（图片由暴雪娱乐公司提供。）

6月 | 2004年

公开 Beta 测试 2.0

距离9月项目结束还有三个月，游戏各方面已经做好了推出的准备，动画也基本完工了。室外设计团队完成了他们的工作——翡翠梦境是唯一还在制作中的区域，我们甚至考虑到底要不要将它实装进游戏。

克里斯·梅森认为这个区域是游戏里最大胆的一块，那里有着疯狂的树木和梦幻般的建筑，但美术师对目前的成果还不够满意。它过于高概念，在游戏里看上去很愚蠢。从任务转向游戏终局设计的杰夫·卡普兰向美术团队保证，他们不需要新的区域。"我们没法再设计更多的高级套装了。好在游戏的内容已经足够丰富，足以鼓励人们多玩几个角色，但我们真的不需要更多的区域了。"

交易技能看上去很棒，甚至连编程的状况也十分不错。我们需

2004年6月，蒂姆·特鲁斯代尔和布兰登·伊多尔制作的死亡特效。看完《指环王》电影后，设计师认为在角色处于死亡状态时更改画面风格是个很棒的想法，不放进游戏可惜了。（图片由暴雪娱乐公司提供。）

要尽快完成的部分包括技能、天赋和地下城。等级越高，任务就越少，但它们不像地下城的建造、纹理绘制、生成、探索和平衡那么重要。许多3D美术师被调到地下城团队，帮助创建小道具和绘制纹理。

只剩下3600个记录在案的BUG等待修复，它们被平均分配给程序员、设计师和美术师。随着设计师完成了高级技能，满级区域变得可玩，而BUG报告的数量也在增加。制作人用BUG的总数量来衡量游戏的准备情况，而减少BUG数量是一场漫长的战役。

我们有一款基于HTML的内部程序负责整理BUG报告，名字叫作Inspector。质量保证部门会输入相关信息来定义每个错误，BUG报告的内容是截图或视频，并带有问题描述。管理者、测试人员和制作人将报告交给开发者，让他们解决问题。每个人都会检查自己的BUG列表，修复好后将做出的改动输入Inspector，这样质量保证部门就能进行验证。

在项目接近尾声的时候，质量保证部门出现了很多新面孔，导致我们很难计算参与项目的具体人数。

完成《魔兽争霸3》的资料片后，开发一组的数十名开发者协助我们的编程和设计工作，让《魔兽世界》的开发人数达到80多。几个月后，他们回到自己的项目（《星际争霸2》的早期开发），于是我们开发者的人数减少到65。

Beta测试第二阶段的推进比较顺利。我们首次使用版本控制工具，它允许开发者在自己的电脑上工作，而不会把BUG带进Beta构建版本中。我们花了一周时间来解决中大BUG，而测试并没有干扰我们的工作进程。很难相信我们现在才第一次用到版本控制软件，它让后来的补丁和更新开发更加安全。

为了推出新的Beta测试版，程序员和制作人加班加点地工作。初版Beta是在一个月前发布的，而2.0版则在内容和功能方面带来了

2004年6月，Beta测试2.0版PvP服务器。PvP服务器上线时，联盟的人数是部落的两倍。亡灵玩家主要面临的问题是，在联盟持续不断的偷袭之下，很难成功到达新地点绑定炉石。凯文·乔丹（负责设计各种族的特性）开玩笑地说，人类的种族加成就是身边一直都有盟友。

当联盟玩家一路杀穿希尔斯布莱德和银松森林时，部落玩家也收到了战斗的号召。部落发动入侵时，玩家数量只有联盟的一半（但等级却高出联盟玩家两倍）。双方在塔伦米尔和南海镇间展开了拉锯战。《魔兽世界》终于像一款战争游戏了！（图片由暴雪娱乐公司提供。）

约翰·斯塔茨

2002年11月-2004年6月，天赋系统的逐渐演变。天赋的设计初衷，是让玩家在升级后能够立刻感受到能力的成长。但问题在于，玩家只有在和训练师对话后才能得到新技能，而这意味着"能力提升的感觉"被延后。艾伦·阿德汗认为，让玩家选择一项自己想要提升的属性会是个很有趣的功能。所以天赋最初的样子是核心属性旁小小的红色属性按键。这个功能刚开始感觉还不错，但时间一长问题就出现了。所有近战职业都会选择相同的属性，没人会选精神，而且怎么点也玩不出花来。这个系统好似鸡肋，对高等级的玩家来说更是如此。

关键提升，特别是加入了能帮助团队评估战斗动态数据的PvP服务器。我们离实现奥特兰克山谷那复杂的PvP战场还有段距离，但没人在乎这一点，因为开放式的PvP混战已经足够有趣了。罗布·帕尔多的休息系统没有再引起争议，我们也将等级上限提高到45级。《魔兽世界》还加入了坐骑和邮件系统，奥格瑞玛和铁炉堡有了新的布局，新添加的捷径能缩短在城市中旅行的时间。

从微软招来的新员工洛伦·麦奎德对动画进行重要优化，以便应对有大量玩家的场景。他的改进没有出现在Beta测试中，但PvP战斗中的高拥堵状况表明，他的代码可以帮助某些显卡大幅提高帧率。

我们禁用了旧的天赋系统，并开始为新系统的上线做准备。新来的资深设计师汤姆·奇尔顿在忙着设计天赋。天赋树不在我们的计划之内，但新设计师的到来，意味着我们可以制作出更有意义的次要技能组，让同一职业的玩家能够体现出各自的个性。在开发周期只剩几个月的情况下着手打造天赋系统是件很冒险的事，但它现在成了我们的首要任务。

魔兽世界开发日记 | 一款电脑游戏的开发手记

更出色的天赋系统解决了所有玩家只选择同一种天赋点法的问题。玩家可以专精武器、魔法流派、战斗动作，或者对抗各类敌人，包括几乎没什么用的"对抗龙的加成"。这样感觉更好，但各个职业还是将点数投入到了相同的属性（法师点智力，战士点力量）之中，即便玩家剑走偏锋，选择了奇怪点数分配方法，游戏体验也并不会有太大差别。（图片由暴雪娱乐公司提供。）

"最终"版本展示了为每个职业定制的全新天赋树用户界面。我们不仅为制作技能树投入了精心的策划，还为九大职业各自加入了很多新技能——这比原来的天赋系统多出了大约百倍的工作量，但天赋树的确能为游戏体验带来变化。新来的游戏设计师汤姆·奇尔顿花了一个月时间制作前两个职业的天赋树（工作耗时相当长）。距离正式版定稿推出只剩三个月，要在这么短的时间内创建和平衡其他职业是个不小的挑战。欢迎加入暴雪，汤姆！

公开 Beta 测试 3.0

由于多次无法按计划向测试服务器推送更新（哪怕更新的规模不大），团队开始缺乏按时交付任务的信心。每个测试版的更新计划都要重新安排几十次，这让制作人放弃了给公司发邮件通知下次更新的具体时间（大家都眼巴巴地想玩到新游戏）。经过了两次严重推迟的 Beta 测试，按理说第三次测试应该驾轻就熟，因为重要的改动并不多（只有数据调整、平衡性更改，没有功能方面的改动）。然而，整个构建版本却经历了数周的技术问题。暴雪的高层管理者随即召开会议，决定了发售时间表。这还是我们头一次开正式会议来为发售日期做规划。从 7 月 22 日起，最终的时间表为：

8 月 15 日——10 万名玩家压力测试（北美）

9 月 15 日——功能锁定

9 月 22 日——第二次 10 万名玩家压力测试（韩国）

10 月 15 日——内容锁定和正式版候选

11 月 1 日——公开测试

11 月 15 日——游戏正式发售

制作人说，《魔兽世界》将分为四张光盘。第一张由过场动画部门负责，第二张为音效和音乐。在接下来的几个月里，开发二组专注于最后两张光盘的内容，其中包含美术素材、数据和游戏代码。制作人提醒我们，当美术素材确定好时，便会开始制作第三和第四张光盘的内容，但每个人也要继续制作各种即将推出的补丁。这形成了一种奇怪而全新的工作节奏，大家的任务遍布于开发的不同阶段，一些人只负责修复漏洞，而另一些人负责美术和功能，为接下来的补丁做准备。这款游戏的制作永远没有尽头。

放慢脚步

尽管我们意识到自己可能永远也无法完成这款游戏（很多人已经准备开始新项目），但能够发行一款暴雪游戏，即便是最疲惫的开发者也感到备受鼓舞。人们闻到了空气中"结束"的味道，纷纷开始主动加班。截止日期的明确促使团队加倍努力地工作，连脾气最火爆的成员也会每天加班到深夜。其他人测试了游戏的平衡性，并且告诉家人自己会待在公司很长一段时间，包括周末。制作人、美术师和资深程序员会待到凌晨，确保一切进展顺利。地下城成了测试怪物、战利品和脚本遭遇的平衡性问题的关键。

尽管团队士气大幅提高，但生产效率依旧不稳定，而且还受到了网络故障、构建版本损坏和数据库混乱的困扰。所以，游戏的测试过程缓慢且令人沮丧，尤其是地下城。地下城的脚本编写者开始进行迄今为止最大、最复杂的任务——黑石深渊。他们编写脚本、生成和测试了近六周，问题主要出在技术延迟和构建版本损坏上。构建版本之间要经历长达一周的延迟，这让地下城脚本和任务的编写变得十分艰难，仅剩的两个月时间还有四个大型地下城要完成。游戏的两个副本地下城带来了测试方面的难题。我们需要40位熟悉《魔兽世界》的人来模拟熟练的公会作战。我们推迟了其他副本地下城的进度——斯坦索姆、黑翼之巢、卡拉赞和黑暗神殿，等游戏发售后再推出这些。

杰森·哈钦斯（三年前我们的首位质量保证测试员）现在是一名制作人，同时负责本地化工作。据他估计，每种语言的翻译大约需要六个人全职工作三个月。我们打算借助位于爱尔兰的本地化和制作团队，以六种语言发行《魔兽世界》。这个团队还生产和包装过暴雪的其他游戏，而杰森负责监督整个生产过程。我们将本地化工作外包和分包给其他公司，所以几个月来已经有数十人在翻译《魔兽世界》了，包括语音和文本的本地化。单词的程序化翻译为我们节省了大量精力，像是"伤害"或"食人魔"之类的常用词语就不需要翻译人员来处理了。翻译早在游戏完工很久之前就已经开始，每种语言的完成度不尽相同。每当文本发生改动，系统就会自动标记并告知翻译人员。

杰夫·卡普兰与谢恩·达比里和几位欧洲记者见了面，回答了一些问题。讨论的进展很顺利，而欧洲媒体的报道也让他们很开心。欧洲对《魔兽世界》的需求比想象中更强烈——据我们所知，欧洲人主要玩赛车游戏。暴雪之前的游戏没能在那边大卖——销售额勉强能够支付翻译的成本而已，所以我们没有重视欧洲市场。得知欧洲Beta测试的注册人数几乎和美国一样多时，我们都震惊了。

韩国玩家的高流失率（25%）让我们非常困惑。流失率是衡量有多少人放弃这款游戏的指标。北美玩家的流失率出奇地低，只有5%。制作人原本预计韩国的流失率会更低。我们询问了人们放弃这款游戏的原因，经过两年的研究和数据整理后，我们发现韩国玩家不喜欢部落那些"怪物种族"。在韩国，怪物是拿来杀死的，而不是拿来扮演的，所以韩国服务器里的人数可能没有想象中那么多。数据显示，和非PvP服务器相比，四分之三的韩国玩家更喜欢PvP服务器，这并不令人惊讶（美国玩家群体中两种服务器的比例大致相同）。我们希望PvP战场能提高韩国人对这款游戏的兴趣。《魔兽世界》的另一个问题是缺少《暗黑破坏神》那样的点击式移动方式，这对喜欢边玩游戏边抽烟的人来说很重要。最后，《魔兽世界》不太适合韩国网吧的轻松氛围，我们打算通过优化界面来解决这个问题。公司希望拿下利润丰厚的韩国市场，对此马克·科恩总结了一句话："韩国人想要点击式移动，那就满足他们。"

我们收到了Beta测试玩家寄来的礼物。测试者们送来了比萨、饼干、甜甜圈和满篮的糖果，以此感谢开发团队所做的努力。尽管参加《星际争霸》《暗黑破坏神2》《魔兽争霸3》的Beta测试者更多，但收到礼物还是头一回。

暴雪参加了2004年的莱比锡游戏展,报道称我们的展位像个动物园。这是最热闹的展位,挤满了热情的媒体和消费者。欧洲市场对这款游戏的兴趣再次令我们感到惊讶。尽管公司在翻译游戏上花了很大功夫,但欧洲玩家从来都不是我们的主要受众。(图片由暴雪娱乐公司提供。)

8月 | 2004年
公开 Beta 测试 4.0

我们在8月完成了一次非常原始的Beta测试，名为Beta 4.0。到目前为止，日程安排上没有任何关于Beta测试的推进。每天晚上，疲惫的程序员和设计师都在办公室里毫无生气地走来走去，等到午夜便把稳定的构建版本发送至Beta服务器。4.0版本发布后，大伙都在家里歇了个周末（两天）。原本的计划是每个月更新两次，但我们已经比计划晚了三周。公司进行了一次内部网络升级，但就连这次升级也不太顺利。网络连接的中断害我们失去了好几天的工作时间。

设计师用来控制小物件的数据库发生更改，造成近十天的崩溃，让设计师无法测试自己的作品。我们已经对这种无助感麻木了。午餐时大家笑了起来，我们唯一谈论的话题是《魔兽世界》，因为除此之外生活里没有别的东西。

其他核心系统还没做完，比如高等级角色技能、物品、任务和天赋。与地下城不同的是，等游戏发售后，这些内容可以通过数据形式添加到后续补丁中。任务设计师完成了黑石塔和斯坦索姆，室外设计团队也在努力制作瘟疫之地和希利苏斯，这是游戏里最后两个没有完工的室外区域。

有天晚上，我和几位同事去看电影《借刀杀人》。23点左右回到办公室时（回去工作），我们碰到坐在走廊里的克里斯·梅森。为展现凝聚力，高管会和团队一起待到很晚，今天轮到了克里斯。

他玩了新的Beta测试版，并且正在准备迎接诺莫瑞根最后的

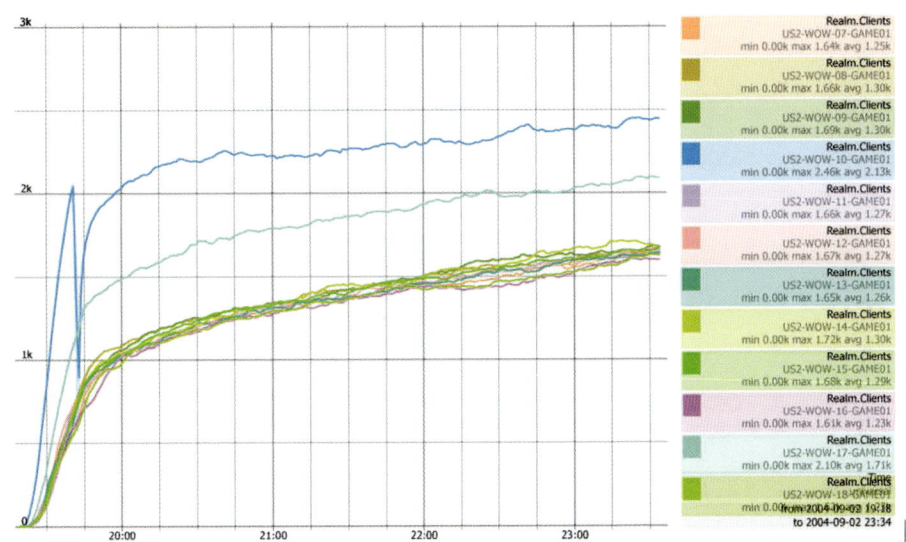

2004年9月2日，服务器人数。压力测试的最初几小时只出现了一次崩溃。暴雪邀请记者来记录这一天，并提醒他们可能会出岔子，但上天保佑了我们，一切顺利。（图片由暴雪娱乐公司提供。）

BOSS战。探索地下城比其他熟悉的内容要刺激得多，他对站在身后的人说自己在战斗前很紧张。"伙计，我现在心跳很快，都快犯心脏病了。看，我的手都在发抖。我以前玩游戏从没这么紧张过！"

在小队准备好迎战诺莫瑞根的关底首领机械师瑟玛普拉格时，克里斯打字说道："大伙记住，他不过是个侏儒！"经过一场激烈的战斗，克里斯尖叫着看着自己的角色死去，而几秒钟后，BOSS轰然倒下。这时候的玩家还不能在角色死后获得击杀奖励，所以克里斯没能完成自己的地下城任务。他满脸失望，立马回了家。

第二天我把这件事告诉杰夫时，他笑着说道："这种感觉确实很糟。我们应该让小队里的每个人都获得击杀奖励，无论角色是死是活。"

为了让大家看到希望的曙光，制作人发送了邮件，告诉大家任务和BUG已经在减少。他们每天向团队通报进度，让每个人都知道即将到来的截止日期。美术师、设计师和程序员更感兴趣的是为游戏添加新的内容。

谢恩·达比里发给整个团队的邮件，体现出了只有制作人才会有的解决BUG的热情：

约翰·斯塔茨

> "离最终版还有35天，我们目前的速度很合适。我想表扬大家在完成任务和解决漏洞方面的出色表现。这里有一些不错的数据。
>
> 过去八天里，我们从活跃BUG列表里移除了622个BUG！
>
> 过去八天里，我们的活跃任务列表完成了118项！
>
> 我们平均每天能处理92个任务和BUG！还剩35天和3019个BUG和任务，如果按照这个速度，我们一定可以完成！"

　　公开Beta测试4.0版本中推出的新战斗系统可以识别武器技能，并且拥有能够真正体现怪物等级的新战利品系统。物品属性的数值越高，玩家就会认为它们越强，尽管事实并非如此。巨魔是最后加入到游戏里的玩家种族，飞艇和船只也首次投入使用。现在共有四个职业拥有天赋树，同时我们把等级上限提高到55级。黑石深渊和斯坦索姆也正式开放，还有十几个全新的小型地下城。

　　这次Beta测试还迎来了许多职业平衡性改动。和往常一样，粉丝大多不看好这些改动。凯文·乔丹（设计所有玩家技能的人）开玩笑地说，他要在游戏发售派对上自称是美术师，免得被人揪着讨论职业平衡。玩家总会爱上自己的那些过于强大的技能和物品，每当它们被"削弱"时，这些人就会发泄自己的愤怒。法师的强度最近被削弱，尤其是他们的隐身能力受到了限制。尽管抱怨声不断，玩家们仍然喜爱这款游戏，服务器同时在线玩家数量上限也稳定在2000人。

9月 | 2004年
最终版本

太平洋标准时间9月2日中午12:15，《魔兽世界》开启首次官方压力测试。过去七天里，GameSpy的FilePlanet网站发放了大约14万个验证密钥。头几个小时内，人们创建了44000多个账号，我们的十多个服务器里大约有23000名玩家。到目前为止，账号创建过程非常顺利，游戏也没有遇到任何性能问题。暴雪举办了一场看谁升级最快的比赛，这么做是为了关注职业平衡和利用BUG的情况。十天后，有些人的角色达到了52级，这让设计师们感到不解——他们是怎么做到的？这次压力测试让我们坚信，游戏正式发售将会很顺利，而且我们似乎也扫清了最后一个重要障碍。准备如此充分，游戏发售那天服务器肯定不会崩溃。绝不可能，对吧？对吧？

其他项目也陆续展开。剧情动画部门制作了一张《魔兽世界》制作幕后的DVD，开发者以旁白的方式解释自己的灵感来源和游戏内容的演变。我们请了一位自由桌面出版者来编纂游戏说明书。他只有一周的时间来完成文档，所以为了赶上截止日期，他和几位开发者加了不少班。而比尔·佩特拉斯和我则熬夜处理WoW

2004年8月，布兰登·伊多尔设计的兽人攻城车。我们为即将上线的PvP功能制作了载具模型。虽然不清楚它们会扮演什么样的角色，但我们知道开发者想要载具。（图片由暴雪娱乐公司提供。）

约翰·斯塔茨

Bradygames Guide（官方攻略书）。我很高兴能用到以前在广告行业学到的修图技巧，尽管已经很久没用过。我的地下城已经定稿，这能够避免在构建版本中引入BUG。所有设计师和程序员都在忙，而你却无事可做，这种感觉很奇怪。项目已经接近尾声。

加班仍在继续，团队里有一半的人每天都会工作到午夜。最后一个月里，随着通灵学院、奥妮克希亚的巢穴以及熔火之心的加入，许多副本内容得到了实装和测试。PvP战场仍有很大一部分没有进行测试，所以它们的上线时间不得而知，但PvP护甲已经添加到了排名系统里。埃里克·多茨、约翰·柳和任务设计师再次修改了每件物品的数值，重新平衡了职业技能，加入了高端交易技能并完成了天赋系统。

《魔兽世界》里有超过3200种独特音效，这还没算上音乐MP3文件。这些音效文件不太可能有调整，所以我们将其放在了四张光盘的第一张。第一张光盘的最终版于9月16日完成，发送到爱尔兰进厂压盘，此时距离第四张光盘离开办公室还有一个月。由于这张光盘只用来装音效和音乐，发出一张最终版并没有给我们带来任何安慰、解脱或成就感，因为内容是其他团队的功劳。开发二组继续工作，直到功能和美术素材封包装进第四张光盘。最后一张光盘离开办公室后，设计师和程序员又花了一个月为首个在线补丁进行数据更改和漏洞修复。

2004年9月18日，龙卷风后的东海岸数据设施。所幸暴雪的服务器没有受到太大损坏，但经过几天的吹干，硬件才能够正常开启。（图片由暴雪娱乐公司提供。）

对抗风暴

令人难以置信的是,就在我们首张光盘的最终版出炉后的第二天,飓风伊万引起的龙卷风就摧毁了位于弗吉尼亚的数据中心,导致暴雪东海岸的服务器瘫痪。《魔兽世界》和《星球大战:银河》停止了运行,甚至还有人说自己在停车场里发现了一台《无尽的任务2》的登录服务器!尽管进了不少水,但《魔兽世界》服务器的状况要好得多。我们很幸运,及时关闭了它们,把雨水带来的伤害降到了最低。订购和安装这些设备需要几个月的时间,如果硬件真的遭遇严重损失,《魔兽世界》就只能为西海岸的玩家提供服务了。东海岸的《魔兽世界》服务器以一步之差躲过了异常龙卷风级别的灾难,免于面对保险诉讼、筹钱买新服务器和等待新服务器的生产与安装。

2004年9月,安保摄像头拍摄的静态画面。这个房间的地板被完全淹没,水深将近一厘米,一名设施技术员在那里勇敢地关闭了一台"450伏功率逆变器"(电压是吹风机的三倍)。暴雪的技术人员对他的大胆行为感到非常敬佩,这台设备的正上方就有水从横梁上滴下来。视频里可以看到水顺着柜子的一边流下来。注意湿瓷砖上的倒影(地板上的空调通风口旁)。

约翰·斯塔茨

10月 | 2004 年

世界的尽头

美术素材封包后，我们花了整整一周的时间修复最后的美术漏洞，以及为最后一张最终版光盘准备素材。我们将光盘空运到欧洲进行大规模生产、制造、包装和发售用时一个月。在此期间，游戏设计师和程序员继续为首个补丁修复漏洞。游戏里的漏洞不足300个（比《魔兽争霸3》发售时还少）。我们打算在首个纯代码补丁中修复大部分问题。美术师投入大量时间制作了更具部落特色的服装和武器，因为我们意识到目前版本的游戏为"正义的一方"提供了更多任务、服装和建筑，而部落的内容显得过于单调。美术师的想象力往往会从人类的角度展开，游戏中的服装就体现出这一点。讽刺的是，大多数开发者在Beta测试中扮演的是部落角色，我们这才意识到自己是多么忽视部落种族。我们也嫉妒那些被宠坏了的联盟玩家！

在总结会议上，开发二组称赞了自己的努力，但收到的祝贺却不够热烈。开发团队已经因为多年熬夜（每周两次熬夜加班）和过去几个月的赶工（每天加班）而疲惫不堪。团队的年龄在增长，这个行业也是如此。我们避免了《星际争霸》团队之前遇到的长达九个月的赶工，一部分是因为公司的熬夜慢工策略，另一部分是出于对家庭的责任。团队缺乏激情，不仅是因为五年半的项目令人精疲力尽，还因为我们担心未来的工作量。愿望单上还有不少的内容——PvP、玩家住宅、扩展区域和新的地下城，包括两个遗漏的中级地下城。有几个地牢没能实装进游戏正式版，主要是因为构建、编写、生成、任务和测试所花的时间比预期要长。我们在第二个补丁——大型美术更新里添加了四个地下城。团队知道玩家升级的速度很快，所以我们需要尽快完成中级地下城。

我们讨论了游戏发售后的优先事项——大家都想要能够让开发者更快、更精确、更灵活地创作内容的工具。大家谈论起度假、休息和庆功宴，但听上去都像在开玩笑。由于玩家想在游戏里探索新的内容，团队开始担心熬夜加班还会持续一段时间。我们对未来保持着谨慎乐观的态度。

最终版光盘投入大规模生产后，我们实现了两个设计里程碑。第一个是在80人PvP区域里进行的20对20玩家测试。设计师为开发者分配了40级的角色，将测试者分为两组，并让他们在奥特兰克山谷相互较量。测试者里有一半是没有忙着修复关键数据补丁的美术师。他们甚至连中级法术都不熟悉，而另一半则是设计师，这些人的技能使用在公司里名列前茅。

设计师就像无情的顶级掠食者一样，一次又一次地击败美术师。测试者很大程度上忽略了PvP区域里的野怪和守卫，因为玩家只有一个模糊的概念，那便是杀死对方队长就能赢得胜利。两个队伍分散在陌生地形的各个方向，不知道会发生什么、该做什么或者该去哪里……这样的玩家对于游戏测试来说最为理想。尽管如此，那些找到了敌人的参与者还是玩得很开心，几乎每个人都体验了一小时，一心专注于寻找比自己弱的对手。有些测试者没找到敌人并退出了游戏，其他人则忙着相互对抗，忘记了战场目标的存在。

玩家的角色死亡时，他们会出现在陌生的墓地里，瞬间迷失方向。由于用户界面功能的损坏，以及小地图不显示盟友位置，复活的玩家经常会朝着错误的方向跑去。没人关心战场目标。由于每方玩家少于20人，外加技术方面存在无法运行或未完工的缺陷，这场测试成了一场可笑（但还算令人开心）的灾难。

约翰·斯塔茨

2004年10月15日，《魔兽世界》的首个团队副本。我们进行了一场20人的测试，目的是了解仇恨值管理在大规模团队作战中是否正常生效。我们为志愿者分配了预设角色，让他们对抗奥妮克希亚（脚本由杰夫·古德曼编写）和一些熔火之心怪物（脚本由斯科特·默瑟编写），看看怪物的攻击和技能是否有效，以及和它们战斗好不好玩。和所有初始测试的结果一样，大多数战斗和技能既不平衡也不完整，但一个小时的测试还是提供了有用的总伤害数据。仇恨值代码重写后，完整的副本就能体现地下城是否平衡。让40名员工集体测试游戏是件很困难的事，但这是平衡战斗的唯一办法。（图片由暴雪娱乐公司提供。）

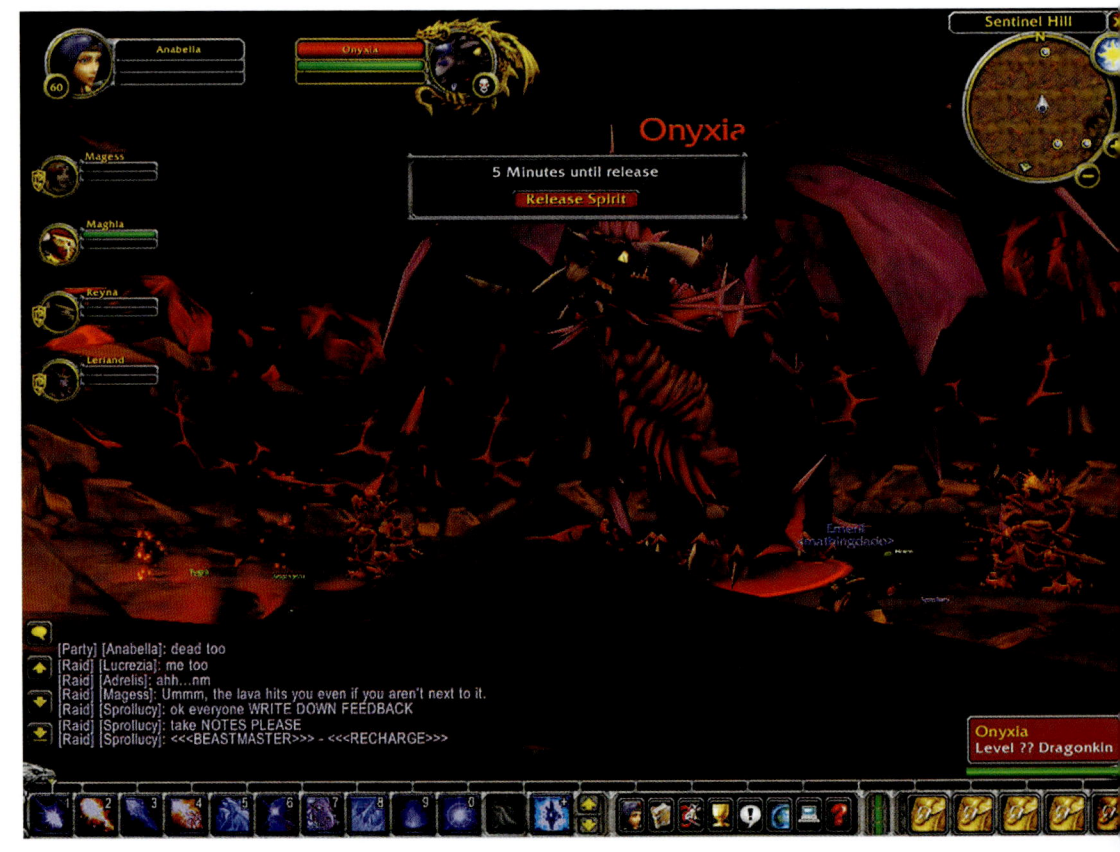

第二个设计里程碑涉及到《魔兽世界》的首次团队副本测试。游戏最终版出炉前的几周，美术封包后，杰夫·卡普兰来到我的办公室，小声问我能以多快速度打造一个大型副本地下城。我已经知道如果杰夫低声说话，就是想在构建版本里加入一些很酷的内容，而我一直以来都愿意帮这个忙。"我们需要尽快做个东西出来，不用太花哨。玩副本的人不关心美术层面的东西，很抱歉这么说，但事实如此。我们要的是副本内容。"我建造了游戏里的大部分洞穴，我告诉他，只要洞里没有钟乳石或石笋，我很快就能做一个出来。"这对熔火之心来说不成问题，我们需要的是熔岩管。"

在没有会议、概念或制作人批准的情况下，我只用了一周便打造出我做过的最简单的地下城——熔火之心。简单的几何图形多少令我有些尴尬。我花了几天时间制作场景，又花了几天绘制纹理。杰夫对最后的成果感到非常高兴，他唯一的要求是断开古雷曼格和熔岩猎犬之间的一条短通道，不让场景循环连通。他让我确保玩家能够避开地下城中心BOSS区域里的岩浆。

接下来的几周里，我调整了一些细节，为BOSS房间的墙上添加了符文，并在遭遇战的位置附近放了一堆热炭。我在地面嵌入了可交互的符文，万一游戏设计师想把它们用作战斗机制的一部分就能用上。遗憾的是这些符文并没有发挥什么作用，但他们在和管理者埃克索图斯战斗时用到了场景里的煤炭。我给拉格纳罗斯的刷新点周围修建了螺旋状阶梯，因为我想不出更好的办法让近战角色和这位岩浆中的生物对抗。除了螺旋阶梯、热炭和可供战斗的空旷区域外，熔火之心的场景里什么都没有。唯一出现的小道具是蒸汽管道和雾气（它们在地下城的暖灯下发出橙色的光）。加里·普拉特纳帮忙用滚动纹理来模拟滴落的岩浆。我从布莱恩·莫里斯罗的黑石纹理套件里挑了几款来用。由于熔火之心的规模不大（尺寸只有我们最小地下城的四分之一），我们把它纳入了一个数据补丁里。

尽管为熔火之心投入的精力并不多，但粉丝对我的称赞却全都由此而来。无论我们的地下城采用什么样的美术和建筑设计，玩家

约翰·斯塔茨

喜欢的始终是雾气特效。每当粉丝问我为《魔兽世界》制作了什么时,我都能体会到他们普遍对于熔火之心红雾的热情。"我喜欢场景里热气环绕的感觉!红色的烟雾太酷了!"

距离生产商将游戏运到商店货架上还剩一个月,设计师开始和开发一、二组的40名开发者进行熔火之心BOSS战的内部测试。哪怕有设计师指引,但和团队副本的早期测试相比,奥特兰克山谷那次可笑的测试都算是井然有序了。虽然设计师在聊天中讨论了每场战斗(被我们忽略了),还是有人开始感到无聊,并模仿火车鸣笛的声音,其他不喜欢这声音的人让他们停下来,但这只会让鸣笛声越来越多。玩家很少给彼此上增益。由于没有语音软件和团队界面,唯一的沟通方式就是聊天。玩家只能看到自己小队成员的生命值。

杰夫使用DPS计量器(每秒造成伤害追踪器,我们没有相关的内部工具,这是由粉丝制作的附加组件)来测量战斗数据。

野怪就是四处移动的怪物。普通野怪意味着杀掉它们的奖励是一次性的,所以,普通野怪是首领战之前用来"填充"副本的内容。志愿者队伍每次都被普通野怪团灭,所以我们甚至从来没尝试过首领战。尽管每个参加副本的角色都会阵亡,但杰夫还是获得了有用的数据,并在我们对抗下一个普通野怪前截取了DPS输出和战斗日志的截图。我们中的很多人都不敢相信,玩家能够杀掉这些怪物。

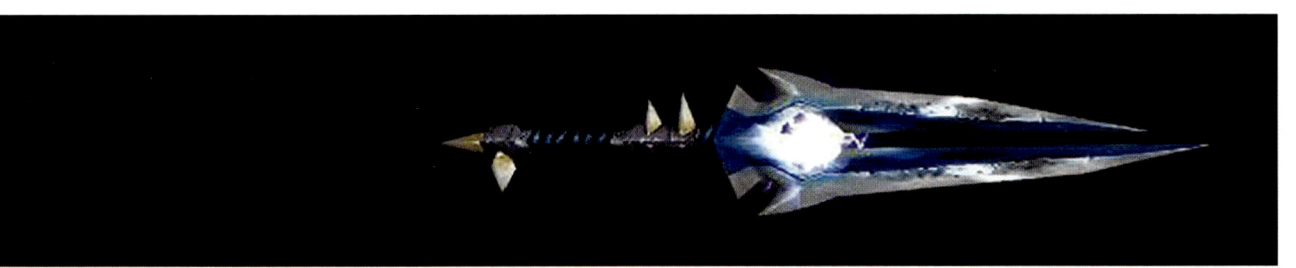

2004年9月,雷霆之怒——逐风者的祝福之剑。这件武器由卡洛·阿雷亚诺设计,背景故事由阿莱克斯·阿弗拉西亚比编写。卡洛是团队中的概念美术师之一,他懂得如何将自己的技能应用到3D美术素材的创作中。在收到为一柄短剑重新绘制纹理的任务后,他读了读阿莱克斯写的故事。这个故事非常精彩,卡洛开始从头设计这件武器,并自学了粒子特效,"将其提升到新的高度"。(图片由暴雪娱乐公司提供。)

杰夫打字说道："相信我。只要团队有组织性，就能轻松地通过副本。"战斗间隙，杰夫在聊天中为这群无组织无纪律的人介绍了战斗机制，尽管没有证据表明有人看了这些指示。

接下来的副本测试中，我们面对了首个拦路虎，就是那些熔岩猎犬。我们在后续测试期间偶尔会杀死一些普通野怪，但每次战斗依然会损失一半的队员。阵亡多次后，有的人就忘记了修理装备。杰夫解释道，所有熔岩猎犬都需要在几秒钟内杀死，随后我们中的许多人欢呼起来，并打字表示赞同。得知《魔兽世界》能把难度提升到这么高，我们都感到非常兴奋。这感觉就仿佛我们不是在开发一款暴雪游戏了。杰夫继续向其他开发者保证："相信我，一旦参加副本的人领悟到这一点，那就算不上什么问题。"

开发者测试提供了有用的数据，但我们毫无组织性，所以后来使用由40名质量保证人员组成的内部团队取代了志愿者副本小队。临时安排的质量保证副本团队在同一个房间里测试，这样更接近真实副本团队的表现，也能提供更好的反馈。但即使是这个团队，找BUG的效率也远远无法和大量玩家参与的公开测试相提并论，所以设计师做出让步，设立了一个测试服务器。他们认为，在测试服务器上剧透总比把糟糕的BOSS战加入到游戏要好。于是熔火之心成了开发团队参与的第一次，也是最后一次内部团队副本测试。

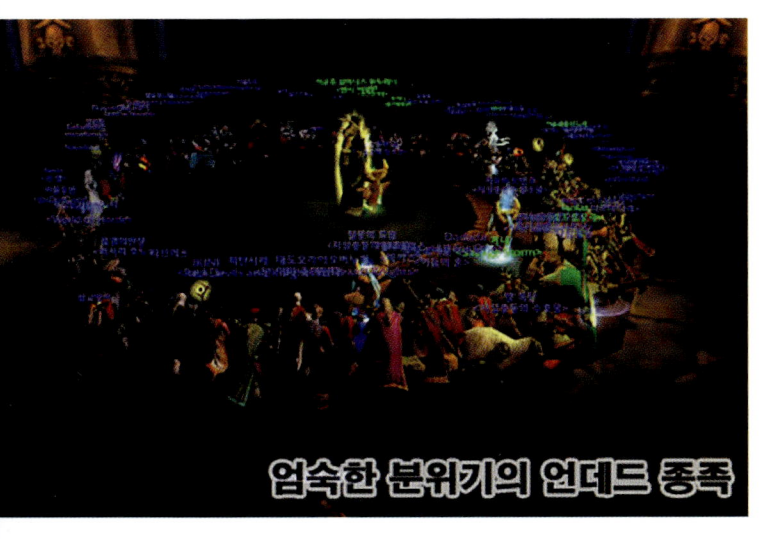

2004年10月31日晚上11:30，封闭Beta测试结束。韩国玩家对"三十分钟后服务器关闭"提醒的回应——没有任何事先计划，但所有玩家不约而同地回到了自己的主城。兽人玩家在萨尔处碰面，被遗忘者亡灵则在幽暗城相聚。牛头人回到了自己的新手村，围坐在篝火旁，跳舞欢笑，燃放烟花，直到世界的尽头。（图片由暴雪娱乐公司提供。）

11月 | 2004年
公开测试

我们的工作量在游戏发售前三周开始减少，设计师、程序员和美术师的工作时间也回归正常。游戏发售后，整个团队休息了几周，12月才回到办公室。很多人待到1月才回来。首个代码补丁正等待着推出，以修复游戏中的漏洞。第二个补丁里的美术内容看起来不错。我们还加入了PvP战场和副本地下城，准备在12月发布。

《魔兽世界》的公开测试和《无尽的任务2》《半衰期2》的发售日期是同一天。这当然不是很理想，但游戏项目这种庞然大物无法随意做出变动。其他游戏都坚持按计划发售，《魔兽世界》为避免和其他公司起冲突，将发售日期推迟到23日，开发团队里的大多数人都认为这是个正确的决定。

仅在尔湾这个办公地点，公司就以每周20人的速度招聘游戏管理员，所有人都挤在一个巨大的房间里。在各个班次轮流共享办公桌的安排下，这个空间可以容纳上百人。大量员工涌入办公楼，就连停车场也变得十分拥挤。谈到身份识别牌和每扇门的安保措施，每个人都摇头，不确定这个日益发展的公司未来会怎样。

公开测试期间，我们的玩家数量增加了十倍。11月8日测试开启时，让服务器崩溃的唯一原因是下载需求。我们开放了39个服务器，在前24小时内就有40万名玩家注册参加公开测试。粉丝都很热情，愿意为FilePlanet网站支付费用并忍受长达两天的下载时间，为的只是体验几周的《魔兽世界》。考虑到MMO在刚推出时往往只能吸引到忠实的小众爱好者，我们的预售版销售也不瘟不火，人们对测试版表现出如此强烈的兴趣让我们非常惊讶。

随着公开测试的进行，游戏也迎来了新的副本内容，令开发者

魔兽世界开发日记 | 一款电脑游戏的开发手记

2004年11月，讲完几句鼓励的话后，韩国游戏管理团队庆祝了公开测试的开启。每个人都很放松，并为接下来《魔兽世界》的顺利运行做好了准备。在韩国，开启公开测试的游戏都是完成度达到99%的产品，会一直运营到公司正式收费（不会删档），而且由于商店没有实体版本出售，公开测试实际上就是发售日。（图片由暴雪娱乐公司提供。）

2004年10月，韩国客户支持（GM）办公室。韩国企业的办公室通常都是商业环境中常见的小隔间，但这里的"午睡室"（下图）却展示了这份工作有多么特别。

高兴的是，玩家的首次挑战以惨烈的失败告终。业内关于《魔兽世界》满级后游戏体验过于简单的猜测很快平息了，玩家被第一波普通野怪一次又一次地团灭。设计师得到了访问游戏管理员账号的权限，所以他们可以使用"上帝工具"，暗中实时观看副本的情况。

虽然不能阅读玩家的聊天日志，但我们研究了他们的游戏方式——每当玩家被团灭，我们都会欢呼和大笑（谁不喜欢幸灾乐祸呢？）。首批尝试副本的玩家没有身穿合适的护甲，也没有准备增益或药水，他们很快就发现自己其实是越级挑战的菜鸟。很多粉丝觉得副本内容有缺陷，认为玩家等级上限会提高，或者游戏发售后的副本能允许更多玩家参与。

看到玩家们在团队副本中饱受折磨，之前那些在测试中找不着北的开发者也乐了。有些人甚至跑去问杰夫，副本是否真的应该这么难，感觉做成这样只会吸引1%的玩家，所以许多开发者开始质疑在副本上花这么多时间和资源是否值得。毕竟，这是一款暴雪的游戏。杰夫没有在意粉丝的担忧，而是坚持自己的立场，让数字说话。"相信我，他们会开窍的"，这是他唯一能给出的保证。其他有经验的副本玩家也同意这一点——这种难度的内容正是我们想看到的。

发售日

> " *所谓远见，不过是猜对答案的另一种说法。* "
>
> ——写于游戏设计师的白板之上

预购是游戏销量的有力指标，所以许多公司会针对提前购买游戏推出奖励。预购可以让发行商和工作室对未来的预算和运营有个初步了解。《魔兽世界》的预购销量相对较低，所以我们预计这款游戏在北美的最大销量为40万份。

游戏发售的第一天就卖出了24万份——远远超过基于预购的估计。但火爆的销量也是让服务器瘫痪数周的三大原因之首。

第二个原因是我们的并发率，它达到了有史以来任何网游最高并发率的四到六倍。更糟糕的是，游戏的发售时间正值感恩节周末——人们除了玩电脑游戏和浏览游戏新闻网站外没别的事可做。我们没有享受假期和沉浸在漫天好评中，而是因不知服务器能否撑住而忧心忡忡。我们在第一周就启用了"双倍计划"，将应急备用机器的容量增加了一倍，但并没有什么效果。为了支持超载的机器，程序员、IT员工和制作人长时间轮班工作，还修复了一个漏洞，这个漏洞会把新玩家安排到最拥挤的服务器里。

和其他MMO不同，《魔兽世界》的玩家数量没有显示出迅速上升的趋势，因为刚一推出游戏就已经拥有了全世界最多的玩家，以及最多的同时在线用户。为了维护，我们关闭了许多服务器，导致了排队时间很长。虽然发售过程算不上很顺利，但大部分问题在最初几周内就得到了解决。求助工单让120名游戏管理员忙得不可开交，我们也没法尽快聘请到更多员工来满足需求。后来人们发现，

约翰·斯塔茨

2004年11月22日，《魔兽世界》开发团队的宣传签名活动。在《魔兽世界》发售前十个小时，粉丝们就在附近一家名为"Fry's Electronics"的商店里排队购买这款游戏的首发版了。Fry's Electronics是唯一一个大到能够举办这个活动的地方，但开车经过这片地区的人可不这么想。在接下来的12个小时内，半英里范围内都没有停车位。签名活动一直持续到凌晨5点，这时候开发者（他们是在前一天吃完午餐后来的）口中的第一个问题都是"你们有吃的吗"？（图片由暴雪娱乐公司提供。）

暴雪大楼的房间容纳不下所有的游戏管理员，所以管理层决定将他们安置在卫星设施里。这确实很遗憾，能让所有人在同一屋檐下工作才是最好的。

影响服务器的第三个也是最大的原因是我们先进的机器。这些服务器很新，很少有工程师能检查出问题……但它们确实不对劲。

为了解决所有难题，暴雪的技术人员连续数日不分昼夜地工作，进行了48小时的轮班，就连睡觉也在沙发上凑合。最后得出的结论是，这不是我们的错。程序员乔·拉姆齐也遇到了同样的情况——他不知道自己的代码出了什么问题。我们花了好几天时间才从硬件制造商那里找到有足够资质的技术员，他指出了机器里的配置错误。修正了来自工厂的错误配置后，服务器便肩负着过多玩家的艰难工作，直到暴雪采购并安装了额外的设备。

11月23日午夜，开发二组的员工参加了当地一家电子产品超市的签名活动。根据《魔兽争霸3》发售时的经验，我们预计会有2000人参加。结果后来现场挤满了六七千名粉丝，实体版游戏的数量也不够分发给每个人。为了接待顾客，公司开放了为员工预留的包厢。大家把我们当成摇滚明星，这种感觉既兴奋又奇怪。有些粉丝甚至还因见到我们感到紧张！对团队的大多数人来说，《魔兽世界》是我们的第一款暴雪游戏，我们从来没有受过这种程度的赞誉。

我没有去签名活动的现场。一想到堵车，还要饿上18个小时，我立刻就没了兴趣，所以干脆回家好好放松了一下。就像十周年纪念派对一样，我是少数回避社交的人之一。醒来的时候，我猜到了服务器会瘫痪。玩《魔兽世界》的唯一办法就是去上班，北美唯一能够玩到这款游戏的建筑就是暴雪的办公楼——这是我在压力测试中意识到的。我开着车去上班，一心想着要实现自己的诡计。当开发团队的其他人在Fry's Electronics忙完签名，已经睡觉时，我将成为世界上第一个创建《魔兽世界》角色的人。

约翰·斯塔茨

走进开发二组的办公区域时,我才发现自己输给了马克·科恩和乔·拉姆齐。他们已经坐在那里监控服务器状况了。两人都在几个小时前创建好了角色。可恶!乔、马克和我是那天早上出现在办公室的人。

身边出奇的安静,因为团队里的其他人已经去过感恩节了。这个假期断断续续,一直持续到1月,他们确实需要从游戏开发中抽出时间休息一下了。连接出现的问题让马克和乔非常沮丧,他们当时还不知道硬件出了差错,所以我们只能像其他人一样,等制造商重新配置并修好他们的机器。

聊了一会儿之后,我坐下来创建了《魔兽世界》的第三个账号。创建并定制好角色后,我点击启动按钮。映入眼帘的是一条来自新生世界的消息:

> **World server is down**
> **Okay**

魔兽世界开发日记 | 一款电脑游戏的开发手记

2004年12月,游戏发售后。开发二组的成员在公司大楼前的草坪上喝着香槟(香槟干了之后变得黏糊糊的,大家很后悔),这个项目终于画上了句号。人们喝个烂醉,拍了许多照片,然后提前下班。有几个员工在厕所里吐了。尽管一个月后公司在拉斯维加斯举办了正式的庆功宴,但这场自发的发售纪念活动依然很有趣。(卡洛斯·格雷罗拍摄。图片由暴雪娱乐公司提供。)

约翰·斯塔茨

12月 | 2017年

转眼过去十四年

  这便是我们制作《魔兽世界》的经历。但是，这款游戏的开发还在持续，这本书我该如何结尾呢？我注定只能得出一个不完整的结论——一个没有结局的故事。至少对于开发二组和暴雪内部所有支持《魔兽世界》的部门来说，本书不完美的结局是件好事，因为它意味着《魔兽世界》会继续发展下去。这款游戏依然是一片沃土，在这里人们可以用游戏设计师和玩家所能想到的各种方式进行交流和体验。开发团队竭尽全力，向每个想要做出贡献的人征求想法。如果设计师拒绝了行不通的想法，他们会解释这些想法为什么无法维持长期的游戏体验。当埃里克·多茨分析我的游戏流程时，他提醒我要从更广泛的角度思考问题，他说："MMO是包罗万象的。"MMO需要拥有能带来巨大价值的灵活功能，能吸引大多数玩家，并且能向未来的设计师提供思路的出发点。

  《魔兽世界》并不是一款拥有创新技术或独特功能的游戏，而是一款系统足够有意义且出色的游戏，这些系统能带来丰富的内容，让玩家以自己的方式来玩。《魔兽世界》不仅是一款战斗或探索游戏。它并非仅仅是一场探寻珍贵材料的寻宝游戏，也绝非争夺耀眼战利品的赛跑。它不仅是一款单人、社交或社区游戏。它是这些内容的集合体，所以玩法多样。"MMO是包罗万象的"这句话描述了《魔兽世界》的特点，同时也是这款游戏长盛不衰的原因。如果玩家能够随心所欲地进行游戏，想要留住他们就不难了。

  《魔兽世界》还在开发中时，我曾大胆预测这款游戏的寿命有20年，虽然这种乐观的态度在当时遭到了质疑，但现在看来我的猜测还是太保守了。将来某一天，当所有玩家都集中在仅剩的几台服

务器中，也许《魔兽世界》会进入维护模式，插着氧气管苟延残喘，就像一颗坍缩的垂死恒星，活着，但被人遗忘，在天空发出难以看见的微弱光芒。

如今，随着开发二组重新审视游戏机制、改进技术、打磨美术风格，以及拓展故事剧情，《魔兽世界》的前景一片光明。开发者重新定义了这款游戏的界限。从现在起，这款游戏归他们了。艾伦·阿德汗最初提倡的公司理念"没有什么是一成不变的"至今依然适用，也许正是因为这种精神，开发二组才能在多年后让《魔兽世界》继续保持新鲜感。

约翰·斯塔茨

后记

我在开发二组待了十年，制作了地下城、副本和其他建筑。经过几次拓展内容更新后，我打破了自己的誓言，又参与开发了一款MMO。我没有理会高层的挽留，跳槽到了另一支暴雪开发团队（见第10页），但这份工作并不令人满意。从一开始，我就认为项目还不足以让关卡设计师开始工作。再加上本人脾气暴躁、不好相处，所以在经历了一年的相看两厌之后，公司把我开除了。被解雇对我来说是一种解脱。临别前，我和参加离职面谈的每个人握了握手，祝他们好运。

几年后，我的手患上了一种无法确诊的疼痛。长时间使用输入设备会带来不适，这种不适足以破坏我的注意力。就连使用平板电脑，指尖也会痛。这种状况最终使我告别了电脑游戏，所以我退出了自己与他人合伙创办的新公司，并离开了这个行业。从此以后，我再也没碰过电脑游戏。

我和游戏离得最近的一次，是在一个名叫 Roll for Combat 的播客上。我和朋友录制了各种宅向话题，我们会互相争辩，引用晦涩的电影台词，以及体验各种RPG战役。

如今，我正在家乡俄亥俄州开发各种项目。《魔兽世界开发日记》出版后，我会专注于思考多年的一个想法——将地下城BOSS战制作成一款合作类的桌游。虽然以前出现过很多桌面地下城探险游戏，但这类游戏却因复杂的规则、丑陋的地下城、慢节奏的玩法和无聊的数字计算而陷入瓶颈。如果能把玩法创意做得足够吸引人，我会发起众筹活动……前提是游戏已经准备妥当。

任何对我未来项目的预览感兴趣的人都可以在我公司网站上找到我的联系方式：whenready.com

© 民主与建设出版社，2024

图书在版编目（CIP）数据

魔兽世界开发日记：一款电脑游戏的开发手记 /（美）约翰·斯塔茨著；Dimlight Studio 译. -- 北京：民主与建设出版社, 2024. 11. -- ISBN 978-7-5139-4778-7

Ⅰ. G898.3；TP317.63

中国国家版本馆 CIP 数据核字第 2024AZ2261 号

Copyright © 2018 by John Staats. All rights reserved. No part of this work covered by the copyright hereon may be transmitted or reproduced or used in any form or by any means without written permission of the publisher, except in the case of brief quotations embodied in critical articles and reviews.

Artwork, Photographs, Images, Logos © 2018 Blizzard Entertainment. Warcraft, World of Warcraft, and Blizzard Entertainment are trademarks or registered trademarks of Blizzard Entertainment, Inc., in the U.S. and/or other countries. All other trademarks referenced herein are the properties of their respective owners.

本书简体中文版版权归属于北京竞游心声传媒文化有限公司。

版权登记号：01-2024-5537

魔兽世界开发日记：一款电脑游戏的开发手记
MOSHOU SHIJIE KAIFA RIJI YIKUAN DIANNAO YOUXI DE KAIFA SHOUJI

著　　者	〔美〕约翰·斯塔茨
译　　者	Dimlight Studio
责任编辑	郝　平
出版发行	民主与建设出版社有限责任公司
电　　话	（010）59417749　59419778
社　　址	北京市朝阳区宏泰东街远洋万和南区伍号公馆 4 层
邮　　编	100102
印　　刷	鹤山雅图仕印刷有限公司
版　　次	2024 年 11 月第 1 版
印　　次	2024 年 12 月第 1 次印刷
开　　本	889 毫米 ×1092 毫米　1/16
印　　张	20.75
字　　数	180 千字
书　　号	ISBN 978-7-5139-4778-7
定　　价	128.00 元

注：如有印、装质量问题，请与出版社联系。